q	熱の移動速度$[J \cdot s^{-1}]$	x	質量分率(抽出)$[-]$
R	ガス定数$(= 8.314\ J \cdot mol^{-1} \cdot K^{-1})$	x_A	限定反応成分 A の反応率$[-]$
R	抽残液,抽残液量$[kg]$	y	低沸点成分の気相モル分率$[-]$
$R(d_p)$	積算残留率$[-]$	Y_R	希望成分 R の収率$[-]$
Re, Re_p	レイノルズ数$(= du\rho/\mu, d_p u\rho/\mu)\,[-]$	Y	溶質(抽出),低沸点成分(蒸留)の回収率
R_m	質量基準の乾燥速度$[kg \cdot kg^{-1} \cdot s^{-1}]$		$[-]$
R_s	面積基準の乾燥速度$[kg \cdot m^{-2} \cdot s^{-1}]$	Z	層高$[m]$
r	量論式に対する反応速度$[mol \cdot m^{-3} \cdot s^{-1}]$	Z_c	遠心効果$[-]$
r_j	成分 j の反応速度$[mol \cdot m^{-3} \cdot s^{-1}]$	α	比揮発度$[-]$
r_{min}	最小還流比$[-]$	α	ケーク比抵抗$[m \cdot kg^{-1}]$
r_w	水の蒸発エンタルピー$[kJ \cdot kg^{-1}]$	δ_A	反応によるモル数増加率$[-]$
S	管断面積$[m^2]$	ε	黒度,熱放射率$[-]$
S	選択率$[-]$	μ	粘度$[Pa \cdot s]$
T	温度$[K], [°C]$	ρ	流体密度$[kg \cdot m^{-3}]$
t	時間$[s], [min], [h]$	ρ_p	粒子密度$[kg \cdot m^{-3}]$
U	総括伝熱係数$[J \cdot m^{-2} \cdot s^{-1} \cdot K^{-1}]$	τ	空間時間$[s], [min]$
U_j	成分 j の内部エネルギー$[J \cdot mol^{-1}]$	ϕ	関係湿度$[-]$
U_m	単位質量あたりの内部エネルギー	ϕ_{12}	総括吸収率$[-]$
	$[J \cdot kg^{-1}]$	ψ	比較湿度$[-]$
$\bar{u}$	平均流速$[m \cdot s^{-1}]$	ω	角速度$[rad \cdot s^{-1}]$
u_t	粒子の重力下での終端速度$[m \cdot s^{-1}]$		
u_{tc}	粒子の遠心力下での終端速度$[m \cdot s^{-1}]$		
V	反応器体積,流体体積,濾液量$[m^3]$		
v	体積流量$[m^3 \cdot s^{-1}, m^3 \cdot h^{-1}]$		
v_f	流体の比容積$[m^3 \cdot kg^{-1}]$		
v_H	湿り空気の比容積		
	$[m^3 \cdot (乾燥空気-kg)^{-1}]$		
v_s	単位濾過面積あたりの濾過液量$[m^3 \cdot m^{-2}]$		
W	仕事$[J \cdot s^{-1}]$		
W_m	流体単位質量あたりの仕事$[J \cdot kg^{-1}]$		
w	質量速度$[kg \cdot s^{-1}]$		
w	乾量基準の含水率$[kg \cdot (無水固体-kg)^{-1}]$		
w'	湿量基準の含水率$[kg \cdot (湿り固体-kg)^{-1}]$		
x	低沸点成分の液相モル分率$[-]$		

ベーシック
化学工学
増補版

橋本健治 著

化学同人

はじめに

　私たちの身の回りには，合成繊維，プラスチック，医薬品，化粧品，CD，ガソリンや灯油，セメントなど，広い意味での化学工業によって，直接製造されたり，材料が提供されたりしている製品が数多くある．これらの化学製品の多くは，実験室でのガラス製の器具を用いた研究が出発点になっているが，それらの製品を安全に経済的に生産するには，大規模な生産設備が必要である．そのために必要な工学が化学工学である．化学工学はおもに化学工業を対象にして発展してきたが，いまでは化学工学の考えかたや方法は，地球環境，エネルギー，新材料，バイオテクノロジーなどの分野に対しても適用され，成功を収めている．

　本書は，大学や高専の化学，環境，バイオテクノロジーなどに関連する学科で，化学工学をはじめて学ぶ学生を対象にした化学工学の入門書であり，10章からなっている．第1章では，化学工学の目的，役割，ならびに化学工学がどのような分野からなる学問であるかを明らかにする．さらに，化学工学が化学工業ばかりでなく，地球環境，エネルギー，バイオテクノロジーなどの分野に対しても適用できることを示す．第2章では，化学工学の基本になる物質収支とエネルギー収支の考えかたと計算法を，単位の換算を含めて，例題によって解説する．第3章以降は，化学プロセスを構成する各種の化学装置の概要を示し，それらがどのようにして設計され運転されるかを解説していく．第3章では，化学プロセスの心臓部にあたる反応器を取りあげ，第4章から第6章では化学プロセスの分離・精製を扱う蒸留，ガス吸収，抽出を，第7章と第8章では流体の流れと熱の移動についての基礎を述べる．第3章から第8章までは，液体や気体を取り扱う化学装置を対象にしているが，化学プロセスでは固体や粒子を取り扱うことも多く，第9章では固体の乾燥を，第10章では流体からの粒子の分離について解説する．

　各章では，基礎式の導入からはじめて，数式の展開をていねいに行い，得られた式の意味と使いかたをかみくだいて説明している．また，式の使いかたを修得するために，多くの簡明な例題を用意して，詳細な解答解説をつけた．さらに，各章には章末問題を10題ほど掲載し，読者が例題を参照しながら章末問題を自ら解くことによって各章の内容の理解を確実なものにできるようにした．巻末には章末問題の解答も付けた．

　本書は2色刷りになっており，重要な用語や図中の物質の流れなどに色がついており，読みやすいように配慮されている．さらに，化学工学が私たちの日常生活にどのようにかかわっているかを示すコラムもいくつか設けた．また，本文では説明しきれない項目は左右のマージンの部分にone pointというかたちで解説した．このように，読者の理解を助けるための配慮を心がけた．

　本書は，大学および高専の化学系諸学科の学生の半期用テキストあるいは参考書として執筆されているが，他分野の技術者が化学工学を学ぶのにも役立つと思う．いずれにしても，化学工学の重要な

分野を適切に選択し，その内容をやさしく，かつていねいに解説し，化学工学の基礎を確実に読者が理解できるように配慮した．しかし，本書は化学工学全般について著者が単独で執筆したために，思い違いや不備な箇所もあると思われる．ご叱正をお願いしたい．

　本書を執筆するにあたり，多くの化学工学の著書を参照したことをここに記して感謝の意を表したい．また，原稿全般を読んで有益なご意見をいただいた河瀬元明氏に感謝するとともに，本書の出版に際してお世話になった化学同人の平 祐幸編集部長と，読者の立場に立って本書を読み易くするためにいろいろと工夫をしていただいた大林史彦氏に心よりお礼申し上げる．

2006 年 8 月

橋本　健治

増補版の刊行にあたって

　初版の『ベーシック化学工学』には各章に章末問題があり，それらの答えのみを巻末に記載していた．本文と例題を学習していれば，章末問題の解答を得ることはそれほど困難ではないと考えたためである．しかし初版の出版から 10 年以上が経過し，読者・学生の学習スタイルも変化した．解答の道筋を示す略解を掲載し，より効率よく学習できる書籍が求められるようになったのではないかと思われる．

　そこで今回の増補版では，各章にある総数 100 題の章末問題に簡単な解き方を加えた．解答の鍵になる本文の式番号と，解答の途中で導く必要のある数式と数値を明記し，答えの部分には下線をつけた．同時に本文と例題を見直し，3 章に非等温反応器の設計の節を追加した．また，本文の理解を助けるための one point も増やした．さらに，数式と図表での単位の表記を SI 単位系に準拠するように改めた．これらの増補が読者にとって役立つことを願っている．

　今回の増補版の刊行にあたり，終始お世話になった化学同人の大林史彦氏に心よりお礼申し上げる．

2020 年 9 月

橋本　健治

目 次

第4章 蒸 留   63

第5章 ガス吸収   85

第10章　流体からの粒子の分離 173

第1章 化学工学とは

本書では化学工学という学問を学んでいくが，その前にこの章では，化学工学が直接対象にする化学工業についてまず概説し，さらに新しい化学工業のプロセスが開発されていく道筋を説明する．それらを通して，化学工学とはどういう目的で，どういう内容をもった学問なのかを学んでいく．さらに，化学工学が化学工業にとどまらず，地球環境やエネルギーなどの分野でも活用されている例についても見ていこう．

1.1 化学工業における製造工程が化学プロセス

1.1.1 化学工業とは

合成繊維，プラスチック，医薬品，化粧品，CD，化学肥料や殺虫剤，ガソリンや灯油，セメント，塗料など，わたしたちの身のまわりには化学工業によって製造されている製品がたくさんある．また，自動車の車体は鋼鉄製であるが，その内装品はプラスチック製のものが多いし，タイヤも合成ゴムでつくられていて，これらも化学工業による製品である．さらに，パソコンの頭脳部分にあたる半導体は単結晶シリコン基板上に回路が作製されたものであるが，単結晶シリコンはケイ石から複雑で精密な化学的工程を経て製造された製品である．このように，あまり目立たないが，化学工業はわれわれの快適な生活を支える重要な工業なのである．

化学工業とは，石油や石炭などの天然物，または化学製品などの非天然物の原料に，化学的・物理的変化を与える一連の工程を経て製品を生産する工業である．その製造工程を化学プロセス，またはたんにプロセスと呼ぶ．

一般的な化学プロセスは，各種の装置や機器がパイプによって結合されたかたちになっており，供給された原料が装置を経て製品に転換される．このよう

なことから，化学工業はプロセス工業あるいは装置産業と呼ばれることも多い．それに対して，自動車や電化製品などは各種の部品を組み立てることによって製品をつくっており，組み立て工業と呼ばれている．

1.1.2 化学プロセスの一例

化学工業のプロセスの一例として，硫酸の製造プロセスを見てみよう．硫酸は化学工業の基礎原料として重要であり，その最初の製造プロセスは 19 世紀に開発された．その後，何度も改良が加えられ，現在では図 1.1 に示すようなプロセスで生産されている．

one point

焙 焼

鉱石などの固体を，融解しない程度の高温で，空気・塩素・水蒸気などの気体や，炭素・塩化物・フッ化物などと反応させて処理しやすい化合物に変換する操作．図 1.1 の場合は硫黄あるいは硫化物と空気による焙焼によって SO_2 をつくっている．

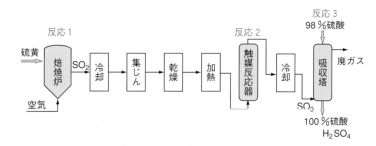

反応 1：$S + O_2 \longrightarrow SO_2$

反応 2：$2SO_2 + O_2 \xrightarrow{\text{触媒}} 2SO_3$

反応 3：$SO_3 + H_2O \longrightarrow H_2SO_4$
（硫酸中の水）

図 1.1 硫酸の製造プロセス

まず，硫黄（S）や硫化鉄鉱などを空気で焙焼して二酸化硫黄（SO_2）をつくり，触媒（五酸化二バナジウム V_2O_5）を用いてさらに酸化して三酸化硫黄（SO_3）にする．そうしてできた SO_3 を 98％硫酸中の水に吸収させると製品の 100％硫酸（H_2SO_4）が生成する．このように，プロセスは比較的簡単である．

しかしプロセスでは，原料を加熱したり，生成物を冷却したり，流体を輸送したりする必要がある．また，原料の粉砕や，そのときに発生する粉塵の処理も必要になる．さらに，ガスの加熱・冷却などの作業もしなければならない。このように，化学プロセスは反応工程ばかりでなく，物理的な工程も必要であることがわかるだろう．

図 1.2 化学プロセスの基本となる 3 工程

　上記の例でもわかるように，化学プロセスは多様で複雑であるが，基本的には図 1.2 に示すように，「原料の調製」，「反応」，「分離・精製」の三つの工程からなる場合が多い．「原料の調製」の工程と反応生成物の「分離・精製」の工程は，それぞれプロセスの前処理と後処理の工程にあたる．まず，原料から不純物を除去し，適当な温度・圧力に調整して，それを反応装置に供給する．つぎの「反応」の工程で目的物質が生成するが，副反応が起こり不要な物質も生じる．そのうえ，未反応の原料が残る．したがって，いろいろな不純物が混ざった反応生成物から目的物質を分離して取りだして精製する工程が必要になる．さらに，未反応の原料を分離し，原料供給口に戻すリサイクル流れも加わってくる．大規模なプロセスになると，このような一連の工程が複数結合され，複雑になってくる．

1.1.3　単位操作は共通のやりかた

　成分間の沸点の差を利用して二成分を分離する蒸留や，ガス中の不純物を液中に吸収して除去するガス吸収などの操作は，取り扱う物質は異なっても各種の化学プロセスで広く用いられている操作である．その他，抽出，晶析，吸着，膜分離，乾燥，濾過などの操作も「分離・精製」の工程で用いられている．また，流体を輸送する流体輸送の操作，物質を加熱・冷却する熱移動の操作は，プロセスの各段階で用いられている．

　このように，各種の化学プロセスを横断的に眺めると，いくつかの基本的で共通な操作があることがわかる．それらを単位操作(Unit operation)と呼んでいる．単位操作は，プロセスが異なり，取り扱う物質が異なっても，化学プロセスを構成していくときに必要な共通の操作である．したがって，それぞれの単位操作の原理，装置の設計法，操作法を整理し一般化し体系化しておけば，いろいろなプロセスに広く利用できるはずである．化学工学の歴史は，これらの単位操作の体系化から始まった．

1.1.4　プロセスの中心は「反応」の工程

　「反応」の工程は反応操作とも呼ばれ，プロセスの心臓部にあたり，いろいろな反応装置が使われている．たとえば，液体の反応では攪拌機を備えた槽型反応器が多く用いられ，気体の反応では管型あるいは塔型の装置がよく用いられる．反応操作に関して研究する分野は反応工学と呼ばれ，単位操作の体系化に引き続くかたちで発展してきた．

　このように化学プロセスは，反応装置，分離装置などから構成されており，それらがパイプでお互いに複雑に結ばれている．たとえば，ポンプや送風機を用いてパイプと装置内に流体を流したり，その途中で熱交換器によって加熱・冷却したりする．

　また，プロセスの各所で温度，圧力，流量などを計測・制御し，それらを中央の制御室で集中管理することにより，化学プロセスを安全かつ最適な操作条件下で運転している．このような反応操作と単位操作のための装置や機械によって構成された工業規模の設備を化学プラントまたはたんにプラントという．

1.2　化学プロセスの開発はどのように行われるか

　現在，化学プロセスの開発は，図 1.3 のような順序で進められている．

基礎研究 応用研究 → プロセス 開発研究 → プロセス 設計 → プラント 設計 → プラント 建設

図 1.3　化学プロセスの開発

(1) **基礎研究・応用研究**：既存の技術や最新の特許情報を調査し，反応ルートと触媒についての基礎研究が開始される．おもに化学者（ケミスト）が，ガラス製の器具や小型の実験装置を用いて研究する．続いて，製品の新規性，品質，コスト，生産性，市場性なども含めた応用研究の段階に入る．
(2) **プロセス開発研究**：プロセス開発研究の段階からプラントの建設・運転までは化学技術者が中心的役割を果たす．まず試験的に，連続式の小型試験装置

コラム

化学工学が多くの命を救った
―ペニシリンの開発と化学工学―

　ペニシリンはもっとも偉大な医薬品の一つである．1929 年に，イギリスの細菌学者フレミングが，ブドウ球菌の培養中にたまたま混入したアオカビによってブドウ球菌のコロニーが破壊され，その周辺が透明な液になっていることを発見した．彼は，このアオカビの培養液のなかに抗菌作用（菌を殺す作用）をもつ物質があることを明らかにし，その物質をペニシリンと命名した．

　その後この研究は放置されていたが，1940 年になりオックスフォード大学のフロリーらによって，肺炎や化膿症などの感染症に対してすばらしい効き目を発揮することが実証され，抗生物質時代の幕が開けた．おりしも第二次世界大戦が勃発し，感染症や戦傷者の治療薬として商業生産が要望された．当時は，アオカビを培養するのにフラスコを数千個並べるなど，実験室の延長上の非効率な方法でしか生産していなかったのである．しかし当時のイギリスは，ドイツの空襲を受けておりペニシリンの大量生産に取り組む余裕はなかった．

　そこでフロリーは 1941 年にアメリカに渡り，ペニシリンの大量生産への協力を求めた．アメリカでは化学技術者が中心になって，発酵タンクに空気を吹き込む培養法を開発し，さらに大量の空気の殺菌法，培養液からペニシリンを抽出分離する方法，濃縮液を凍結・減圧状態にして水分を昇華させ安定な固形ペニシリンにする方法などの開発研究が，化学工学の知識を活用して精力的に行われた．

　その結果，ペニシリンの大量生産が実現し，多くの命が救われたのである．化学工学の大きな成果の一つといえるだろう．

（ベンチプラントと呼ばれる）を組み立て，運転して，実際のプラントの設計に必要なデータを採取し，工業化にあたっての問題点を抽出し，その原因を究明して対策をたてる．それに並行して，プロセス全体の構想を固めていく．反応装置や各種の分離装置などを結合した簡単なフローシート（プロセスの流れ）を作成し，各装置の操作条件と性能を推測して，原料から製品に至る物質の流れと量（物質収支）を計算する．

　ベンチプラントが終了した段階で，一気に商業プラントの設計・建設へと進む場合もあるが，安全を期して実際のプラントに近いパイロットプラントを建設することが多い．このパイロットプラントによって，スケールアップに伴う変化の予測が正しかったかどうかを確認し，問題点を徹底的に検討し解決をはかる．パイロットプラントのもう一つの役割は，ある程度まとまった量の製品見本を生産し，それを市場調査や市場開拓に役立てることである．

(3) **プロセス設計**：以上の成果をもとにして，最終的なプロセスが決定されていく．これをプロセス設計という．具体的には，原料の選定，フローシートの決定，装置の選定と設計，物質・熱収支の計算，計装と制御方式の決定，製品コストの計算，などが含まれる．

(4) **プラント設計と建設**：ついで，プラント設計の段階に入る．個々の装置の詳細な機械的設計を行い，メーカーに発注し，プラントの建設が始まる．プラント建設は，数年間にもわたる複雑な仕事であり，綿密な工程スケジュールに基づき工事が進められる．プラントが完成し，試運転を繰り返した後，生産に入る．この段階では，化学技術者ばかりでなく，機械，電気，土木などの広い分野の技術者がチームを組んで仕事を進めるが，化学技術者がリーダーになることが多い．

　以上述べたように，実験室でのフラスコレベルの研究から，実際の化学製品が生産されるまでには，長い年月を要する．その過程で，化学技術者が重要な役割を果たしていることがわかっただろう．化学技術者は，化学を理解し，その成果を工業化して有用な製品を生産し，社会に供給するという責務をもっている．そのために必要な基礎知識が，これから学んでいく化学工学という学問なのである．

1.3　化学工学はどのような分野からなっているか

　先に述べたように，多くの化学プロセスを要素に分解し，プロセスの工程，装置，操作法の観点から横断的に眺めると，互いに共通するものが少なくない．化学工学は，化学プロセスを工業化するときに必要な技術が何であるかを明らかにし，それらのエッセンスを整理・体系化し，化学工業をはじめとする広範

---

one point

パイロットプラント

商業プラントの10分の1程度の大きさの装置によって，それまでの装置規模の拡大を再検証したり，製品サンプルをつくって利用者に配布したりするためのプラント．パイロットプラントのつぎは本プラントの設計・建設に進むことになる．

one point

スケールアップ

化学装置あるいはプロセスの規模を大きくすること，およびそれに伴う技術・手法のこと．装置のスケールアップでは，幾何学的相似や，レイノルズ数（第8章参照）などの現象を支配する無次元数を同一に保つ手法が利用される．

囲の分野に適用できるようにする工学である．現在，化学工学は以下のような
体系にまとめられている．

(1)**物質収支とエネルギー収支**：プロセスの物質とエネルギーの流れを定量的に
　把握する分野である．そのためには，化学反応の成分間の量的関係を明らか
　にし，反応熱や物性定数などの実測値あるいは推算値が必要になる．

(2)**移動現象**：流体の流れ，熱の移動および物質の移動の解明は単位操作や反応
　工学の基礎である．それらの間には相似的な関係があり，移動現象として整
　理されている．

(3)**分離工学**：物質分離を総括した分野である．物質分離は平衡状態での異相間
　の組成差，あるいは物質移動の速度差を利用して行う．具体的には，蒸留，
　ガス吸収，抽出，吸着，晶析，膜分離などがある．調湿と乾燥は物質移動と
　熱移動の同時現象である．また，液相・気相からの固体の分離には，濾過，
　遠心分離，集塵などがある．

(4)**反応工学**：反応速度を測定し，さらに流体・熱・物質の移動現象の知識を加
　え，反応装置を合理的に設計し操作するための工学である．

(5)**プロセス制御とプロセスシステム工学**：プロセス全体を眺め，プロセスの構
　成，個々の機器の選定・設計・操作を最適な状態に設定して制御し，安全に
　運転するための工学である．

　本書では，上記の化学工学の分野のなかから，物質・エネルギー収支，反応
工学，分離工学，流体の流れと熱の移動について，次章以降で順番に解説して
いく．

1.4　化学工学の適用範囲は化学工業だけではない

　現在まで，化学工学は化学工業を中心に歩んできたが，化学工学の方法論は，
地球環境，エネルギー，新材料，バイオテクノロジーなどの分野に対しても適
用され，成功を収めている．ここでは，環境問題への化学工学の貢献の一つの
例として，酸性雨の問題について述べてみよう．

　酸性雨とは，おもに発電所，工場，自動車などで化石燃料を燃焼したときに
生成する硫黄酸化物（SO_x）や窒素酸化物（NO_x）が大気中の雨や雪に溶けて硫酸
や硝酸になって降ってくるものである．ある国で石炭を燃焼したときに発生し
た二酸化硫黄が季節風に乗って他国に移動し，そこで雨や雪に溶解して地上に
降り，森林を破壊したり，湖沼を酸性化したり，農作物に被害を与えたりする．

　燃焼ガスに含まれる硫黄化合物（SO_x）を除去する方法の一つは，排出される
二酸化硫黄（SO_2）を，CaO あるいは $CaCO_3$ の水溶液に吸収・反応させて取り除
き，さらに吸収液を空気で酸化して石膏（$CaSO_4 \cdot 2H_2O$）として回収する方法で

ある．この反応自体は中学校の理科実験でも行われている簡単な反応である．

　理科の実験では，ビーカー中の液をかき混ぜて，そこに SO_2 を吹き込めばよいが，工業的には，燃焼排ガス中の二酸化硫黄（SO_2）をよく吸収する溶液を選択し，大量の排ガスと溶液を効率よく接触させる装置の構造を工夫し，その大きさを決めなければならない．さらに，反応で生成した固体の石膏を装置外へ排出する方法についても考える必要がある．それらの解決には，分離工学の一つであるガス吸収（第5章）の知識が活用できる．

　現在，多くの発電所には，図1.4に示すような排煙脱硫プロセスが用いられている．格子状の充填物を収めた吸収塔に排ガスと吸収液（CaO または $CaCO_3$）を供給し，両者を向流に接触させて二酸化硫黄を液中に吸収して，亜硫酸カルシウム（$CaSO_3 \cdot 1/2\,H_2O$）が懸濁した水溶液にする．ついで，その生成液に空気を吹き込んで酸化して石膏（$CaSO_4 \cdot 2H_2O$）を得る．このプロセスによって，大気中の SO_2 濃度を一日平均 0.04 ppm 以下に保つことができるようになった．

　しかし，この排煙脱硫プロセスでは高温の排ガス（数百℃）の温度を 50℃ 程度まで下げねばならず，熱エネルギーの損失が生じる．そこで最近では，石炭などを燃焼するとき，燃焼炉内に石炭と一緒に石灰石を投入して，燃焼しながら炉内で脱硫し，炉下部から石膏として抜きだす方式が検討されている．こうすれば，生成ガスの温度を下げる必要がなくなるばかりか，ガス吸収装置すらいらなくなる．

　このように，一つの操作を行うにしても，どこで，いつ，どのように操作し制御するかによって，効率や環境負荷の程度が大きく異なる．これを論理立てて明確にしていくのが，化学工学なのである．

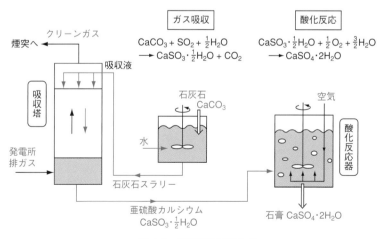

図1.4　排煙脱硫プロセス

第2章

物質収支とエネルギー収支

　化学プロセスはいくつかの装置からなり，それぞれの装置に物質が出入りし，化学的あるいは物理的変化を受ける．また，そのときに外部から熱を供給あるいは除去することが多い．

　このような化学プロセスを計画し，装置を設計して運転するには，プロセスの各段階での物質やエネルギーの流れを定量的に把握する必要がある．具体的には，所定の生産量を得るのに必要な原料の供給量や各装置での変化量を推定して，装置の入口と出口での物質の流れを計算しなければならない．また同時に，装置への熱の供給・除去量についての情報も得る必要がある（ただし，この段階では化学装置の大きさや性能はまだわかっていないから，物質と熱の正確な流れは後日再計算されるが，とりあえずプロセスの主要な段階における物質と熱の流れを計算しておかねばならない）．

　この章では，化学プロセスの物質の収支とエネルギーの収支について学ぶ．化学工学において，物質・エネルギーの収支を理解することはたいへん重要である．

　物質・エネルギー収支の計算では，流量，圧力，温度，濃度，熱量，物質量などさまざまな量を取り扱う．これらの量は，まず基準になる単位が定められ，その何倍にあたるかの数値によって表される．また，同一の量であってもいくつかの単位が用いられており，単位が異なれば数値も異なるので，単位については注意が必要である．現在は，国際的な SI 単位というものが広く使用されており，従来の慣用的な単位で表された数値はいったん SI 単位に換算するように推奨されている．

　それでは，まず単位の換算を学んでから，その後に物質・エネルギーの収支について学んでいこう．

2.1 量を表すには単位が必要

2.1.1 物理量の表しかた

　長さ，面積，時間，速度などの物理量の大きさは，基準の値の何倍であるかによって表される．その基準となる物理量の大きさを単位という．単位には基本単位と組立単位(誘導単位)がある．基本単位とは，長さ，質量，時間などの独立した物理量の単位である．それに対して，組立単位は基本単位の組合せによって表される単位であり，面積，速度などがこれにあたる．

　単位系には，基本単位の選びかたによって，絶対単位系，重力単位系，工学単位系があり，さらに10進法のメートル制と，10進法ではない英国制が併用されてきた．このように分野あるいは国によって異なった単位系が使用されてきたが，相互の換算が煩雑で不便であった．それを解消するために，国際単位系(SIと略称される)が1960年に制定された．本書では基本的にはSIを使用する．

2.1.2 国際単位系(SI)

　SIには表2.1に示すように，7種の基本単位と2種の補助単位がある．長さはメートル[m]，質量はキログラム[kg]，時間は秒[s]，温度はケルビン[K]，物質量はモル[mol]をそれぞれ単位として用いる．

表2.1　SI基本単位と補助単位

量	名　称	記号
長さ	メートル	m
質量	キログラム	kg
時間	秒	s
電流	アンペア	A
熱力学温度	ケルビン	K
光度	カンデラ	cd
物質量	モル	mol
平面角	ラジアン	rad
立体角	ステラジアン	sr

　ここで，原子量・分子量について触れておこう．炭素原子 ^{12}C の 12 g を 1 mol と定義し，その相対質量を 12 と定めると，他の原子や分子の相対質量である原子量と分子量がそれぞれ定まる．このように，原子量や分子量は相対値であるから単位をもたない無次元数である．それらの数値に [g·mol^{-1}] の単位をつけた値はモル質量と定義されていて，厳密には別のものであるが，化学工学では，従来から両者をたんに原子量・分子量と呼び，区別してこなかった．本書でもその慣用に従う．

SI では g ではなく kg を用いるので，分子量には［kg·mol^{-1}］の単位で表した数値を代入しなければならない．たとえば，二酸化炭素 CO_2 の分子量は 12 + 16 × 2 = 44 であるが，SI では 44 × 10^{-3} kg·mol^{-1} と表すことになる．

組立単位のうちで固有の名称が与えられている単位は 17 個あるが，表 2.2 に本書でよく使用する組立単位の名称と SI 基本単位および組立単位による定義を示す．たとえば，質量 1 kg の物体に 1 m·s^{-2} の加速度を生じる力が 1 N（ニュートン）である．そして，1 N の力が 1 m^2 の面積に作用するときの圧力が 1 Pa（パスカル）であり，1 N の力が作用して物体を 1 m 移動させる仕事量（エネルギー）が 1 J（ジュール）である．また，1 s につき 1 J の仕事をする仕事率が 1 W（ワット）である．これらの単位を SI 基本単位の kg，m，s で表したときの定義と組立単位の相互関係も表 2.2 に与えられている．

表 2.2　固有の名称をもつ組立単位

量	名　称	記号	定　義
力	ニュートン	N	kg·m·s^{-2} = J·m^{-1}
圧力	パスカル	Pa	kg·m^{-1}·s^{-2} = N·m^{-2} = J·m^{-3}
エネルギー	ジュール	J	kg·m^2·s^{-2} = N·m = Pa·m^3
仕事率	ワット	W	kg·m^2·s^{-3} = J·s^{-1}

表 2.1 の基本単位を用いて導かれた組立単位が実用上便利な大きさの数値になるとは限らない．そのため，表 2.3 に示すような接頭語の使用が認められている．たとえば，標準大気圧 1 atm = 1.013 × 10^5 Pa は，10^6 = 1 mega = 1 M であるから，0.1013 MPa のように書くことができる．

表 2.3　おもな接頭語

大きさ	名　称	記号
10^3	キロ	k
10^6	メガ	M
10^{-1}	デシ	d
10^{-2}	センチ	c
10^{-3}	ミリ	m
10^{-6}	マイクロ	μ
10^{-9}	ナノ	n
10^{-12}	ピコ	p

2.1.3 SI 以外の単位系

現在, 法律によって SI の使用が義務づけられている. しかし, 従来からの単位も引き続き使用されているのが現状である.

その一つの例が重力単位系である. 工業の分野では力を基本単位の一つとする重力単位系が使用されてきた. 重力単位系では質量 1 kg の物体に作用して 9.807 m·s^{-2} の加速度を生じる力, すなわち重力を単位にとり, それを 1 kgf(または 1 Kg)と表し, 1 重量キログラムと呼ぶ.

ニュートンの運動の法則によると, 力は質量と加速度の積であるから, 1 kgf の力を SI で表すとつぎのようになる.

$$(1 \text{ kg}) \times (9.807 \text{ m·s}^{-2}) = 9.807 \text{ kg·m·s}^{-2} = 9.807 \text{ N}$$

すなわち, SI との間につぎの関係が成立する.

$$1 \text{ kgf} = 9.807 \text{ N}$$

これ以外にもたとえば, 長さに yd(ヤード)あるいは ft(フィート), 質量の単位に lb(ポンド)を用いるヤード・ポンド法も, 国によってはいまだに使用されている.

本書では, 原則としては SI を採用するが, atm のような非 SI も一部に使用する. したがって, 単位の換算が必要になる場合もあるので, 付録として単位換算表を載せておく.

2.1.4 単位の換算を例題から学ぶ

非 SI で表されている量と式を SI に換算する方法を, 例題を通して学んでいこう.

例題 2.1

付録の単位換算表を用いて, つぎの量を SI によって表せ.

(1) 1.2 g·cm^{-3}　　(2) 4.3 cal·g^{-1}·℉$^{-1}$　　(3) 25 kgf·cm^{-2}

(4) 気体定数 $R = 0.08205$ atm·l·mol^{-1}·K^{-1}

解 答　(1) 1 g $= 10^{-3}$ kg, 1 cm $= 10^{-2}$ m より, 数値と単位をともに代入すると

$$1.2 \frac{\text{g}}{\text{cm}^3} = 1.2 \frac{1\text{g}}{(1 \text{ cm})^3} = 1.2 \frac{10^{-3} \text{ kg}}{(10^{-2} \text{ m})^3} = 1.2 \times 10^3 \text{ kg·m}^{-3}$$
$$= 1200 \text{ kg·m}^{-3}$$

(2) cal·g^{-1}·℉$^{-1}$ は比熱容量の単位を表しており, 物質 1 g の温度を 1 ℉上昇させるのに必要な熱量 cal を表している. ここで, 注意すべきなのは℉$^{-1} = 1/$℉の

取扱いである．この分母にくる°Fは，温度そのものではなく温度差の単位を意味している．それを温度°Fとは区別して *Δ*°Fと書く．

　さて，華氏 $T[°F]$，摂氏 $T[℃]$，絶対温度 $T[K]$ の間にはつぎの関係が成立する．

$$T/°F = 1.8\,T/℃ + 32 \qquad T/K = T/℃ + 273.2$$

したがって，$\Delta T\,[℃] = 1\,℃$ の温度変化に対する K および°Fの温度変化の間には

　　1 ℃ の温度変化 = 1 K の温度変化 = 1.8 °Fの温度変化

の関係式が成立し，それを記号で書くと

$$1\,\Delta℃ = 1\,\Delta K = 1.8\Delta\,°F$$

となる．したがって

$$1\Delta\,°F = \left(\frac{1}{1.8}\right)\Delta℃ = \left(\frac{1}{1.8}\right)\Delta K$$

の関係が成立する．この関係と付録の表の，1 cal = 4.186 J，1 g = 10^{-3} kg の関係を代入すると

$$4.3\,\frac{cal}{g\cdot°F} = 4.3\,\frac{4.186\,J}{(10^{-3}\,kg)\left(\frac{1}{1.8}\,K\right)} = 32.4\times10^{3}\,J\cdot kg^{-1}\cdot K^{-1}$$

$$= 32.4\,kJ\cdot kg^{-1}\cdot K^{-1}$$

（3）　1 kgf = 9.807 N，1 N·m^{-2} = 1 Pa，1 cm = 10^{-2} m，1×10^{6} Pa = 1 MPa の関係を代入すると

$$25\,\frac{kgf}{cm^{2}} = 25\,\frac{9.807\,N}{(10^{-2}\,m)^{2}} = 2.45\times10^{6}\,N\cdot m^{-2}$$

$$= 2.45\times10^{6}\,Pa = 2.45\,MPa$$

　ちなみに，これを atm に換算すると，1 atm = 1.01325×10^{5} Pa であるから

$$25\,kgf\cdot cm^{-2} = 2.45\times10^{6}\,Pa\,/\,1.01325\times10^{5}\,Pa\cdot atm^{-1} = 24.2\,atm$$

（4）　1 atm = 1.01325×10^{5} Pa，$1\,l = 10^{-3}$ m^3 であり，それらを R に代入すると

$$R = 0.08205\times(1.01325\times10^{5}\,Pa)\times(10^{-3}\,m^{3})\cdot mol^{-1}\cdot K^{-1}$$

$$= 8.314\,Pa\cdot m^{3}\cdot mol^{-1}\cdot K^{-1}$$

が得られる．さらに表2.2 の 1 Pa = 1 J·m^{-3} の関係を用いると

$$R = 8.314\,J\cdot mol^{-1}\cdot K^{-1}$$

と書き表せる．気体定数 R の値は，圧力と体積のとりかたにより，いろいろな数値が用いられてきたが，SI では 8.314 J·mol^{-1}·K^{-1} という数値になる．

2.2 物質の収支を計算する

　化学装置にはいろいろな種類の物質が出入りし，さまざまな物理的・化学的変化が起こり，その性状，組成，流量などが変化する．それらの変化を定量的に取り扱い，装置に出入りする物質の流れを明らかにするのが物質収支（Material balance）の計算である．

2.2.1 物質収支の基礎となる式

　物質収支の計算を行うには，まず計算の対象が，プロセス全体なのか，そのなかの装置なのか，あるいは装置内の微小な空間なのかを明確にする必要がある．それらは，いずれも閉じた空間とみなせ，一般的には系と呼ばれる．系の取りかたによって計算が難しくなったり易しくなったりする．

　つぎに，特定の時間間隔（たとえば 1 年，1 時間，1 秒，あるいは微小時間）を指定して，系に出入りする物質の収支関係を考える．

　そのとき着目する物質は，①個々の物質，②存在する物質全体，③物質を構成する元素のいずれかである．また，化学反応によって分子の組替えが起こる場合と，反応がない場合がある．さらに，定常状態か非定常状態かも区別しなければならない．

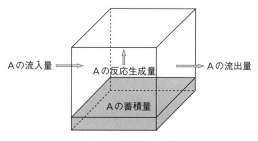

図 2.1　物質収支の例

　図 2.1 に示すような系について考えてみよう．ある物質 A に着目したとき，「系内への流入」，「系からの流出」，「系内での反応による生成」の結果，系内に存在する物質 A の量に変化が起こったと考えると，ある時間間隔についてつぎの関係が成立する．

$$（\text{A の流入量}）-（\text{A の流出量}）+（\text{反応による A の正味の生成量}）$$
$$=（\text{A の蓄積量}）\quad (2.1)$$

反応の結果, 物質が生成するときも消滅するときもあるが, 式(2.1)の左辺第3項 (反応によるAの正味の生成量)は正味の生成量を表す. 物質の出入りがない回分操作(Batch operation)では上式の左辺の第1項(Aの流入量)と第2項(Aの流出量)が0となるので, 装置内の状態は時間とともに変化する. 連続操作 (Continuous operation)で時間にかかわらず定常状態で進行する場合は, 式(2.1)の右辺は0とおける. また式(2.1)は, 同一成分に対する収支式であるから, 質量[kg]を基準としても物質量[mol]を基準としても成立する.

　つぎは, 個々の成分ではなく, 物質全体の質量に着目してみよう. 反応が起こっても物質全体の質量は変化しないから, 式(2.1)の左辺の第3項がゼロになり, つぎの式が成立する.

　　(全物質の流入質量) − (全物質の流出質量) = (全物質の蓄積質量)

$$(2.2)$$

反応を含む場合でも, ある元素E(たとえば, 炭素原子や水素原子)に着目すると, 式(2.2)と同様に式(2.3)が成立する. これは, 化学反応が起こっても, 原子が増えたり消滅したりすることはないからである.

　　(元素Eの流入量) − (元素Eの流出量) = (元素Eの蓄積量)　　　(2.3)

　また, 反応を含む場合でも個々の物質について式(2.1)が適用できるが, 化学量論式によって物質量の増減が簡単に表現できるので, 収支計算は質量基準よりも物質量基準のほうが簡単になる.

2.2.2　物質収支の計算手順
　物質収支の計算は, つぎのような手順に従って進めるのがよい.

(1) プロセスの簡単な略図を書き, 与えられたデータを記入する. 化学反応が起こる場合は化学反応式を書いておく.

(2) 計算のために適当な基準を選ぶ. 問題に基準が与えられている場合もあるが, それが問題を解くときにもっとも便利であるとは限らない. 別の基準で計算してから与えられた基準に換算するほうが簡単になることも多い.

(3) 各成分に対して物質収支式がたてられるが, 未知数の数が多くなると計算が複雑になる. こういうときには, 系に流入する物質のうち, 系内では変化せずに流出する物質に着目するとよい. たとえば, 燃焼反応における空気中の N_2 のような物質がそれにあたる. また, 水溶液の蒸発操作では水の量は変化するが, 溶質の量は変化しない. 乾燥操作でも水分は蒸発してその量は変化するが乾燥固体の量は変化しない. このように系内でその量が変わらない物質を, 対応物質あるいは手がかり物質という. この対応物質

に着目すると，収支計算が簡単になることが多い．

具体的な計算方法は，以下の例題によって学んでほしい．

2.2.3　物理的操作の物質収支

　反応を含まない物理的操作では，式(2.1)の左辺第3項が0とおける．定常状態ではさらに右辺の蓄積項もなくなる．したがって，定常状態での物理的操作では一般に，基準を定めて未知数を選び物質収支をとると，連立代数方程式が得られるので，それらを解けばよい．一方，対応物質がある場合は算術的に解くことができる．つぎの例題で，実際に解いてみよう．

例題 2.2

　10 wt%の食塩水を100 kg·h^{-1}の流量で蒸発装置に連続的に送り，加熱濃縮して28 wt%の食塩水を得たい．蒸発水の流量W[kg·h^{-1}]および濃縮液の排出流量D[kg·h^{-1}]を(1)代数方程式の解法，(2)対応物質を用いる解法，によって求めよ．

one point

wt%

重量パーセントと読む．混合物において特定の成分の重量を全成分の合計重量で割り，100を掛けた値である．数値的には，質量を用いた質量パーセントに等しい．

解　答　(1)蒸発装置は原液を加熱して水を蒸発させて濃縮液を得る装置である．蒸発装置全体を系として，系に出入りする物質の流れと与えられたデータを記入すると，図2.2のようになる．

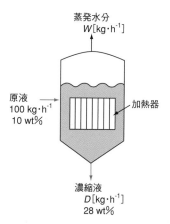

図2.2　蒸発装置全体を系としたときのデータ

　全物質(食塩水)については式(2.2)が，食塩と水については式(2.1)で反応項を無視した式が，それぞれ適用できる．いずれの式も定常状態であるから左辺の蓄積項が0とおける．したがって，時間間隔を1時間にとると，以下の物質収支式が書ける．

　全物質　　　$100 - (D + W) = 0$　　　　　　　　　　　　①

| NaCl | $100 \times 0.1 - D \times 0.28 = 0$ | ② |
| 水 | $100 \times (1 - 0.1) - [W + D \times (1 - 0.28)] = 0$ | ③ |

未知数は W と D の二つであるが,方程式は三つ書ける.このうちの二つを選んで解けばよい.たとえば,式②から式④が得られるので,それを式①に代入すると式⑤が得られる.

$$D = 35.7 \ \text{kg·h}^{-1} \qquad\qquad ④$$

$$W = 100 - 35.7 = 64.3 \ \text{kg·h}^{-1} \qquad\qquad ⑤$$

(2) 溶質である NaCl の量が蒸発装置の入口と出口で変わらないことに着目する.すなわち,NaCl が対応物質になる.蒸発装置入口における水と NaCl の量は

水の入量 $= 100 \times (1 - 0.1) = 90 \ \text{kg·h}^{-1}$

NaCl の入量 $= 100 - 90 = 10 \ \text{kg·h}^{-1}$

この NaCl の入量の $10 \ \text{kg·h}^{-1}$ が,装置出口では 28 % に相当し,濃縮食塩水の流量は 100 % に対応するから,比例計算によって

濃縮食塩水の流量 $= 10 \ \text{kg·h}^{-1} \times \dfrac{100\%}{28\%} = 35.7 \ \text{kg·h}^{-1}$

∴ 濃縮水溶液中の水の流量 $= 35.7 - 10 = 25.7 \ \text{kg·h}^{-1}$

装置入口での水の流量は $90 \ \text{kg·h}^{-1}$ であり,それが出口では $25.7 \ \text{kg·h}^{-1}$ になったのだから,蒸発した水の量 W は

$$W = 90 - 25.7 = 64.3 \ \text{kg·h}^{-1}$$

となる.(1)と(2)の解法による答えは一致している.

例題 2.3

水路を流れる水の流量を測定するために,トレーサーとして 15 wt% の食塩水を $1.2 \ \text{kg·min}^{-1}$ の質量流量で連続的に水路に添加した.下流の水路断面の水がよく混合された地点で NaCl の濃度を測定したところ,0.24 wt% であった.このとき,水の体積流量 $v \ [\text{m}^3 \cdot \text{h}^{-1}]$ を求めよ.

解 答 水路に添加された食塩水が水路断面に均一に分散して流れると考えてよい.図 2.3 に示すように,水路を流れる水の質量流量を $w \ [\text{kg·min}^{-1}]$,水路出口における NaCl も含めた水の質量流量を $m \ [\text{kg·min}^{-1}]$ とする.トレーサーの投入点から測定点までの間の水路を系に選び,流れが定常状態になった後

で，時間間隔を 1 min としたときの物質収支をとると

全成分についての物質収支　　$(w + 1.2) - m = 0$　　　　　　　　　　　①

NaCl の物質収支　　$1.2 \times 0.15 - m \times 0.0024 = 0$　　　　　　　②

式②より　　　$m = 1.2 \times \dfrac{0.15}{0.0024} = 75 \text{ kg·min}^{-1}$　　　　　　③

この m の値を式①に代入すると，水路を流れる水の質量流量 $w[\text{kg·min}^{-1}]$ は

$w = 75 - 1.2 = 73.8 \text{ kg·min}^{-1}$　　　　　　　　　　　　　④

となる．水路に添加された食塩水の質量流量は 1.2 kg·min^{-1} であったから，その影響は 1.6 % 程度であり，水路の流れへの影響は無視できる．

よって，水の密度を 1000 kg·m^{-3} とすると，水の体積流量 $v[\text{m}^3\text{·h}^{-1}]$ は

$v = \dfrac{73.8}{1000} \times 60 = 4.43 \text{ m}^3\text{·h}^{-1}$

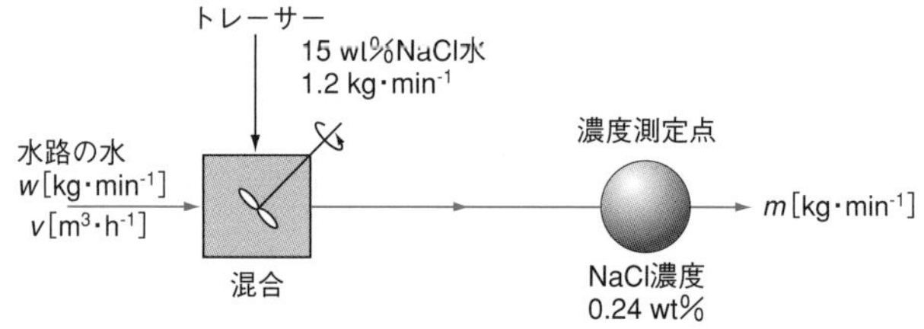

図 2.3　水路を流れる水の流量の測定

2.2.4　反応操作の物質収支

　反応を含むプロセスの物質収支を考える場合は，化学反応式が出発点になる．反応式は，反応に関与する成分（反応成分）の間の量的相互関係を表している．たとえば反応式が

$$a\text{A} + b\text{B} \longrightarrow c\text{C} \tag{2.4}$$

で表される反応では，成分 A の $a[\text{mol}]$ と成分 B の $b[\text{mol}]$ が反応して，成分 C が $c[\text{mol}]$ 生成することを表す．

　化学工学では，化学反応の成分の間の量的関係を重視するので，化学反応式を化学量論式あるいはたんに量論式と呼ぶことも多い．そして，係数 a, b, c を量論係数と呼ぶ．

　実際の反応では，各成分が量論係数の比率ちょうどで供給されるのではなく，いずれかの原料成分が過剰に供給される．このとき，過剰でない反応原料を限定反応成分（Limiting reactant）という．また，限定反応成分もすべて反応することは少なく，その一部は未反応のまま反応器からでる．

式(2.4)で限定反応成分を A とし，両辺を a で割ると

$$A + \frac{b}{a}B \longrightarrow \frac{c}{a}C \tag{2.5}$$

となる．このように表現すると，限定反応成分 A が 1 mol 反応したとき，他の成分が反応の進行に伴ってどれだけ増減するかが直観的に把握できるので便利である．

ここで，反応の進行状態を表すために，限定反応成分 A に対する反応率 x_A を導入する．これは，限定反応成分 A の供給量に対して A がどれだけ反応したかを表す数値である．成分 A の供給量を $F_{A0}[\text{mol} \cdot \text{s}^{-1}]$，反応器から排出される A の量を $F_A[\text{mol} \cdot \text{s}^{-1}]$ とすると，反応率 x_A はつぎの式(2.6)によって表される．

$$x_A = \frac{\text{成分 A の反応量}}{\text{成分 A の供給量}} = \frac{F_{A0} - F_A}{F_{A0}} \tag{2.6}$$

式(2.6)から，反応率 x_A は成分 A の供給量を 1 としたときの反応量になっていることがわかるだろう．よって，供給量が F_{A0} のときの反応量は，$F_{A0}x_A$ になる．さらに，成分 B の反応量は式(2.5)の量論関係から $(b/a)F_{A0}x_A$ となり，また成分 C の生成量は $(c/a)F_{A0}x_A$ と書ける．したがって，反応器出口と入口の間での各成分の変化量と反応器出口の各成分の物質量流量は表 2.4 のように書ける．

表2.4　反応器入口・出口での物質量流量

成分	反応器入口 [mol·s^{-1}]	変化量 [mol·s^{-1}]	反応器出口 [mol·s^{-1}]
A	F_{A0}	$-F_{A0}x_A$	$F_{A0} - F_{A0}x_A$
B	F_{B0}	$-(b/a)F_{A0}x_A$	$F_{B0} - (b/a)F_{A0}x_A$
C	F_{C0}	$+(c/a)F_{A0}x_A$	$F_{C0} + (c/a)F_{A0}x_A$

例題 2.4

$$2SO_2 + O_2 \longrightarrow 2SO_3 \qquad ①$$

で表される反応がある．この反応は，反応器入口に SO_2 と空気を連続的に供給して SO_3 を生産する反応である．

(1) 流通反応器入口に SO_2 を 100 mol·h^{-1} で供給し，さらに酸素が量論比の 2 倍になるように空気を供給する．反応率を 70% にとったとき，反応器出口での各成分の物質量流量 [mol·h^{-1}] を求めよ．ただし，空気は酸素 21% と窒素 79% からなるものとする．

(2) SO_3 を月産 10 トンの割合で生産したい．1 日に 24 時間操業し，1 カ月は 30 日とする．また，原料の供給と反応率は (1) と同様に設定する．このとき，

one point

流通反応器

反応物を反応器入口から連続的に供給し，出口から生成物を連続的に取りだす形式の反応器であり，連続反応器とも呼ばれる．反応物が流体の場合は，槽型反応器と管型反応器が用いられる．

SO_2 と空気の供給速度 $[kg\cdot h^{-1}]$ を求めよ.

解答 この場合, 明らかに限定反応成分は SO_2 である. その量論係数が 1 になるように反応式を書きかえると

$$SO_2 + \frac{1}{2}O_2 \longrightarrow SO_3 \qquad (A + \frac{1}{2}B \longrightarrow C) \qquad ②$$

(1) 反応器入口には SO_2 が $100\ mol\cdot h^{-1}$ 供給され, O_2 は量論比の 2 倍, すなわち $(100/2) \times 2 = 100\ mol\cdot h^{-1}$ が供給される. それに対応する窒素 N_2 は

$$N_2 \text{の物質量流量} = 100\ mol\cdot h^{-1} \times (79\ \% \ / \ 21\ \%) = 376.2\ mol\cdot h^{-1}$$

このようにして, 反応器入口での SO_2, O_2, N_2 の物質量流量 F_{j0} が定まる. 反応率 x_A が 70% であるから, 表2.4 のように, 変化量 ΔF_j と反応器出口での各成分の物質量流量 F_j が計算できる. それを表2.5 にまとめる.

このように, 反応プロセスの物質収支は, 物質量単位(モル単位)で行うと簡単になる.

表2.5 各成分の計算

成分	反応器入口 $F_{j0}\ /\ mol\cdot h^{-1}$	変化量 $\Delta F_j\ /\ mol\cdot h^{-1}$	反応器出口 $F_j\ /\ mol\cdot h^{-1}$
SO_2	100	$-100 \times 0.7 = -70$	$100 - 70 = 30$
O_2	100	$-(1/2) \times 100 \times 0.7 = -35$	$100 - 35 = 65$
SO_3	0	$+100 \times 0.7 = 70$	$0 + 70 = 70$
N_2	376.2	0	376.2
合計	576.2		541.2

(2) (1)の物質量単位での計算結果を質量単位に換算する. まず各成分の分子量は

$$SO_2 \text{の分子量} = (32.1 + 16 \times 2) \times 10^{-3} = 64.1 \times 10^{-3}\ kg\cdot mol^{-1}$$
$$SO_3 \text{の分子量} = (32.1 + 16 \times 3) \times 10^{-3} = 80.1 \times 10^{-3}\ kg\cdot mol^{-1}$$
$$\text{空気の分子量} = (0.21 \times 32 + 0.79 \times 28) \times 10^{-3} = 28.8 \times 10^{-3}\ kg\cdot mol^{-1}$$

となる. これらの数値を用いて, 表2.5 から SO_2 の量論関係を質量基準に直すと

$$SO_2 \text{の供給量} = 100 \times (64.1 \times 10^{-3}) = 6.41\ kg\cdot h^{-1} \qquad ①$$
$$\text{空気の供給量} = (100 + 376.2) \times (28.8 \times 10^{-3}) = 13.7\ kg\cdot h^{-1} \qquad ②$$
$$SO_3 \text{の生産量} = 70 \times (80.1 \times 10^{-3}) = 5.61\ kg\cdot h^{-1} \qquad ③$$

この 1 時間あたりの SO_3 の生産量を月産に換算すると

$$SO_3 \text{の月産生産量} = (5.61 \text{ kg·h}^{-1}) \times 24 \times 30 = 4.04 \times 10^3 \text{ kg /月}$$
$$= 4.04 \text{ t /月}$$

となる．これを月産 10 t に換算するには，各原料成分の供給量をそれぞれ，10 / 4.04 = 2.48 倍すればよい．すなわち，①，②，③の値を 2.48 倍すれば，それが求める値になる．したがって

$$SO_2 \text{の供給量} = (6.41 \text{ kg·h}^{-1}) \times 2.48 = 15.9 \text{ kg·h}^{-1}$$
$$\text{空気の供給量} = 13.7 \text{ kg·h}^{-1} \times 2.48 = 34.1 \text{ kg·h}^{-1}$$

この問題で，SO_3 の質量単位の生産速度から，原料供給速度を逆算する手順をとると計算は煩雑になる．このような反応プロセスの物質収支は，反応器入口から物質量基準で計算を開始し，そのあとで質量基準に換算するほうが簡単になることが多い．

2.3 エネルギー収支の計算方法

　化学プロセスでは，物質と同様にエネルギーの流れも生じる．たとえば，化学装置への物質の出入りや，外部からの加熱・冷却などに伴って，エネルギーの出入りが起こる．それを定量的に取り扱うのがエネルギー収支である．

2.3.1　エンタルピーの収支（熱収支）

　エネルギーはさまざまなかたちをとる．物質の分子構造と温度によって決まる内部エネルギー，物体が位置する高さによる位置エネルギー，運動する物体がもつ運動エネルギー，さらには熱エネルギー，仕事などがある．

　熱力学第一法則は，これらのエネルギーの和はつねに保存されることを示している．しかし，通常の化学プロセスでは位置エネルギーや運動エネルギーの変化は小さく，また機械的仕事の寄与も小さい．このような場合，一般的なエネルギー収支式は，内部エネルギー U と流体の圧力エネルギー PV の和であるエンタルピー $H = U + PV$ のみに注目したエンタルピー収支式（熱収支式）に簡略化できる．なお，流体をパイプで輸送するような場合のエネルギー収支では，熱の効果は小さく，位置エネルギー，運動エネルギー，機械的仕事，摩擦などによるエネルギー変化が重要になる．そのような場合については第 7 章で説明する．

　図 2.4 に示すような流通系を考えて，単位時間についてのエンタルピー収支をとると

$$H_{in} - H_{out} + Q = dH_{sys} / dt \tag{2.7}$$

が成立する．式(2.7)で，H_{in} は系に流入する流体によって系内にもち込まれるエンタルピーの流入速度[J·s^{-1}]であり，H_{out} は流出する流体によってもち去られるエンタルピー流出速度である．Q は系の周囲からの加熱速度[J·s^{-1}]を表しており，加熱のときは正の値を，除熱のときは負の値をとる．また，H_{sys} は系のエンタルピー量[J]である．

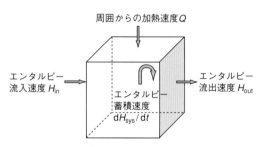

図2.4　流通系のエンタルピー収支

なお，流体が多成分からなる混合物のときは，エンタルピー流量 H[J·s^{-1}]は各成分のエンタルピー流量の和で与えられる．すなわち，成分 j の物質量流量を F_j[mol·s^{-1}]，エンタルピーを H_j[J·mol^{-1}]とおくとつぎのようになる．

$$H = \sum F_j H_j \tag{2.8}$$

同様に，系のエンタルピー量 H_{sys}[J]は，系内の各成分の物質量を n_j[mol]で表すと

$$H_{sys} = \sum n_j H_j \tag{2.9}$$

のように書ける．

　回分操作では，式(2.7)の物質の流れに伴うエンタルピーの流入と流出の項がなくなるので，系のエンタルピー変化 ΔH_{sys} と系に加えられた熱量 Q の間には次式が成立する．

$$\frac{\mathrm{d}H_{sys}}{\mathrm{d}t} = Q \tag{2.10}$$

　また，定常状態では式(2.7)の左辺が0とおけるので

$$H_{in} - H_{out} + Q = 0 \tag{2.11}$$

のように変形できる．これは，定常状態では系内への流体の出入りによるエンタルピー流量の変化量は，周囲からの加熱速度 Q に等しいことを示している．

　なお，断熱操作では，上記の式(2.7)〜(2.11)で Q を0とおくことができる．

　以下の項で，上記のエンタルピー収支式の使いかたを，「物理的過程」と「化学反応を含む過程」にわけて学んでいこう．

2.3.2 物理的過程のエンタルピー変化

物体を加熱あるいは冷却すると，温度の変化が起こる．しかし，温度は変化せずに相の転移が起こる場合がある．たとえば固体を加熱すると，固体の状態を保ちながら温度が上昇するが，ある温度に達すると，固体が融解しはじめ，液層が現れ固体と共存するようになる．そして，固体が完全に融解し終わるまで温度は変化しない．

このように，物理的過程のエンタルピー変化量の計算では，温度変化に伴うエンタルピー変化と，固体の融解や液体の蒸発などの相転移を伴うエンタルピー変化を合計したものになる．

one point
相の変化
温度，圧力などの変化によって一つの相から他の相に移ることで，相転移ともいわれる．たとえば，水を 100℃ で加熱すると液体から気体に相が移り，0℃ の水を冷却すると氷（固体）に相が移る．これらは，液相−気相，液相−固相の相変化である．

(1) 比熱容量とモル熱容量

ある物質の一定量の温度を 1 K（1℃）上昇させるのに必要な熱量を熱容量という．そして，ある物質の単位質量（この場合 1 kg）の温度を 1 K 上昇させるのに必要な熱量が比熱容量[J·kg^{-1}·K^{-1}]で，ある物質 1 mol の温度を 1 K 上昇させるのに必要な熱量がモル熱容量[J·mol^{-1}·K^{-1}]である．さらに比熱容量には，系の圧力が一定の場合の定圧比熱容量 c_p と，系の体積が一定の場合の定容比熱容量 c_v がある．同様に，定圧モル熱容量を C_p，定容モル熱容量を C_v によってそれぞれ表す．

この定圧モル熱容量と定容モル熱容量の間にはつぎの関係が成立する．

$$\text{液体と固体：} C_p \fallingdotseq C_v \tag{2.12 a}$$

$$\text{理想気体：} C_p - C_v = R \tag{2.12 b}$$

ここで，R は気体定数（8.314 J·mol^{-1}·K^{-1}）である．

また，気体の定圧モル熱容量は，つぎのように温度 T[K]の多項式のかたちで表される．

$$C_p = a + bT + cT^2 \tag{2.13}$$

ここで，a，b，c は定数である．この場合，温度 $T_1 \sim T_2$[K]の間の平均のモル熱容量 $\overline{C_p}$ は，次式のように書ける．

$$\overline{C_p} = \int_{T_1}^{T_2} \frac{C_p \mathrm{d}T}{T_2 - T_1}$$

$$= a + \frac{b}{2}(T_2 + T_1) + \frac{c}{3}(T_2^{\,2} + T_2 T_1 + T_1^{\,2}) \tag{2.14}$$

相転移がなく温度が T_1 から T_2 に上昇するときの単位物質量についてのエンタルピー変化 ΔH[J·mol^{-1}]は，次式によって計算できる．

$$\Delta H = \int_{T_1}^{T_2} C_p dT = \overline{C}_p (T_2 - T_1) = \overline{C}_p \Delta T \tag{2.15}$$

(2) 相転移を伴う物理過程の全エンタルピー変化

　固体から液体へ変化するときのエンタルピー変化を融解エンタルピー，液体から気体への変化の場合を蒸発エンタルピー，固体から直接気体へ変化する場合を昇華エンタルピーとそれぞれ呼ぶ．これらを相転移エンタルピーと定義する．

　相転移を伴う物理過程における単位物質量あたりの全エンタルピー変化 ΔH [J·mol^{-1}]は，温度変化と相転移に伴うエンタルピー変化の合計になる．

$$\Delta H = \sum \overline{C}_p \Delta T + \sum L \tag{2.16a}$$

一方，単位質量あたりのエンタルピー変化 ΔH_m [J·kg^{-1}]は

$$\Delta H_m = \sum \overline{c}_p \Delta T + \sum L_m \tag{2.16b}$$

> **one point**
> **ΔH_m**
> 単位質量あたりのエンタルピー変化を表す記号には，モル単位あたりのエンタルピー変化 ΔH [J·mol^{-1}]と区別するために添え字 m を付けて ΔH_m[J·kg^{-1}]のように表すことにする．相転移エンタルピーについても，L_m[J·kg^{-1}]で表す．

例題 2.5

　1 atm,0℃の氷 5 kg を 127℃ の過熱水蒸気にするのに必要な熱量を計算せよ．ただし，水，水蒸気の比熱容量はそれぞれ 4.187, 1.89 kJ·kg^{-1}·K^{-1}，氷の融解エンタルピーは 335 kJ·kg^{-1}，100℃ における水の蒸発エンタルピーは 2257 kJ·kg^{-1}である．

解答　まず，氷 1 kg について計算する．温度変化によるエンタルピー変化は水 1 kg を 0℃ から 100℃ に加熱するのに必要な熱量と，水蒸気を 100 ℃ から 127 ℃ まで加熱するのに必要な熱量の和であるから

$$\sum \overline{c}_p \Delta T = 4.187 \times (100 - 0) + 1.89 \times (127 - 100) = 418.7 + 51.03$$
$$= 469.73 \text{ kJ·kg}^{-1} \tag{①}$$

一方，相転移エンタルピーの合計は氷の融解エンタルピーと水の蒸発エンタルピーであるから

$$\sum L = 335 + 2257 = 2592 \text{ kJ·kg}^{-1} \tag{②}$$

よって，全変化に伴うエンタルピー変化 ΔH_m は，式(2.16b)から式①と②の和となるから

$$\Delta H_m = 469.73 + 2592 = 3061.7 \text{ kJ·kg}^{-1}$$

これは 1 kg の値であり，求めるのは $m = 5$ kg の値だから，求める値は

$$\Delta H_m \cdot m = 3061.7 \times 5 = 1.531 \times 10^4 \text{ kJ}$$

2.3.3 化学反応を含む場合のエンタルピー変化

(1)標準反応エンタルピー

化学反応によって原子の組み替えが起こると，エンタルピー変化が生じる．これを反応エンタルピーという．たとえば

$$A + \frac{b}{a} B \longrightarrow \frac{c}{a} C + \frac{d}{a} D \tag{2.17}$$

で表される化学反応の反応エンタルピー ΔH_R とは，温度が T，圧力が P の状態にある 1 mol の A と b/a [mol] の B が完全に反応して c/a [mol] の C と d/a [mol] の D が生成し，その温度と圧力がそれぞれ T と P であるときのエンタルピー変化と定義できる．

反応エンタルピーが負の値をとるときは，系のエンタルピーが減少しているから，その減少分のエネルギーを外部に放出したことになり，発熱反応である．逆に，反応エンタルピーが正の値をとるときは吸熱反応である．

標準状態（0.1013 MPa，298.2 K）における反応エンタルピーを標準反応エンタルピー ΔH_R^0 と定義し，その値は各反応成分の標準生成エンタルピー ΔH_f^0 を用いて次式から計算できる．

$$\Delta H_R^0 = \left(\frac{c}{a} \Delta H_{f,C}^0 + \frac{d}{a} \Delta H_{f,D}^0 \right) - \left(\Delta H_{f,A}^0 + \frac{b}{a} \Delta H_{f,B}^0 \right) \tag{2.18}$$

なお，反応エンタルピーの値は量論式を規定して計算できる値であって，その値は量論式の書き方によって異なることに注意しよう．たとえば，量論式が式 (2.17) の代わりに式 (2.5) で表されたときの反応エンタルピーの値は，$a \Delta H_R$ となる．

(2)化学反応を伴う場合のエンタルピー変化の計算

化学反応を伴う場合のエンタルピー変化を計算するには，反応エンタルピーと温度変化を両方とも考慮する必要がある．反応器入口での温度を T_{in} [K]，出口での温度を T_{out} [K]，各成分の平均モル熱容量を $\overline{C}_{pj}$ [J·mol^{-1}·K^{-1}] とし，エンタルピーの基準温度を $T^0 = 298.2$ K とすると，反応器に流入する流体のエンタルピー流量 H_{in} [J·s^{-1}] は，式(2.8)と式(2.15)より

$$H_{in} = \sum F_{j0} H_{j0} = \sum F_{j0} \overline{C}_{pj} (T_{in} - T^0) \tag{2.19}$$

と書ける．一方，反応器から流出する流体のエンタルピー流量 H_{out} は，反応エンタルピーと温度変化の和となる．このうちの標準状態における反応エンタルピーは，成分 A の単位時間あたりの反応量を $(-\Delta F_A)$ [mol·s^{-1}] とすると，ΔH_R^0 $(-\Delta F_A)$ [J·s^{-1}] で表せる．これに温度変化（標準状態から出口温度までの反応生成物の温度変化）を加えた値が出口流体のエンタルピー流量 H_{out} であるから

---

one point

標準生成エンタルピー

物質Aの標準生成エンタルピー $\Delta H_{f,A}^0$ は物質 A が元素より生成するときのエンタルピー変化である．通常はAを構成する元素と生成物がともに 0.1013 MPa，298.2 K の条件にあるとして計算された仮想的なエンタルピー変化を表す．なお，標準生成エンタルピー ΔH_f^0 の値は，物理化学や化学熱力学の教科書に表のかたちで載せられているので参照してほしい．

---

one point

標準状態

熱力学では標準状態を圧力が 1 atm (1.01325 × 10^5 Pa) とするのが慣例である．温度については決まっていないが，0℃ あるいは 25℃ (298.15 K) が採用される場合が多い．1982 年以降は，圧力として 1 atm ではなく 10^5 Pa が採用されるようになった．しかし両者の差は小さく，多くの熱力学的データが 1 atm，25℃ においてすでに測定されているので，本書では標準状態として 1 atm，25℃ を採用する．

$$H_{\text{out}} = \Delta H_{\text{R}}^{0}(-\Delta F_{\text{A}}) + \sum F_j \overline{C}_{\text{pj}}(T_{\text{out}} - T^0) \tag{2.20}$$

式(2.19)と式(2.20)を式(2.11)に代入すると

$$\sum F_{j0}\overline{C}_{\text{pj}}(T_{\text{in}} - T^0) - [\Delta H_{\text{R}}^{0}(-\Delta F_{\text{A}}) + \sum F_j \overline{C}_{\text{pj}}(T_{\text{out}} - T^0)] + Q = 0 \tag{2.21}$$

が得られる．この式が，化学反応を含む場合の定常状態でのエンタルピー収支式になる．なお，平均モル熱容量 $\overline{C}_{\text{pj}}$ の値は，変化する温度範囲によって異なり，上式の第1項と第3項での値は厳密には区別する必要がある．つぎの例題で，この式の使いかたを学ぼう．

例題 2.6

SO_2 を空気によって酸化して SO_3 を製造する流通式の触媒反応器がある．反応式は次式のように書ける．

$$SO_2 + \frac{1}{2}O_2 \longrightarrow SO_3 \tag{①}$$

SO_2 を 10 mol％含む 400℃ の空気を 100 mol・h^{-1} の流量で反応器入口に供給したところ，反応器出口では生成物の温度が 450℃，SO_2 の反応率が 80％ であった．このとき，反応器外部から加えられた熱量 Q[kJ・h^{-1}] を求めよ．ただし，298.2 K，1 atm における標準生成エンタルピー ΔH_{f}^{0}[kJ・mol^{-1}]，平均モル熱容量 $\overline{C}_{\text{p}}$ [J・mol^{-1}・K^{-1}] は次表のように与えられる．

成　分	SO_2	O_2	SO_3	N_2
ΔH_{f}^{0} / kJ・mol^{-1}	－ 297.0	0	－ 395.2	0
$\overline{C}_{\text{p}}$ / J・mol^{-1}・K^{-1}	46.4	31.3	65.0	29.9

解　答　物質収支の基準：原料 $F_{\text{t}} = 100$ mol・h^{-1}

(1)反応器入口：各成分の物質量流量 F_{j0} は

SO_2：$100 \times 0.1 = 10$ mol・h^{-1}

O_2：$(100 - 10) \times 0.21 = 18.9$ mol・h^{-1}

N_2：$90 \times 0.79 = 71.1$ mol・h^{-1}

(2)反応器出口：SO_2 の単位時間あたりの反応量は 10 mol・h$^{-1} \times 0.80 = 8.0$ mol・h^{-1} であるから，反応器出口での各物質の物質量流量は

SO_2：$10 - 8.0 = 2.0$，　O_2：$18.9 - \dfrac{8.0}{2} = 14.9$，　SO_3：8.0，　N_2：71.1 mol・h^{-1}

(3)標準反応エンタルピー $\Delta H_{\text{R}}^{0}(T^0)$ の計算：式(2.18)より

$$\Delta H_{\text{R}}^{0}(T^0) = \Delta H_{\text{f,SO}_3}^{0} - \Delta H_{\text{f,SO}_2}^{0} - \frac{1}{2}\Delta H_{\text{f,O}_2}^{0}$$

$$= (-395.2) - (-297.0) - 0 = -98.2 \text{ kJ・mol}^{-1} \tag{①}$$

---

one point

流通式

化学装置入口に原料を連続的に供給し，装置内で化学的・物理的変化を経た生成物を装置出口から連続的に取りだす操作法であり，連続式ともいわれる．それに対して，原料を最初装置内に仕込み，反応終了後に取りだす操作法を回分式という．

one point

mol％

モルパーセントと読む．混合物の各成分の量を物質量（モル）で表し，ある成分の物質量を混合物の全物質量で割り100を掛けた値である．

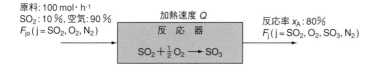

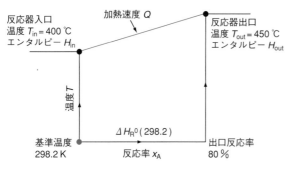

図 2.5　反応器のエンタルピー収支

(4)エンタルピー収支の計算：図 2.5 にエンタルピー収支の計算経路を示す. 計算の基準を温度 $T^0 = 298.2$ K にとる.

　反応原料の温度 $T_{in} = 400℃ = 673.2$ K, 反応生成物の温度 $T_{out} = 450℃ = 723.2$ K なので, 入口温度 $T_{in} = 673.2$ K での反応原料のエンタルピー流入速度 H_{in} は式(2.19)より

$$H_{in} = \sum F_{j0}\overline{C}_{pj}(673.2 - 298.2)$$
$$= (10 \times 46.4 + 18.9 \times 31.3 + 71.1 \times 29.9) \times 375$$
$$= 1.193 \times 10^6 \text{ J·h}^{-1} = 1193 \text{ kJ·h}^{-1} \qquad ②$$

反応器出口での反応生成物のエンタルピー流出速度 H_{out} は, 式(2.20)を適用すると

$$H_{out} = \Delta H_R^0 \times (\text{SO}_2 \text{ の反応量}) + \sum F_j\overline{C}_{pj}(723.2 - 298.2) \qquad ③$$

と書け, $\Delta H_R^0 = -98.2$ kJ·mol^{-1}, (SO$_2$ の反応量) = 8.0 mol·h^{-1} だから

$$H_{out} = -98.2 \times 10^3 \times 8.0 + (2 \times 46.4 + 14.9 \times 31.3 + 8 \times 65 + 71.1 \times 29.9)$$
$$\times (723.2 - 298.2)$$
$$= -785.6 \times 10^3 + 1362 \times 10^3 = 576.4 \times 10^3 \text{ J·h}^{-1} = 576.4 \text{ kJ·h}^{-1} \qquad ④$$

　反応器の入口と出口におけるエンタルピーの値 (式②と④) を式 (2.11) に代入すると

$$1193 - 576.4 + Q = 0$$
$$\therefore \quad Q = {}^- 616.6 \text{ kJ} \cdot \text{h}^{-1}$$

この反応は反応エンタルピー ΔH_R^0 が負の値をとる発熱反応であるから，反応の進行とともに反応器内の温度が上昇する．したがって，反応温度をある値に保持するには外部から熱を除去する必要がある．このように，Q の符号がマイナスであることは，反応器外部から加熱するのではなく除熱する必要があることを意味している．

章 末 問 題

① つぎの値を，SI に換算せよ．

(1) 1500 cm^2 (2) 1.25 g·cm^{-3} (3) 800 l·min^{-1} (4) 60 km·h^{-1}

(5) 7200 kcal·h^{-1} (6) 5 atm   (7) 2000 mmHg   (8) 12 kgf·cm^{-2}

(9) 100 lb·ft^{-3} (10) 12.4 Btu·lb^{-1}·℉$^{-1}$

② 5.0 wt％の食塩水 100 kg を蒸発させて 20 wt％ 溶液にしたい．蒸発水分および濃縮液の量[kg]を求めよ．

③ 水分 15 wt％を含む湿り材料 100 kg を，水分 7 wt％にまで乾燥したい．材料からどれだけの水分を蒸発させなければならないか．

④ モル分率で0.25の空気と0.75のNH$_3$からなる混合ガスを酸性水溶液中に通してNH$_3$を吸収させたところ，出口ガス中のNH$_3$のモル分率は0.375になった．入口ガス中のNH$_3$に対して吸収されたNH$_3$の割合を求めよ．ただし，空気の吸収と水溶液の蒸発は考えなくてもよい．

⑤ ある水路のなかを流れる水の流量を調べるために，10 wt％の硫酸ナトリウム Na$_2$SO$_4$ を 2.50 kg·min^{-1} の流量で水路に加えたところ，下流における Na$_2$SO$_4$ の濃度は 0.35 wt％であった．このとき，水の流量[m^3·h^{-1}]を求めよ．

⑥ 管内を一定流量で流れている空気の流量を求めるために，アンモニア（NH$_3$）を 3.75 kg·h^{-1} の速度で定常的に加えて，混合が十分な下流でアンモニアの濃度を測定したところ 0.6 vol％であった．このとき，空気の体積流量[m^3·h^{-1}]を求めよ．ただし，管内の温度は 25℃，圧力は 1.05×10^5 Pa とする．

⑦ 1.2 kg の炭素 C を 8.0 kg の酸素 O$_2$ を送って完全に燃焼させた．生成ガス中の各物質の量[kg]と質量分率を求めよ．

⑧ 3 mol の C$_2$H$_6$ と 12 mol の O$_2$ を混合して加熱したとき，C$_2$H$_6$ の 80 ％が燃焼した．

(1)生成ガス中の C_2H_6, O_2, H_2O, および CO_2 のモル分率はいくらになるか.

(2)酸素の過剰量[mol]と過剰率はいくらになるか.

⑨ 塩化水素ガス(HCl)のモル熱容量は次式で与えられる.ただし,C_p の単位は $[cal \cdot mol^{-1} \cdot ℃^{-1}]$,$T$ の単位は $[℃]$ である.

$$C_p = 6.86 + 0.960 \times 10^{-3} T$$

(1)上式で,単位を $C_p : [J \cdot mol^{-1} \cdot K^{-1}]$,$T : [K]$ としたときの式に書き換えよ.

(2)塩化水素 1 kg を 300 K から 400 K まで加熱するのに必要な熱量 $Q_m [kJ \cdot kg^{-1}]$ を求めよ.

⑩ $-10℃$ の氷 100 mol を $120℃$ の過熱水蒸気にするのに必要な熱量を計算せよ.ただし,氷,水,蒸気の比熱容量はそれぞれ 2.09,4.19,1.89 $kJ \cdot kg^{-1} \cdot K^{-1}$ であり,氷の融解エンタルピーは 335 $kJ \cdot kg^{-1}$,$100℃$ における水の蒸発エンタルピーは 2257 $kJ \cdot kg^{-1}$ である.

⑪ $100℃$ の水蒸気を凝縮させることによって $15℃$ の水 1 kmol を $90℃$ まで加熱したい.このときに必要な水蒸気の量を計算せよ.ただし,水の比熱容量は 4.187 $kJ \cdot kg^{-1} \cdot K^{-1}$,$100℃$ における水の蒸発エンタルピーは 2257 $kJ \cdot kg^{-1}$ とする.

⑫ $C_6H_6 + 3H_2 \longrightarrow C_6H_{12}$ (A + 3B $\longrightarrow$ C)で表せる気相反応がある.つぎの問いに答えよ.

(1)標準反応エンタルピー $\Delta H_R^0(298.2)$ の値を求めよ.ただし,各成分の標準生成エンタルピー ΔH_f^0 はつぎの通りである.

$$\Delta H_{f,A}^0 = 82.93 \text{ kJ} \cdot mol^{-1}, \quad \Delta H_{f,B}^0 = 0, \quad \Delta H_{f,C}^0 = -123.13 \text{ kJ} \cdot mol^{-1}$$

(2)この反応は発熱反応か吸熱反応か.

(3)量論式が,$(1/3)C_6H_6 + H_2 \longrightarrow (1/3)C_6H_{12}$ のように書かれた場合の標準反応エンタルピーを求めよ.

(4)C_6H_{12} が 0.8 mol 生成したときの,$25℃$ での反応生成物と原料のエンタルピーの差を求めよ.

⑬ [例題 2.6]において,反応器外壁を断熱材で覆い,熱を外部に逃さないように操作(断熱操作)した場合,反応器出口での温度 T_{out} を求めよ.

第3章 反応速度と反応器

化学プロセスにおいて，反応器は心臓部に相当する重要な化学装置である．この章では，反応器をどのように設計するかについて学ぶ．ただし，反応器を設計するには，反応が進行する速度，つまり反応速度についての知識が必要なので，この章ではまず反応速度について解説する．反応速度は，反応成分の濃度，反応温度，触媒の濃度などの関数であり，それがどのような式で表せるかを実験により求めねばならない．

ついで，第2章で学んだ物質収支の考えかたを反応器に適用して，反応器の設計の基礎式を導く．反応器にはいろいろな形状と運転法があるが，それらを選定すると，反応器内の反応成分の濃度の変化が計算できる．このような，反応速度の解析と反応器の設計を取り扱う化学工学の分野を反応工学と呼ぶ．

なお，本章の3.7節までは反応器は等温状態にあると仮定しているが，3.8節ではエンタルピー収支式を追加し，非等温状態の反応器の設計に拡張している．

3.1 化学反応をどのように分類するか

現在，工業的に行われている化学反応の種類はたいへん多い．本書では，つぎのように化学反応を分類する．

(1) 単一反応と複合反応

　量論式が単数のときを単一反応，複数のときを複合反応と分類する．

(2) 均一反応と不均一反応

　反応が均質な単一の相で起こっている場合を均一反応，二つ以上の相が関係する場合を不均一反応と分類する．

以下，これらの分類について詳しく見ていこう．

---

one point

化学反応の分類

化学では反応機構に基づいて反応を分類している．しかし，反応器を設計し操作する立場にたつと，量論式の数が単一か複数か，また反応が単一の均一相で起こるか複数の相にまたがるか，によって分類するほうが便利である．

単一反応の場合は反応の進行状態は反応率のみによって表せ，設計方程式も一つで十分であるが，複合反応では反応進行を表す複数のパラメータが導入され，設計方程式も複数必要になるなど，両者で取扱いが異なってくる．また，複数の相で反応が起こる不均一反応の場合は，相の組合せが同じであれば，反応器の形式，操作法も似ており一般化しやすいという利点がある．このように化学と反応工学では，反応の分類法が異なる．

3.1.1 単一反応と複合反応

反応に関係する各成分の物質量［mol］の相対関係を一般に量論関係という．この量論関係を表すのに必要な化学量論式の数が1個の場合を単一反応，複数個の場合を複合反応と呼ぶ．

単一反応の場合は各成分間の量論的関係は反応率 x_A によって統一的に表現でき，物質収支も単一の方程式によって表される．それに対して，複合反応の場合は複数の方程式が必要になる．複合反応の基本的な形式は，つぎに示すような並列反応，逐次反応および両者の組み合わさった逐次・並列反応である．

並列反応：$A \longrightarrow R, A \longrightarrow S$

逐次反応：$A \longrightarrow R \longrightarrow S$

逐次・並列反応：$A + B \longrightarrow R, R + B \longrightarrow S$

3.1.2 均一反応と不均一反応

たとえば，アルコールと酸が反応してエステルが生成する反応は均一液相反応である．均一反応には，液相反応と気相反応がある．

不均一反応は，気相，液相，固相の組合せによって，気固反応，気液反応，液液反応などに分類される．さらに，固相が触媒として作用する場合には，気固触媒反応，気液固触媒反応などと呼ばれる．工業的に重要な反応は，不均一反応の場合が多い．

3.2 反応器を操作法と形から分類する

3.2.1 3種類の操作法

工業的に利用される反応装置の構造と操作法は複雑で変化に富んでいる．ここでは，反応器の基本的な特性を理解するために，実際の反応装置を単純化して，操作法と形状の観点から分類してみよう．

反応器の操作法は，(1)回分操作，(2)連続操作（流通操作ともいう），(3)半回分操作の三つに分類できる．以下，それぞれについて簡単に説明する．

回分操作(Batch operation)は，反応原料をすべて反応器内に仕込んでから反応を開始し，適当な時間後に反応生成物全体を取りだす操作法であり，槽型反応器(つぎの項で説明する)が使用される．

一方，連続操作(Continuous operation)は，反応原料を連続的に反応器に供給して反応を行わせ，生成物を反応器から連続的に取りだす操作法であり，流通操作とも呼ばれる．この連続操作には，槽型反応器と管型反応器がともに使用できる．

これらに対して，半回分操作(Semibatch operation)はたとえば成分Bを反応器に仕込んでおき，そこに成分Aを連続的に流入させながら反応を進行させる

操作法である.

　石油化学工業のような大量生産には連続操作が有利であるが，多品種少量生産のファインケミカルズ工業や，雑菌汚染が心配される発酵工業には，回分操作や半回分操作が適している.

3.2.2　反応器の形状による分類

　図 3.1 に示すように，反応装置はその形状から，(a)槽型と(b)管型(あるいは塔型)に大別できる．以下，それぞれについて順に見ていこう.

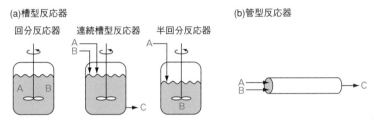

図 3.1　反応器の形状と操作法による分類

　槽型反応器には撹拌翼が取り付けられており，器内の反応流体は十分に混合されて，その濃度と温度は器内の各点で均一とみなせる．槽型反応器は回分操作，連続操作，半回分操作のいずれの操作法にも適用できる．槽型反応器を回分操作するときは，たんに回分反応器(Batch reactor)と呼び BR と略記する．同様に，半回分操作のときは半回分反応器(Semibatch reactor)と呼ぶ．連続操作するときは連続槽型反応器(Continuous stirred tank reactor)と呼び CSTR と略記する.

3.2.3　流通反応器内の反応物質の流れ

　図 3.2 に，3 種類の流通反応器について，原料成分 A の濃度分布を示す．図 3.2(a)に示すように，連続槽型反応器に送入された反応原料は，ただちに器内の流体と混合されて反応器内に均一に分散され反応が進行する．そして，器内

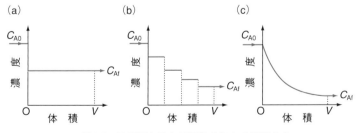

図 3.2　流通反応器内の原料成分 A の濃度分布
(a) 連続槽型反応器　　(b) 直列連続槽型反応器(4 槽)　(c) 管型反応器

の濃度と温度に等しい状態で器外に排出される．このような反応流体の流れを完全混合流（Perfectly mixed flow あるいは Mixed flow）という．

　一方，管型反応器内の流体は，管断面内では均一に混合されて反応流体の濃度と温度は均一であるが，流体の流れ方向には混合されずに流れる．したがって，管軸方向に図 3.2(c) のような濃度分布ができる．このような管型反応器内の流動状態を押しだし流れ（Plug flow）と呼んでいる．このことから，管型反応器を，押しだし流れ反応器（Plug flow reactor）と呼び **PFR** と略記する．

　図 3.2(b) は，反応器体積を四等分した小型の槽型反応器を直列につないだ連続槽型反応器内の成分 A の濃度分布を示している．階段状の濃度分布になり，槽数を増やしていくと管型反応器の濃度分布 (c) に近づくことがわかるだろう．

　ここまでに説明した，連続槽型反応器と管型反応器の反応流体の流動状態はいずれも理想化されたものである．完全混合流れと押しだし流れは対照的で，反応器内の流動状態の両極端を示している．実際の反応装置内の流れはこの両極端の中間的な性格をもっている．

3.3　反応速度式を理解する

3.3.1　反応速度の定義

　反応速度は化学反応が進行する速さを表す値である．いま，つぎのような単一反応を考える．

$$a\mathrm{A} + b\mathrm{B} \longrightarrow c\mathrm{C} + d\mathrm{D} \tag{3.1}$$

成分 A に着目し，反応混合物の単位体積および単位時間に生成する A の物質量を，A の反応速度と呼び r_A と表す．r_A の単位は $[\mathrm{mol \cdot m^{-3} \cdot s^{-1}}]$ である．成分 B，C，D についても反応速度 r_B, r_C, r_D が定義できる．反応の進行に伴い，原料成分 A と B の量は減少するから，r_A と r_B は負の値をとる．逆に，生成物成分の C と D の量は増大するから，r_C と r_D は正の値をとる．

　各成分の量論係数の値が異なると，対応する反応速度の絶対値も違ってくる．しかし，次式で定義される反応速度 r は量論式 (3.1) に対して固有の値になる．この r を量論式 (3.1) に対する反応速度と呼ぶ．

$$r = \frac{r_\mathrm{A}}{-a} = \frac{r_\mathrm{B}}{-b} = \frac{r_\mathrm{C}}{c} = \frac{r_\mathrm{D}}{d} \tag{3.2}$$

この式はつぎのように書き換えることができる．

$$r_\mathrm{A} = (-a)r, \ \ r_\mathrm{B} = (-b)r, \ \ r_\mathrm{C} = (c)r, \ \ r_\mathrm{D} = (d)r \tag{3.3}$$

すなわち，それぞれの反応成分の反応速度 r_j (j = A，B，C，D) は，量論式に対する反応速度 r に，その成分の量論係数を掛ければよいことがわかる．ただし，原料成分の場合は量論係数に負符号を，生成物成分の場合は正符号を，それぞれつける必要がある．

　このように，反応速度には特定の反応成分に着目した反応速度と，量論式に基づく反応速度の 2 種類の定義が存在することに注意しよう．

例題 3.1

　$2A + B \longrightarrow 2C$ の量論式に対する反応速度 r が 10 mol·m^{-3}·s^{-1} のとき，各成分の反応速度 r_A，r_B および r_C の値を求めよ．

解　答

　式 (3.3) を適用すると，各成分の反応速度がつぎのように算出できる．

$$r_A = -2 \times r = -2 \times 10 = -20 \ \text{mol·m}^{-3}\text{·s}^{-1}$$
$$r_B = -1 \times r = -1 \times 10 = -10 \ \text{mol·m}^{-3}\text{·s}^{-1}$$
$$r_C = 2 \times r = 2 \times 10 = 20 \ \text{mol·m}^{-3}\text{·s}^{-1}$$

3.3.2　複合反応の反応速度

　二つ以上の量論式で表される複合反応においても，上記と同じように 2 通りの反応速度が定義できる．複合反応では，たとえば成分 A に着目すると，各反応の成分 A の反応速度の総和が複合反応における成分 A の反応速度になる．各反応の量論式に対する反応速度から，各反応の成分 A の反応速度が式 (3.3) から計算でき，それらの合計が複合反応の反応速度になるということである．つぎの例題で，具体的に学んでほしい．

例題 3.2

　次式で表される複合反応を考える．

$$A + B \longrightarrow 2R \tag{①}$$
$$2A + R \longrightarrow S \tag{②}$$

この量論式に対する反応速度を r_1 と r_2 とするとき，各反応成分の反応速度を r_1 と r_2 を用いて表せ．

解　答

　量論式①と②の反応に対して，式 (3.3) を適用すると

$$r_{1A} = {}^-r_1, \quad r_{1B} = {}^-r_1, \quad r_{1R} = 2r_1 \qquad\qquad ③$$

$$r_{2A} = {}^-2r_2, \quad r_{2B} = 0, \quad r_{2R} = {}^-r_2, \quad r_{2S} = r_2 \qquad\qquad ④$$

成分 A の反応速度 r_A は r_{1A} と r_{2A} の和になるから

$$r_A = r_{1A} + r_{2A} = {}^-r_1 - 2r_2 \qquad\qquad ⑤$$

となる. 同様に, 他の成分の反応速度もつぎのように表される.

$$r_B = r_{1B} + r_{2B} = {}^-r_1$$

$$r_R = r_{1R} + r_{2R} = 2r_1 - r_2$$

$$r_S = r_{2S} = r_2$$

3.3.3 反応速度式の基本形

反応速度 r は一般に反応成分の濃度 $C_j (j = A, B, \cdots)$, 温度 T, および触媒濃度などの関数になる. それらの関数関係を式で表したものを反応速度式という.

反応速度 r は式(3.4)のように, 反応成分の濃度のべき数の積で表されることが多い. また反応速度式には反応次数も定義される. たとえば式(3.1)に対して

$$r = kC_A{}^m C_B{}^n \qquad\qquad (3.4)$$

のように表現できるとき, 成分 A について m 次, 成分 B について n 次, 全体として $(m + n)$ 次の反応であるという. また, k は反応速度定数と呼ばれ, 温度の関数である. 反応次数は整数である必要はない. たとえば, 気相におけるアセトアルデヒドの分解反応の反応速度式はつぎのように表せる.

$$\mathrm{CH_3CHO} \longrightarrow \mathrm{CH_4 + CO} \quad (r = k[\mathrm{CH_3CHO}]^{\frac{1}{2}})$$

反応速度式は必ずしも式(3.4)のようなかたちにはならず, もっと複雑になることが多い. その原因は, 多くの反応は量論式に示されている分子間の衝突によって直接起こるのではなく, いくつかの素反応からなる複雑な反応過程をたどるからである.

3.3.4 反応速度は温度に依存する

多くの化学反応の速度は温度変化にきわめて敏感であり, 反応速度の温度による変化はつぎのアレニウスの式で表される.

$$k = k_0 e^{-E/RT} \qquad\qquad (3.5)$$

ここで k_0 を頻度因子, E を活性化エネルギーと呼ぶ. また, R は気体定数 $(8.314 \, \mathrm{J \cdot mol^{-1} \cdot K^{-1}})$, T は温度 [K] を表している.

---

one point

反応次数の求めかた

反応次数の m や n の値は量論式とは無関係な値である. したがって, 反応速度を測定しその濃度依存性から実験的に求めなければならない.

one point

反応速度式が複雑な理由

反応の進行過程は見かけの量論式とは異なり, いくつかの素反応からなる複雑な経過をたどる場合が多く, 反応次数が量論式から予測できる値と異なったり, 反応速度式が式(3.4)のようなかたちではなく分数式になったりするなど複雑になる. そのような反応を非素反応と呼ぶ. 非素反応の反応速度式のかたちを予測する有力な方法に定常状態近似と律速段階近似法がある. それについては, 『反応工学』(橋本健治著, 培風館刊) p.15 ～ 33 を参照してほしい.

化学反応が進むには，反応原料より高いエネルギー状態の活性中間体が形成される必要がある．このときの中間体と原料とのエネルギーの差が活性化エネルギー E である．この値が大きいほど反応は起こりにくく，反応速度は遅い．化学反応を促進する触媒の大きな働きはこの E の値を小さくすることにある．

式(3.5)の両辺の自然対数をとると，式(3.6)が得られる．

$$\ln k = \ln k_0 - \frac{E}{R} \times \frac{1}{T} \tag{3.6}$$

one point

log と ln

数学では自然対数を $\log x$ と書くが，常用対数 $\log_{10} x$ と紛らわしいので，工学では自然対数を $\ln x$，常用対数を $\log x$ と書く．

つぎの［例題 3.3］に示すように，$\ln k$ を $1/T$ に対してプロットすると直線が得られ，その傾きが $-E/R$ となることから，活性化エネルギー E の値が求まる．k_0 の値は直線上の一点 T_1 に対して式(3.6)を適用すると算出できる．

例題 3.3

ブテンの熱分解反応は一次反応で表され，その反応速度係数 $k[\text{s}^{-1}]$ が温度 T [℃]に対して測定された．その結果が表 3.1 に示されている．このデータにアレニウスの式が適用できることを示し，活性化エネルギー E と頻度因子 k_0 の値を求めよ．さらに，計算値の実測値に対する相対誤差［％］を計算せよ．

表 3.1　ブテンの熱分解反応速度定数 k と温度の測定値

$T/℃$	493	522	541	555
$10^5 \times k/\text{s}^{-1}$ 実測値	8.40	38.1	90.2	172
$10^5 \times k/\text{s}^{-1}$ 計算値	8.50	36.9	91.1	173
誤差/％	1.19	-3.15	1.00	0.58

解　答

表 3.1 の実測値から絶対温度の逆数 $1/T$ と $\ln k$ を計算した結果を表 3.2 に示す．縦軸に $\ln k$ を，横軸に $1/T$ をプロットしたグラフは図 3.3 に示すように直線になり，アレニウスの式が成立していることがわかる．

表 3.2　$1/T$ と $\ln k$ との関係

$10^3/(T/\text{K})$	1.305	1.258	1.228	1.207
$\ln (k/\text{s})$	-9.385	-7.873	-7.011	-6.365

図 3.3 で，横軸の $1/T = 1.28 \times 10^{-3}$ と 1.22×10^{-3} の点を選ぶと，対応する縦軸の値は -8.60 と -6.75 と読み取れる．この二つの点に対して直線の傾きが計算でき，その値が $-E/R$ となるから

$$傾き = \frac{-E}{R} = \frac{-6.75 - (-8.60)}{(1.22 - 1.28) \times 10^{-3}} = -30.83 \times 10^3 \text{K}$$

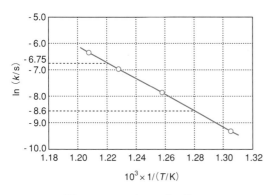

図3.3 アレニウスの式のグラフ

活性化エネルギー E の値は，（傾き）$\times R$ で与えられるので，$R = 8.314 \ \mathrm{J \cdot mol^{-1} \cdot K^{-1}}$ を代入すると

$$E = (30.83 \times 10^3) \ \mathrm{K} \times 8.314 \ \mathrm{J \cdot mol^{-1} \cdot K^{-1}}$$
$$= 256.3 \times 10^3 \ \mathrm{J \cdot mol^{-1}}$$

一方，グラフ上の一点 $(1.28 \times 10^{-3}, -8.60)$ は式(3.6)を満たすから

$$\ln k_0 = \ln k + (E/R)(1/T)$$
$$= -8.60 + (30.83 \times 10^3) \times (1.28 \times 10^{-3})$$
$$= 30.86$$
$$\therefore \quad k_0 = e^{30.86} = 2.53 \times 10^{13} \quad \mathrm{s^{-1}}$$

以上より，速度定数 k はつぎのように書ける．

$$k = 2.53 \times 10^{13} \exp(-256.3 \times 10^3 / RT)$$

この式から速度定数 k の計算値が求まり，測定値に対する誤差が計算できる．その結果を表3.1の3行目と4行目に示した．両者はほぼ一致している．

---

one point

exp

アレニウスの式には指数関数 e^x が含まれるが，指数（x の部分）が複雑になると見にくい．そこで e の代わりに exp を用い，指数を（　）のなかに書く．すなわち，$e^x = \exp(x)$ である．アレニウスの式は，$k_0 \exp(-E/RT)$ のように書かれる．

3.4 反応率で量論関係を表す

　原料成分中の限定反応成分 A について，式(3.9)あるいは式(3.10)で定義される反応率 x_A を導入すると，反応の進行状況が明白に把握でき，さらに各成分の物質量と濃度の相互関係が反応率 x_A を介して表現でき，各種の反応器設計の基礎式も統一的に表せる．このように，単一反応では反応率が基本変数としてたいへん有用である．この節では，反応率と量論式の関係について学んでいこう．

3.4.1 反応率と反応量

　第2章の2.2.4で述べたように，一般につぎの式で表せる単一反応

$$a\mathrm{A} + b\mathrm{B} \longrightarrow c\mathrm{C} + d\mathrm{D} \tag{3.7}$$

を，限定反応成分 A の量論係数が1になるように，つぎのように書き換える．

$$\mathrm{A} + \frac{b}{a}\mathrm{B} \longrightarrow \frac{c}{a}\mathrm{C} + \frac{d}{a}\mathrm{D} \tag{3.8}$$

　式(3.8)の量論式に対して，流通プロセスと同様に，回分反応器と流通反応器についても反応の進行を表すために，成分 A に着目して反応率 x_A を定義する．

$$x_A = \frac{\text{A の反応量}}{\text{A の仕込量}} = \frac{n_{A0} - n_A}{n_{A0}} \quad \text{(回分反応器)} \tag{3.9}$$

$$x_A = \frac{\text{A の反応量}}{\text{A の供給量}} = \frac{F_{A0} - F_A}{F_{A0}} \quad \text{(流通反応器)} \tag{3.10}$$

ここで，n_{A0} は反応開始時$(t = 0)$に回分反応器内に存在する A の物質量 [mol]，n_A は時刻 t における A の残存量をそれぞれ表す．一方，F_{A0} と F_A は流通反応器入口および内部における A の物質量流量[mol·s^{-1}]を表している．また，反応器出口での値であることを明示するときは，添え字 f を付けて，x_{Af}, F_{Af} と書く．

反応率 x_A とは，原料 A の仕込み量 1 mol に対する反応量であるから，n_{A0}[mol]に対する反応量は $n_{A0}x_A$ で与えられる．各成分の反応量は量論係数に比例するから，成分 B の反応量は$(b/a)n_{A0}x_A$ で与えられる．同様に，成分 C と成分 Dの生成量は$(c/a)n_{A0}x_A$ と$(d/a)n_{A0}x_A$ で与えられる．したがって，時間 t における回分反応器内の各成分の物質量[mol]は

$$\left.\begin{aligned}
n_A &= n_{A0} - n_{A0}x_A = n_{A0}(1 - x_A) \\
n_B &= n_{B0} - (b/a)n_{A0}x_A = n_{A0}[\theta_B - (b/a)x_A] \\
n_C &= n_{C0} + (c/a)n_{A0}x_A = n_{A0}[\theta_C + (c/a)x_A] \\
n_D &= n_{D0} + (d/a)n_{A0}x_A = n_{A0}[\theta_D + (d/a)x_A] \\
n_I &= n_{I0} = n_{A0}\theta_I
\end{aligned}\right\} \tag{3.11}$$

のように書ける．ただし，θ_j は次式で定義され，また I は不活性成分を表す．

$$\theta_j = n_{j0}/n_{A0} \quad (j = B,\ C,\ D,\ I) \tag{3.12}$$

式(3.11)の各式の左辺と中辺をそれぞれ加えると，時間 t での全成分の物質量 n_t が求まる．

$$n_t = n_{t0} + \frac{-a - b + c + d}{a} n_{A0}x_A = n_{t0}(1 + \delta_A y_{A0} x_A)$$

$$= n_{t0}(1 + \varepsilon_A x_A) \tag{3.13}$$

ただし，δ_A, y_{A0}, ε_A はつぎのように定義される記号である．

$$\delta_A = (-a - b + c + d)/a \tag{3.14}$$

$$y_{A0} = n_{A0}/n_{t0} = \text{反応開始時の A のモル分率} \tag{3.15}$$

$$\varepsilon_A = \delta_A y_{A0} \tag{3.16}$$

流通反応器に対しては，上記の諸式の n を F で置き換えた関係式が成立する．各成分の濃度 C_j は回分反応器および流通反応器に対してそれぞれ

$$C_j = \frac{n_j}{V} \tag{3.17}$$

---

one point

δ_A と ε_A の意味

δ_A は量論式(3.7)あるいは式(3.8)の反応が 100%進行したときの反応混合物の物質量あるいは容積の変化量を，成分 A の単位物質量あたりにした値である．ε_A は反応原料が 100%反応したときの生成物の体積増加率を表している．これらの変数を導入することで，反応系の全物質量を表す式(3.13)が簡潔に表現できるという利点もある．また，この式は濃度を表す式にも活用できる．

$$C_j = \frac{F_j}{v} \tag{3.18}$$

によって与えられる．ここで，V は反応成分全体の体積$[\mathrm{m^3}]$，v は全成分の体積流量$[\mathrm{m^3 \cdot s^{-1}}]$を表している．

3.4.2 定容系での濃度と反応率

理想気体では，分圧 p_j は濃度 C_j，気体定数 R，温度 T [K] を用いて，式 (3.19) のように計算できる．

$$p_j = RTC_j \tag{3.19}$$

反応の進行に伴って反応成分混合物の密度が変化しない場合を定容系といい，液相反応は定容系と近似できる．

定容系の場合は V と v は不変であるから，式 (3.11) の関係式を式 (3.17) に代入すると，つぎの式が導ける．

one point

気相反応の場合

気相反応を流通反応器で行うときは，反応に伴って物質量が変化する場合 $(\delta_A \neq 0)$，反応流体の密度は変化するから非定容系になる．多くの場合，流通反応器の圧力は一定に保持されており，その場合は定圧系として取り扱える．

$$C_A = C_{A0}(1 - x_A) \qquad C_B = C_{A0}[\theta_B - (b/a)x_A]$$
$$C_C = C_{A0}[\theta_C + (c/a)x_A] \qquad C_D = C_{A0}[\theta_D + (d/a)x_A] \tag{3.20}$$
$$C_I = C_{A0}\theta_I$$

この関係は定容系の回分反応器および流通反応器のいずれに対しても成立する．

3.4.3 定圧系での反応における濃度

つぎに，気相反応を流通反応器で行う場合について考える．反応器入口に供給される全成分の体積流量を $v_0[\mathrm{m^3 \cdot s^{-1}}]$，物質量流量を $F_{t0}[\mathrm{mol \cdot s^{-1}}]$ で表すと，1 s 間に反応器入口に送入された気体量は $v_0[\mathrm{m^3}]$ であり，そのなかに $F_{t0}[\mathrm{mol}]$ の反応物質が含まれていることになる．その気体量について状態方程式を書くと，反応器入口においてつぎの式が成立する．

$$P_0 v_0 = F_{t0} R T_0 \tag{3.21a}$$

同様に，反応器内部の 1 点においてもつぎの状態方程式が成立する．

$$P v = F_t R T \tag{3.21b}$$

ここで，P は全圧，R は気体定数，T は温度を表し，添字 0 は反応器入口の値であることを示している．

式 (3.21b) を式 (3.21a) で割り，それに式 (3.13) を流通反応器に対して書き改めた式を代入すると，つぎの関係が得られる．

$$\frac{v}{v_0} = \left(\frac{P_0}{P}\right)\left(\frac{T}{T_0}\right)(1 + \varepsilon_A x_A) \tag{3.22}$$

　気相反応を通常の長さの管型反応器で行う場合，管軸方向の圧力変化は無視できるので，$P/P_0 = 1$とおける．このような状態の系を定圧系と呼ぶ．さらに，反応器内が等温の場合は，$T_0/T = 1$とおくことができる．このような等温・定圧の条件下では，式(3.22)は次式のように簡単になる．

$$\frac{v}{v_0} = 1 + \varepsilon_A x_A \tag{3.23}$$

ここで，式(3.11)のnをFに置き換えた式と式(3.23)を(3.18)に代入すると，成分Aに対して式(3.24)が導ける．定圧系では定容系の濃度の式(3.20)を$(1 + \varepsilon_A x_A)$で割ったかたちになっていることがわかるだろう．

$$C_A = \frac{C_{A0}(1 - x_A)}{1 + \varepsilon_A x_A} \tag{3.24}$$

　他の成分に対しても，式(3.20)の右辺を$(1 + \varepsilon_A x_A)$で割ったかたちの式で濃度が表せる．

3.5　いろいろな反応器の設計方程式

3.5.1　反応器の物質収支式

　反応器の大きさを決め，必要な生産量を得るために反応器をどのように運転するかを決めるのが反応器の設計であり，そのための基礎式を設計方程式と呼んでいる．設計方程式は反応器の物質収支式から導くことができる．そのとき，先に定義した反応率x_Aを用いると物質収支式が簡潔に表現できる．

　図3.4に示すように，反応器内に適当な閉じた空間を考えて，限定反応成分Aについて物質量基準の物質収支をとる．系のとりかたは任意であるが，系の内部における反応成分の濃度が均一に近くなるように系を設定すると，物質収支が簡単になる．

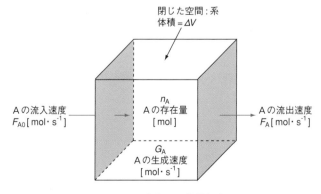

図3.4　成分Aの物質収支

　槽型反応器では，槽内の濃度は均一だから，図3.5や図3.6に示すように反応器全体を系に設定できる．それに対して管型反応器では，濃度は管断面については均一だが，軸方向には連続的に変化している．そこで図3.7のように，軸方向に垂直な二つの断面に囲まれた微小体積要素 ΔV を系に選ぶと，ΔV 内部の濃度は近似的に均一だとみなせる．

　また，図3.4に示した体積 ΔV において，微小時間 Δt の間に ΔV 内に存在する成分Aの物質量の変化 Δn_A はつぎのように表される．

$$（流入量）-（流出量）+（反応による生成量）=（蓄積量）$$
$$F_{A0}\Delta t - F_A \Delta t + G_A \Delta t = \Delta n_A \tag{3.25}$$

ここで，F_{A0} は系内への成分Aの流入速度 $[\mathrm{mol \cdot s^{-1}}]$，$F_A$ は系外への流出速度，G_A は系内での反応によるAの生成速度 $[\mathrm{mol \cdot s^{-1}}]$ である．

　この式の両辺を Δt で割り，$\Delta t \rightarrow 0$ の極限を考えると，つぎの微分方程式が得られる．

$$F_{A0} - F_A + G_A = \mathrm{d}n_A / \mathrm{d}t \tag{3.26}$$

ここで，$\mathrm{d}n_A / \mathrm{d}t$ は系内での成分Aの蓄積速度を表す．この式が，反応器設計の基本式となる．

3.5.2　回分反応器（BR）の設計方程式

　上にも述べたように，回分反応器では反応器全体を系に設定できる（図3.5）．回分反応器では

$$F_{A0} = F_A = 0, \quad G_A = r_A V \tag{3.27}$$

が成り立つから，式(3.26)はつぎのように書き換えられる．

$$\frac{\mathrm{d}n_A}{\mathrm{d}t} = r_A V \tag{3.28}$$

ここで，V は反応器内の混合物の体積を表しており，通常はたんに反応器体積と呼ばれる．

　回分反応器は，おもに液相反応に用いられ定容系と考えられ，式 (3.11) の第1式を用いると，式(3.28)は反応率 x_A を従属変数にしたつぎの式になる．

$$C_{A0} \frac{\mathrm{d}x_A}{\mathrm{d}t} = -r_A \tag{3.29}$$

上式を $\mathrm{d}t$ につき解き，$t = 0$ で $x_A = 0$ の初期条件を用いて両辺を積分すると

$$\int_0^t \mathrm{d}t = t = C_{A0} \int_0^{x_A} \frac{\mathrm{d}x_A}{-r_A(x_A)} \tag{3.30}$$

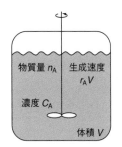

物質量 n_A　生成速度 $r_A V$

濃度 C_A

体積 V

図3.5　回分反応器の物質収支

one point

従属変数

たとえば，$y = x^2 + 3x$ や $\mathrm{d}y / \mathrm{d}x = -kx$ において，x は独立して変化する変数なので独立変数といわれる．それに対して，y は x の変化に応じて変化する数なので従属変数と呼ばれる．

となる．この式が，回分反応器に対する設計方程式である．式(3.30)の積分を行うには，式(3.20)を用いて，反応速度式を x_A の関数として表しておく必要がある．

　式(3.30)に反応速度式を代入して積分すると，ある反応率あるいは濃度に到達するのに必要な反応時間 t を求めることができる関係式が得られる．表3.3に比較的簡単な反応について，定容回分反応器の反応率あるいは濃度と反応時間の関係式を示した．これらの式によって，回分反応器の設計が可能になる．

表 3.3　定容回分式反応器に対する基礎式の積分形

量論式	反応速度式	積分形
任意の量論式	$-r_A = kC_A$	$-\ln(C_A/C_{A0}) = -\ln(1-x_A) = kt$
	$-r_A = kC_A{}^n$	$C_A{}^{1-n} - C_{A0}{}^{1-n} = C_{A0}{}^{1-n}[(1-x_A)^{1-n}-1]$ $= (n-1)kt$
$A + bB \longrightarrow C$	$-r_A = kC_A C_B$	$\ln(C_{A0}C_B/C_{B0}C_A) = \ln[(\theta_B - bx_A)/(\theta_B(1-x_A))]$ $= C_{A0}(\theta_B - b)kt$　$(\theta_B = C_{B0}/C_{A0} \neq b)$

3.5.3　連続槽型反応器（CSTR）の設計方程式

　図3.6に示すように，定常状態で操作されている CSTR（体積 V_m）の成分 A に対する物質収支式は，式(3.26)の右辺を 0 とおいたつぎの代数方程式で表せる．

$$F_{A0} - F_A + r_A V_m = 0 \tag{3.31}$$

この式を r_A について解くとつぎの式が得られる．

$$r_A = \frac{F_A - F_{A0}}{V_m} \tag{3.32}$$

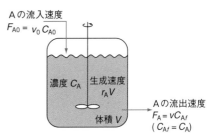

図 3.6　連続槽型反応器の物質収支

さらに式(3.10)から，$F_A - F_{A0} = -F_{A0}x_A$ が導ける．ここに，$F_{A0} = v_0 C_{A0}$ の関係を用いると，式(3.32)はつぎのように書き換えられる．

$$\tau_m = \frac{V_m}{v_0} = \frac{C_{A0}x_A}{-r_A(x_A)} = \frac{C_{A0}}{-r_A(x_A)} \cdot (x_A - 0) \tag{3.33}$$

ここで，$-r_A(x_A)$ は反応器出口の反応速度を表す．この $\tau_m = V_m/v_0$ は時間の単位をもつ操作変数で，空間時間（space time）と呼ばれている．

　CSTR はおもに液相反応に用いられ，定容系とみなせるから，濃度基準の設計方程式も用いることができる．したがって，式(3.31)で，$F_{A0} = v_0 C_{A0}$, $F_A = v_0 C_A$ とおくことができ

> **one point**
> **操作変数**
> 化学装置を操作するとき，自由に設定できる変数を操作変数という．たとえば，反応器の温度と圧力を設定できるとき，これらは操作変数である．一方，反応率は自由に変化させることはできないので操作変数ではない．

$$v_0 C_{A0} - v_0 C_A + r_A V_m = 0 \tag{3.34}$$

が導ける. これを変形すると, つぎのようになる.

$$\tau_m = \frac{V_m}{v_0} = \frac{C_{A0} - C_A}{-r_A} \tag{3.35}$$

式(3.33)あるいは式(3.35)によって, CSTR の設計が可能になる.

3.5.4 管型反応器(PFR)の設計方程式

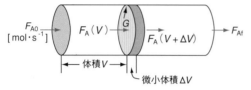

図3.7 管形反応器の物質収支

図3.7 に示すように, 反応器入口から体積 V だけ離れた位置にある微小体積要素 ΔV における物質収支式を考える. 成分 A の物質量流量 F_A は反応の進行に伴って変化するから, 反応器入口からの反応器体積 V の関数であるとみなせる. すなわち, 微小体積要素の入口では $F_A(V)$, 出口では $F_A(V + \Delta V)$ のように書ける. また, 微小体積要素内では反応速度は一定とみなせ $r_A \Delta V$ で表せる. したがって, 微小体積要素についての成分 A の物質収支式は, 定常状態においてつぎのように書き表せる.

$$F_A(V) - F_A(V + \Delta V) + r_A \Delta V = 0 \tag{3.36}$$

この式の両辺を ΔV で割り, $\Delta V \to 0$ とすると, つぎの微分方程式が得られる.

$$-\frac{dF_A}{dV} + r_A = 0 \tag{3.37}$$

この式で, 式 (3.10) の関係を用いて F_A を x_A で表すと, 次式が導ける.

$$F_{A0} \frac{dx_A}{dV} = -r_A(x_A) \tag{3.38}$$

上式を dV について解き, 両辺を積分する. さらに得られた式を $F_{A0} = v_0 C_{A0}$ に注意して変形すると, 次式が得られる.

$$\tau_p = \frac{V_p}{v_0} = C_{A0} \int_0^{x_A} \frac{dx_A}{-r_A(x_A)} \tag{3.39}$$

ここで V_p は反応器の体積を, τ_p は管型反応器の空間時間をそれぞれ表す.

　以上, 回分反応器, 連続槽型反応器, 管型反応器の設計のための一般式, すなわち設計方程式が, それぞれ式(3.30), 式(3.33), 式(3.39)のように導かれた. それらの式のなかの反応速度を反応率 x_A を用いた式で表し, それを設計方程式に代入して, 積分するか, 代数的に解くと, 反応器設計の基礎式が得られる.

つぎの例題 3.4 で液相一次反応の場合を具体例にして，設計式を導いてみよう．

例題 3.4

つぎの反応で表される液相反応を，(i) 回分反応器(BR)，(ii) 連続槽型反応器 (CSTR)，(iii) 管型反応器(PFR)でそれぞれ行う．

$$\text{A} \longrightarrow \text{C} \quad (-r_\text{A} = kC_\text{A}) \tag{①}$$

このとき，(i)〜(iii)のそれぞれについて，つぎの問いに答えよ．

(1) 各反応器の反応率および濃度を反応時間あるいは空間時間の関数として表す式を導け．

(2) 反応率 x_A を 60% にとったときの各反応器の反応時間あるいは空間時間を求めよ．ただし，反応速度定数 $k = 2 \times 10^{-4}\,\text{s}^{-1}$ とする．

解 答

(1) 液相反応であるから定容系とみなせる．したがって，成分 A に対する反応速度 r_A を x_A を用いて表すと

$$-r_\text{A} = kC_\text{A} = kC_{\text{A}0}\,(1 - x_\text{A}) \tag{②}$$

(i) 回分反応器

式(3.30)に式②を代入し，積分すると

$$t = C_{\text{A}0} \int_0^{x_\text{A}} \frac{\mathrm{d}x_\text{A}}{kC_{\text{A}0}(1 - x_\text{A})} = \frac{1}{k}\left[-\ln(1 - x_\text{A})\right]_0^{x_\text{A}} = \frac{1}{k}\left[-\ln(1 - x_\text{A})\right] \tag{③}$$

この式を x_A について解くと

$$1 - x_\text{A} = C_\text{A} / C_{\text{A}0} = \exp(-kt) \tag{④}$$

(ii) 連続槽型反応器

式(3.33)に反応速度式②を代入すると

$$\tau_\text{m} = \frac{C_{\text{A}0}\,x_\text{A}}{kC_{\text{A}0}(1 - x_\text{A})} = \frac{x_\text{A}}{k(1 - x_\text{A})} \tag{⑤}$$

が得られ，これを x_A について解くと

$$1 - x_\text{A} = \frac{C_\text{A}}{C_{\text{A}0}} = \frac{1}{1 + k\tau_\text{m}} \tag{⑥}$$

(iii) 管型反応器

式(3.39)に式②を代入して積分すると，回分反応器とまったく同様に積分で

き，反応時間 t のかわりに空間時間 τ_p を用いたつぎの式が得られる．

$$\tau_p = \frac{1}{k}[-\ln(1-x_A)] \tag{⑦}$$

$$1-x_A = C_A/C_{A0} = \exp(-k\tau_p) \tag{⑧}$$

定容系では，回分反応器と管型反応器は互いに似た設計方程式になることがわかるだろう．

(2) $k = 2 \times 10^{-4}\ \mathrm{s^{-1}}$ と $x_A = 0.6$ を，式③，⑤，⑦に代入すると

$$\mathrm{BR}:t = \frac{1}{k}[-\ln(1-x_A)] = \frac{1}{2 \times 10^{-4}}[-\ln(1-0.6)] = 4582\ \mathrm{s} = 1.27\ \mathrm{h}$$

$$\mathrm{CSTR}:\tau_m = \frac{x_A}{k(1-x_A)} = \frac{0.6}{(2 \times 10^{-4}) \times (1-0.6)} = 7500\ \mathrm{s} = 2.08\ \mathrm{h}$$

$$\mathrm{PFR}:\tau_p = t = 1.27\ \mathrm{h}$$

この例題から一次反応では初濃度 C_{A0} は反応時間には無関係であることがわかる．また，BR と PFR の反応時間と空間時間は等しくなることもわかる．さらに，CSTR の空間時間は PFR のそれよりもかなり大きくなることも明らかである．

例題 3.5

つぎの式で表される気相反応を管型反応器で行う．反応器出口の反応率 x_{Af} が与えられたとき，必要な空間時間 τ_p を与える式を導け．

$$\mathrm{A} \longrightarrow c\mathrm{C} \quad [-r_A = kC_A\ (c \neq 1)] \tag{①}$$

解 答

$\delta_A \neq 0$ であるから，定容系でなく定圧系であり，濃度は式(3.24)によって反応率 x_A で表せる．よって，式①の反応速度式を x_A を用いて表すと

$$-r_A = \frac{kC_{A0}(1-x_A)}{1+\varepsilon_A x_A} \tag{②}$$

となる．これを式(3.39)に代入して積分すると，つぎの式が導ける．

$$\begin{aligned}
\tau_p &= \frac{1}{k}\int_0^{x_A}\frac{1+\varepsilon_A x_A}{1-x_A}\,dx_A = \frac{1}{k}\int_0^{x_A}\frac{-\varepsilon_A(1-x_A)+(1+\varepsilon_A)}{1-x_A}\,dx_A \\
&= \frac{1}{k}\int_0^{x_A}\left[-\varepsilon_A + \frac{1+\varepsilon_A}{1-x_A}\right]dx_A \\
&= \frac{1}{k}\left[-\varepsilon_A x_A - (1+\varepsilon_A)\ln(1-x_A)\right]
\end{aligned} \tag{③}$$

定圧系であるこの例題では，管型反応器の設計方程式と回分反応器のそれとは異なることに注意してほしい．

3.5.5 CSTRとPFRの性能の比較

反応速度式が複雑になり，設計方程式の定積分が煩雑になるときは数値積分法を使う必要がある．また定積分の値は，被積分関数と横軸で囲まれた面積に等しいから，各反応器の反応時間あるいは空間時間が図として表せる．それらの面積の大小から反応器の性能が比較できる．

x_A を横軸に，$C_{A0}/(-r_A)$ を縦軸にとると，反応速度が x_A に対して減少関数の場合には，図3.8のような増加関数の曲線が得られる．式(3.30)から，その曲線と x 軸で囲まれた部分(図3.8 の赤い部分)の面積が BR の反応時間 t となる．同様に，式(3.39)から PFR の空間時間 τ_p が得られる．

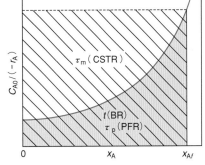

図 3.8　反応器の性能の比較

一方，CSTR の空間時間 τ_m は式(3.33)のもっとも右の式で，$C_{A0}/-r_A(x_A)$ は出口反応率での縦軸の高さ，(x_A-0) は横軸の長さを表しており，両者の積は図3.8で斜線を引いた部分の長方形の面積になる．

したがって，PFR と CSTR の空間時間を比較すると，この場合には

$$\tau_p \leqq \tau_m \tag{3.40}$$

となる．空間時間が小さいほど反応器の性能がよいことを意味するから

$$(\text{PFR の性能}) \geqq (\text{CSTR の性能}) \tag{3.41}$$

ということになる．しかし，この関係は反応速度が反応率に対して減少する関数のときにのみ成立することに注意してほしい．もし，$-r_A$ が x_A に対して複雑に変化するときは，上の関係は必ずしも成立しない．

3.6　反応速度の解析と反応器の設計・操作

前節で導いた反応器の物質収支式は，反応速度の解析と反応器の操作・設計にも適用できる．おもに例題を通して，計算法を学んでいこう．

3.6.1　回分反応器による反応速度解析

液相系の反応の速度解析は主として回分反応器を用いて行われる．反応温度を一定に保って適当な時間間隔で濃度を測定して，反応成分の濃度依存性を調べる．つぎに反応温度を変化させて，反応速度の温度依存性を検討する．両者をまとめると反応速度式が定式化できる．具体的には下の例題で学んでほしい．

例題 3.6

回分反応器を用いて，式①に示すメチルアセテート（A で表す）と苛性ソーダ（B）とのけん化反応が 25℃ で行われた．

$$CH_3COOC_2H_5 + OH^- \longrightarrow CH_3COO^- + C_2H_5OH$$
$$(A + B \longrightarrow C + D)$$ ①

この反応において，滴定法によって OH^- の濃度 $C_B[mol \cdot m^{-3}]$ が測定された．その結果を表 3.4 に示す．このとき，反応が成分 A と B に対してそれぞれ一次であるとして，反応速度定数 k の値を求めよ．ただし，反応開始時の原料成分 A と B の濃度はいずれも 10 mol·m^{-3} であるとする．

表 3.4　OH^- の濃度の測定結果

反応時間 t / s	0	180	300	420	600	900
OH^- の濃度 C_B / mol·m^{-3}	10	7.4	6.34	5.5	4.64	3.63

解答

与えられた測定結果を成分 A の反応率 x_A を用いて書き換える．反応開始時の成分 A と成分 B の濃度は等しく，また式①の量論比が 1：1 なので，両成分の濃度はつねに等しい．したがって，成分 A の反応率 x_A は表 3.4 の C_B を C_A とみなして，つぎの式から計算できる．

$$x_A = \frac{C_{A0} - C_A}{C_{A0}}$$ ②

反応速度式が成分 A と成分 B に対してそれぞれ一次反応なので，反応速度式は，$-r_A = kC_A{}^2$ のように書ける．表 3.3 の定容回分反応器の設計方程式から，

$$C_{A0}{}^{1-2}[(1-x_A)^{1-2} - 1] = (2-1)kt$$

の関係が成立するので，これを整理して

$$F(x_A) = \frac{x_A}{1-x_A} = kC_{A0} \cdot t$$ ③

また，表 3.4 の測定結果から計算した，反応率 x_A と $F(x_A)$ の値を表 3.5 に示す．この $F(x_A)$ を t に対してプロットしたところ，図 3.9 に示すような原点を通る直線が得られた．この結果により，二次反応の仮定（A，B それぞれ一次という仮

表 3.5　表 3.4 の測定結果から計算した反応率

反応時間 t / s	0	180	300	420	600	900
成分 A の反応率 x_A	0	0.26	0.366	0.45	0.536	0.637
$F(x_A) = x_A/(1-x_A)$	0	0.351	0.577	0.818	1.16	1.75

定)が妥当であることがわかる.

図 3.9 から,横軸の $t = 900$ s に対する縦軸の値は 1.75 なので,直線の傾きの値は

$$kC_{A0} = 1.75 / 900 = 1.94 \times 10^{-3} \text{ s}^{-1}$$

となる.ここで,$C_{A0} = 10$ mol·m^{-3} だから

$$k = 1.94 \times 10^{-3} / 10 = 1.94 \times 10^{-4} \text{ m}^3\text{·mol}^{-1}\text{·s}^{-1}$$

以上より,この反応の速度式はつぎのように書き表せる.

$$r = 1.94 \times 10^{-4} \ C_A C_B \ [\text{mol·m}^{-3}\text{·s}^{-1}]$$

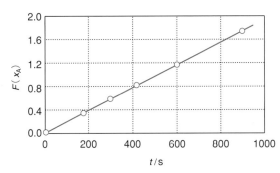

図 3.9　$F(x_A)$ を t に対してプロットしたグラフ

3.6.2　回分反応器の設計

　「化学工場での回分反応器を設計する」というときには,何を決めればよいのだろう.反応器の設計とは,たとえば生成物を月産何トンで生産したいというような要求があるときに,それを達成するには反応器の大きさをいくらにすればよいかを決めることである.

　等温で単一反応が進行するときの回分反応器の設計方程式は,式(3.30)で与えられる.それに反応速度式を代入して解析的あるいは数値的に積分すると,所定の反応率に達するのに必要な反応時間が計算できる.また,簡単な反応速度式に対する積分式は表 3.3 に与えられている.

　回分反応器の操作の順序はつぎの通りである.まず原料を反応器に仕込み,温度と圧力を所定の値に設定して反応を開始する.そして,反応率が所定の値になると反応を止め,反応生成物を取りだし,反応器を洗浄して,再び原料を仕込み反応を開始する.このように原料の仕込み,反応の進行,反応生成物の取りだし,ならびに後始末の一連の操作が繰り返される.したがって,1 サイクルに要する時間は,正味の反応時間に反応開始時と終了時の処理時間を合計したものになる.

　1 サイクルの反応操作によって生産された目的物質の量を,上のようにして

求めた1サイクルに要する時間で割った値が生産速度となる．この値を満足するように回分反応器の大きさを決めることができる．その具体的な計算法をつぎの例題から学ぼう．

| 例題 3.7 |

つぎの量論式で表される液相反応を等温回分反応器で行い，生成物 C を $3.0 \times 10^4 \, \text{mol} \cdot \text{h}^{-1}$ の速度で生産したい．

$$A \longrightarrow 2C$$
$$-r_A = kC_A \quad (k = 1.2 \times 10^{-4} \, \text{s}^{-1})$$

反応開始時のAの濃度は $C_{A0} = 30 \times 10^3 \, \text{mol} \cdot \text{m}^{-3}$ であり，Cは含まれていない．また，反応率が 80% になると反応を停止し，反応の準備には 30 min 必要である．このとき，反応器体積 V_b を求めよ．

| 解 答 |

一次反応を回分反応器で行うときの設計方程式は，表 3.3 に与えられている．それを用いると，反応率が80%に達する反応時間 t はつぎのように求められる．

$$t = -\frac{\ln(1 - x_A)}{k} = -\frac{\ln(1 - 0.80)}{1.2 \times 10^{-4}} = 1.34 \times 10^4 \, \text{s} = 3.73 \, \text{h}$$

この反応時間に，準備に必要な時間である 30 min = 0.5 h を加えた時間が，1回の回分反応の操作時間になる．すなわち

$$1 \text{回の操作時間} = 3.73 + 0.5 = 4.23 \, \text{h} \tag{①}$$

回分反応器に仕込む反応液の体積を $V_b[\text{m}^3]$ とし，成分 A の濃度が C_{A0} であるとすると，反応器中の成分 A の物質量は $V_b C_{A0}[\text{mol}]$ となる．反応停止時の反応率を x_{Af} とすると，A の反応量は $V_b C_{A0} x_{Af}$ で与えられ，成分 C の生成量[mol]は，量論式から成分 A の反応量の2倍になるから，$2V_b C_{A0} x_{Af}$ のように書ける．すなわち

$$C \text{の生成量} = 2(V_b C_{A0} x_{Af}) = 2 \times V_b(30 \times 10^3) \times 0.80$$
$$= 4.8 \times 10^4 \, V_b \tag{②}$$

式①と式②より，1回の回分操作で，4.23 h の間に $4.8 \times 10^4 \, V_b[\text{mol}]$ の生成物 C が生産されたことになる．この値が所要の C の生産速度 $3.0 \times 10^4 \, \text{mol} \cdot \text{s}^{-1}$ に等しいから，つぎの式が成立する．

$$\frac{4.8 \times 10^4 V_b}{4.23} = 3.0 \times 10^4$$

$$\therefore \quad V_{\mathrm{b}} = 2.64 \ \mathrm{m}^3$$

実際の反応器は，2.64 m³ の反応液が余裕をもって入るような大きさで設計し，かつ温度を等温に保持できるように温度制御機器をつけなければならない．

3.6.3 連続槽型反応器の設計

ここでは，槽型反応器を直列に接続した直列槽型反応器の設計，および複合反応を槽型反応器で行なう場合の設計について，例題を通して学ぼう．

例題 3.8

図 3.10 に示すような，体積が V の槽型反応器が N 個直列に連結された直列槽型反応器に，体積流量 v_0 で反応原料を供給して液相一次反応 A $\longrightarrow$ C $\quad(-r_{\mathrm{A}} = kC_{\mathrm{A}})$ を行う．反応原料には成分 A のみが含まれており，その濃度は C_{A0} であるとして，設計方程式を導け．

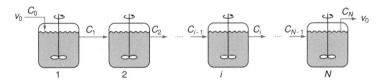

図 3.10 直列槽型反応器

解 答

単一連続槽型反応器で一次反応を行なうときの設計方程式は，すでに［例題 3.4］の(1)で導かれている．

$$\frac{C_{\mathrm{A}}}{C_{\mathrm{A0}}} = \frac{1}{1 + k\tau_{\mathrm{m}}}, \quad \tau_{\mathrm{m}} = \frac{V}{v_0} \tag{①}$$

この関係を1番目の槽から順次適用すればよい．i 番目の反応器入口における成分 A の濃度 C_{i-1}（成分を示す添字 A を省略する）に対する出口濃度 C_i の比

$$\frac{C_i}{C_{i-1}} \quad (i = 1, \ 2, \ \cdots, \ N) \tag{②}$$

を用いて，N 個の槽全体としての反応率 x_{A} はつぎの式から計算できる．

$$1 - x_{\mathrm{A}} = \frac{C_N}{C_0} = \frac{C_1}{C_0} \cdot \frac{C_2}{C_1} \cdot \cdots \cdot \frac{C_{N-1}}{C_{N-2}} \cdot \frac{C_N}{C_{N-1}} \tag{③}$$

各槽の体積がすべて等しく，また成分 A に対して一次反応であるから，式①を式③に代入すると，つぎのようになる．

$$1 - x_A = \frac{C_{AN}}{C_{A0}} = \frac{1}{(1 + k\tau_m)^N} \tag{3.42}$$

例題 3.9

［例題 3.7］で示した反応を，(1)連続槽型反応器(単一 CSTR)，(2)3 槽からなる直列連続槽型反応器(直列 CSTR)でそれぞれ行い，生成物 C を回分反応器の場合と同様に $3.0 \times 10^4 \, \text{mol} \cdot \text{h}^{-1}$ の速度で生産したい．ただし，反応原料中の成分 A の濃度は回分反応器の場合の反応開始時と等しい $C_{A0} = 30 \times 10^3 \, \text{mol} \cdot \text{m}^{-3}$ とし，反応温度も回分反応器と等しいとする．このとき，反応器に供給される原料の体積流量 $v_0 [\text{m}^3 \cdot \text{h}^{-1}]$ と反応器の体積 $V [\text{m}^3]$ を求めよ．

解答

(1)単一 CSTR：連続槽型反応器出口での成分 C の物質量流量は $v_0 C_C$ と書け，それが所定の生産速度 $\text{kg} \cdot \text{h}^{-1}$ に相当するからつぎの式が成立する．

$$v_0 C_C = v_0 (2 C_{A0} x_A) = 3.0 \times 10^4 \, \text{mol} \cdot \text{h}^{-1} = 3.0 \times 10^4 / 3600 = 8.33 \, \text{mol} \cdot \text{s}^{-1}$$

この式に，$C_{A0} = 30 \times 10^3 \, \text{mol} \cdot \text{m}^{-3}$，$x_A = 0.8$ を代入すると，原料供給流量 $v_0 [\text{m}^3 \cdot \text{s}^{-1}]$ は

$$v_0 = \frac{8.33}{2 \times (30 \times 10^3) \times 0.8} = 1.74 \times 10^{-4} \, \text{m}^3 \cdot \text{s}^{-1}$$

連続槽型反応器の設計方程式(3.33)において，$-r_A = k C_A = k C_{A0}(1 - x_A)$ とおくと

$$\tau = \frac{V}{v_0} = \frac{C_{A0} x_A}{k C_{A0}(1 - x_A)} = \frac{x_A}{k(1 - x_A)}$$

$$= \frac{0.80}{(1.2 \times 10^{-4}) \times (1 - 0.80)} = 3.33 \times 10^4 \, \text{s}$$

$$\therefore \quad V = \tau v_0 = (3.33 \times 10^4) \times (1.74 \times 10^{-4}) = 5.79 \, \text{m}^3$$

(2)式(3.42)の $(1 + k\tau_m)^N$ を左辺に，$(1 - x_A)$ を右辺にそれぞれ移し，両辺の $1/N$ 乗をとると

$$1 + k\tau_m = \left(\frac{1}{1 - x_A} \right)^{1/N}$$

$$\therefore \quad \tau_m = \frac{1}{k} \left[\left(\frac{1}{1 - x_A} \right)^{1/N} - 1 \right] \tag{①}$$

が得られる．この式①に，$k = 1.2 \times 10^{-4} \, \text{s}^{-1}$，$x_A = 0.8$，$N = 3$ を代入すると，1 槽あたりの空間時間 τ_m は

$$\therefore \quad \tau_{\mathrm{m}} = \frac{1}{1.2 \times 10^{-4}} \left[\left(\frac{1}{1-0.8} \right)^{1/3} - 1 \right] = 5.916 \times 10^{3} \text{ s}$$

となる．しかし，$\tau_{\mathrm{m}} = V / v_0 = V / 1.74 \times 10^{-4} = 5.916 \times 10^{3}$ s の関係式が成立し，原料の体積流量 v_0 は単一 CSTR の場合と同じで，$v_0 = 1.74 \times 10^{-4}$ m$^3 \cdot$s^{-1} で与えられるから，1 槽あたりの反応器体積 V は

$$V = (5.916 \times 10^{3}) \times (1.74 \times 10^{-4}) = 1.03 \text{ m}^3$$

となり，槽列全体の反応器体積 V_{t} は

$$V_{\mathrm{t}} = 3 \times 1.03 \text{ m}^3 = 3.09 \text{ m}^3$$

のように求まる．

　(1)と(2)の結果を回分反応器の体積 $V_{\mathrm{b}} = 2.64$ m^3 と比較すると，単一 CSTR の体積は 5.79 m^3 と非常に大きくなっている．反応率を 80% とかなり大きくとっていることも両者の差を大きくした原因である．しかし，3 槽直列 CSTR の場合は 3.09 m^3 であり，単一 CSTR の場合に比較すると反応器体積は大きく減少している．

3.6.4　管型反応器の設計

　気相反応は，管型反応器を用いて行われる．気相反応の反応速度は，管型反応器を用い，反応原料の供給速度を変化させて反応器出口での反応率 x_{A} を測定し，それを空間時間 τ に対してプロットすることにより解析される．これは回分反応器における反応率 x_{A} と時間 t のプロットに対応しており，回分反応と同様な解析法が適用できる．

　一方，管型反応器は管壁を通じ反応熱を除去する能力が低く，反応器内の温度を均一に保つことが容易ではないので，図 3.11 に示すように，単一の管ではなく，多数の管を並列に配列した構造の多管型反応器が用いられる．

例題 3.10

　つぎの式で表される気相反応を，2 atm，820℃ で行い，生成物 C を 250 kg・h^{-1} の速度で生産したい．

$$\text{A} \longrightarrow \text{C} + \text{D} \quad (-r_{\mathrm{A}} = kC_{\mathrm{A}} \qquad k = 3.10 \text{ s}^{-1})$$

反応器として，管内径が 2.5 cm，管長が 3 m の反応管を並列に配列した多管式管型反応器を用いる．A の反応率を 90% にとった場合，反応管を何本配置すればよいかを求めよ．ただし，反応原料中には A が 80% 含まれており，残りは不活性ガスであるとし，また C の分子量は 28×10^{-3} kg・mol^{-1} とする．

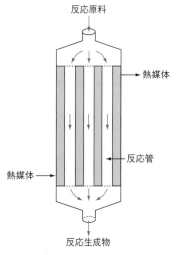

図 3.11　多管型反応器

解 答

反応器に供給される成分 A の物質量流量を $F_{A0}[\mathrm{mol \cdot s^{-1}}]$，出口での反応率を x_{Af} とすると，生成する成分 C の物質量流量は，量論式から $F_{A0}x_{Af}$ で与えられる．C の分子量を M_c で表すと，所要の生産量$[\mathrm{kg \cdot h^{-1}}]$を得るにはつぎの関係式を満たさなければならない．

$$F_{A0}x_{Af} \cdot M_c \times 3600 \ \mathrm{s \cdot h^{-1}} = 250 \ \mathrm{kg \cdot h^{-1}} \tag{①}$$

この式で，$x_{Af} = 0.9$，$M_c = 28 \times 10^{-3} \ \mathrm{kg \cdot mol^{-1}}$ とおくと

$$F_{A0} = 2.756 \ \mathrm{mol \cdot s^{-1}}$$

気相一次反応を管型反応器で行うときの設計方程式は，[例題 3.5]で導かれており，式②が成立する．

$$k\tau = [-\varepsilon_A x_A - (1 + \varepsilon_A)\ln(1 - x_A)] \tag{②}$$

ここで，空間時間 τ は，次式のように書き換えられる．

$$\tau = \frac{V}{v_0} = \frac{VC_{A0}}{v_0 C_{A0}} = \frac{VC_{A0}}{F_{A0}} \tag{③}$$

量論式から ε_A の値が算出でき，さらに入口での成分 A の濃度 C_{A0} も計算できる．

$$\varepsilon_A = \delta_A y_{A0} = [(-1 + 2) / 1] \times 0.8 = 0.8$$
$$x_{Af} = 0.9$$
$$C_{A0} = \frac{Py_{A0}}{RT} = \frac{(2 \times 1.013 \times 10^5) \times 0.8}{8.314 \times (820 + 273.2)} = 17.83 \ \mathrm{mol \cdot m^{-3}}$$

これらの数値を式②に代入すると

$$右辺 = -0.8 \times 0.9 - (1 + 0.8)(\ln 0.1) = 3.425$$
$$左辺 = k(VC_{A0}/F_{A0}) = 3.10 \ V \times 17.83 / 2.756 = 20.06 \ V$$
$$\therefore \quad V = 3.425 / 20.06 = 0.1707 \ \mathrm{m^3}$$

反応管 1 本あたりの体積は

$$\frac{\pi d^2 L}{4} = \frac{3.14 \times (2.5 \times 10^{-2})^2 \times 3}{4} = 1.472 \times 10^{-3} \ \mathrm{m^3}$$

であるから，必要な反応管の本数 N は

$$N = 0.1707 / (1.472 \times 10^{-3}) = 116 \ 本$$

となる．以上より，116 本の反応管を並列に配置した多管式の熱交換器型の反応器を設計すればよいことがわかる．

3.7 反応が複合反応の場合の設計

3.7.1 収率と選択率の定義

複合反応では，複数の量論式がでてくるが，原料成分のなかの限定成分 A と希望成分 R の間の総括的な量論関係をつぎのように書くことができる．

$$A \longrightarrow \nu_R R \tag{3.43}$$

このとき，ν_R を総括的な量論係数という．

複合反応において重要なことは，副生成物の生成を可能な限り減らし，なるべくたくさんの希望生成物を得ることである．このときの選択性を定量的に表現する値として収率（yield），選択率（selectivity）という用語が用いられる．反応開始時に存在した限定反応成分 A のうち，希望生成物 R に転化した A の割合を，R の A に対する収率 Y_R と定義する．一方，反応によって消失した成分 A のうち，希望生成物 R に転化した A の割合が選択率 S_R である．

回分反応器において，反応開始時における成分 A と成分 R の物質量を n_{A0}，n_{R0} とし，ある時点でそれらが n_A，n_R になったとする．すると，転化した成分 A の量は $(n_{A0} - n_A)$，そのうち希望成分に転化した成分 A の量は $(n_R - n_{R0})/\nu_R$ と書ける．したがって，収率 Y_R と選択率 S_R はつぎのように書ける．

$$Y_R = \frac{n_R - n_{R0}}{\nu_R n_{A0}} \tag{3.44}$$

$$S_R = \frac{n_R - n_{R0}}{\nu_R (n_{A0} - n_A)} \tag{3.45}$$

Y_R および S_R の値は 1 を超えることはない．

また，反応率 $x_A = (n_{A0} - n_A)/n_{A0}$ の関係を用いると，Y_R と S_R の間にはつぎの関係が成立する．

$$Y_R = S_R x_A \tag{3.46}$$

流通反応器に対しては，式(3.44)と式(3.45)のすべての物質量 n を物質量流量 F と置き換えた式，ならびに式(3.46)が成立する．

3.7.2 複合反応の場合の反応器の選びかた

複合反応では，希望する生成物を可能な限り選択的に生産することが求められる．簡単な複合反応について，どのような形式の反応器が有利かを考えてみよう．

---

one point
希望成分

複合反応において，目的となる有用な生成物を希望成分という．不要な生成物は副生成物と呼ばれる．

(1) 並列反応の場合

$$\text{A} \longrightarrow \text{R} \quad (r_1 = k_1 C_\text{A}{}^a) \tag{3.47a}$$

$$\text{A} \longrightarrow \text{S} \quad (r_2 = k_2 C_\text{A}{}^b) \tag{3.47b}$$

で表される並列反応において，R と S の生成速度の比は

$$\frac{r_\text{R}}{r_\text{S}} = \frac{r_1}{r_2} = \frac{k_1}{k_2} C_\text{A}{}^{(a-b)} \tag{3.48}$$

と書け，一定温度においては C_A のみの関数になる.

　希望成分 R の生成速度を大きくするには，式(3.48)の右辺の値が大きくなるように原料成分 A の濃度分布を設定しなければならない. 反応次数 a と b の大小によってつぎの三つのケースが考えられる.

①$a > b$ の場合：C_A の値が高いほど有利である. すでに図3.2で示したように，連続槽型反応器（CSTR）と管型反応器（PFR）の反応原料成分 A の濃度分布を比べると，PFR のほうが CSTR よりも高い濃度で反応が行えることがわかる. したがって，この場合は PFR を使用することが推奨される. また，反応器入口での A の濃度は高いほうがよい. したがって，気相反応であれば反応圧力を高くすればよい.

②$a < b$ の場合：この場合は①とは反対で，連続槽型反応器を使うのが有利である. 反応原料中に不活性成分を添加して A の濃度を減少させたり，反応圧力を低くするなどの操作法がとられる.

③$a = b$ の場合：R と S の生成速度比は C_A に無関係になるから，反応器の形式に無関係に選択率が決まる. 通常の反応速度の場合，反応器体積は CSTR に比較して PFR のほうが小さくなるから，管型反応器を使うほうが有利になる.

(2) 逐次反応の場合

$$\text{A} \xrightarrow{k_1} \text{R} \xrightarrow{k_2} \text{S}, \quad r_1 = k_1 C_\text{A}, \quad r_2 = k_2 C_\text{R} \tag{3.49}$$

で表せる逐次反応において R と S の生成速度の比は

$$\frac{r_\text{R}}{r_\text{S}} = \frac{r_1 - r_2}{r_2} = \frac{k_1 C_\text{A} - k_2 C_\text{R}}{k_2 C_\text{R}} \tag{3.50}$$

のように書けるが，この式には C_A と C_R が含まれているので，この式からすぐに反応器の形式を選ぶことはできない. BR，PFR，CSTR について選択率を与える式を導き比較すると，BR と PFR の選択率は CSTR のそれに比べてつねに高いことがわかる.

3.7.3 複合反応の場合の設計方程式

複合反応の特定成分に対する反応速度は 3.3.2 で述べた方法と［例題 3.2］から求めることができる．一方，複合反応系の物質収支式は，単一反応系に対する物質収支式の反応速度に，複合反応の反応速度式を代入すればそのまま適用できる．このことについて，つぎの例題を通して学んでいこう．

例題 3.11

つぎの式で表せる並列液相反応を連続槽型反応器で行う．

$$A \longrightarrow 2R \quad (r_1 = k_1 C_A \quad k_1 = 1.04 \times 10^{-2}\ \mathrm{s^{-1}})$$
$$A \longrightarrow S \quad (r_2 = k_2 C_A \quad k_2 = 6.93 \times 10^{-3}\ \mathrm{s^{-1}})$$

反応原料は A のみからなり，反応器入口での A の濃度は $2000\ \mathrm{mol \cdot m^{-3}}$ であるとする．成分 A の反応率を 70% にしたとき，以下の値をそれぞれ求めよ．

(1) 空間時間　　(2) 反応器出口での各成分の濃度
(3) 成分 R の収率 Y_R と選択率 S_R

解 答

(1) 槽型反応器の物質収支は，式(3.34)を各成分に適用して

自動車の排ガスを無害化する
―小さな触媒反応器―

さまざまな反応を促進するために，いろいろな固体触媒が用いられている．通常の固体触媒は大きさが数ミリ程度の多孔質な粒子であり，化学工業ではそれを管に詰めた反応器が広く用いられている．

触媒は日常生活でも活用されており，その一例が自動車の排ガスを浄化する触媒反応器である．エンジンからの燃焼排ガスには，一酸化炭素（CO），光化学スモッグの原因になる窒素酸化物（NO_x），未燃焼のガソリン（HC）が含まれており，走行中の自動車からそれらを一挙に取り除くことのできる触媒が探されていた．その結果，Pt，Pd および Rh からなる三元触媒が開発された．

この触媒を用いた反応器は，円筒の内部に多数の微小な細管が貫通したハチの巣状のセラミックスハニカムが担体となり，その内部の細管表面に三元触媒がコーティングされ，金属容器に納められた構造をしている．それがエンジンの排ガス出口部分のすぐ下流に取り付けられ

三元触媒を用いた反応器
マツダ（株）ウェブサイトより．

ており，排ガスはハニカム内の細管を通過する間に触媒作用によって無害化される．排ガスの温度は 800 〜 1000 ℃にもなり，その流量や有害成分の濃度が刻々変化するという過酷な条件のもとで，反応器は各種センサーとコンピュータによって制御されている．車のなかでは，目に見えない場所で，このような小さな触媒反応器が動いているのである．

$$v_0 C_{A0} - v_0 C_A - (k_1 + k_2) \; C_A V = 0 \qquad ①$$

$$0 - v_0 C_R + 2 k_1 C_A V = 0 \qquad ②$$

$$0 - v_0 C_S + k_2 C_A V = 0 \qquad ③$$

また，反応器出口における A の濃度 C_A は

$$C_A = C_{A0}(1 - x_A) = 2000 \times (1 - 0.7) = 600 \; \mathrm{mol \cdot m^{-3}} \qquad ④$$

式①の左辺を体積流量 v_0 で割ると，$V / v_0 = \tau$ は空間時間だから

$$C_{A0} - C_A[1 + (k_1 + k_2)\tau] = 0 \qquad ⑤$$

が得られる．ここで，$k_1 + k_2 = 0.0173 \; \mathrm{s^{-1}}$ であり，その他の数値を式⑤に代入すると，空間時間 τ がつぎのように求まる．

$$2000 - 600 \times (1 + 0.01733\tau) = 0$$

$$\therefore \quad \tau = 134.6 \; \mathrm{s}$$

（2）成分 A の濃度は，式④で求めたように，600 mol·m^{-3} となる．さらに式②と式③から，成分 R と S の濃度が求まる．

$$C_R = 2 k_1 C_A \tau = 2 \times (1.04 \times 10^{-2}) \times 600 \times 134.6 = 1679.8 \; \mathrm{mol \cdot m^{-3}}$$

$$C_S = k_2 C_A \tau = (6.93 \times 10^{-3}) \times 600 \times 134.6 = 559.7 \; \mathrm{mol \cdot m^{-3}}$$

（3）量論式の第1式から，$\nu_R = 2$ となる．よって，式(3.44)と式(3.45)から，収率 Y_R と選択率 S_R はつぎのように求まる．

収率 $Y_R = 1679.8 / (2 \times 2000) = 0.420 = 42.0\%$

選択率 $S_R = Y_R / x_A = 0.420 / 0.7 = 0.60 = 60.0\%$

3.8 反応器の温度が変化する場合の設計

3.8.1 反応器のエンタルピー収支式

前節までは反応器内の温度は一定であると仮定して，物質収支のみを用いて反応器の設計を行ってきた．しかし実際の反応器内では，反応に伴うエンタルピー変化が起こり，温度が変化する非等温操作になる．エンタルピー収支式を導き，物質収支式と連立して解く必要がある．エンタルピー収支式はつぎのように書ける．

| 流入流体による
エンタルピー流
入速度：q_1 | − | 流出流体による
エンタルピー流
出速度：q_2 | ＋ | 周囲より系への
熱移動速度：q_3 | ＝ | 系内のエンタル
ピーの蓄積速
度：$\mathrm{d}H_{sys} / \mathrm{d}t$ |

$$(3.51)$$

3.8.2 非等温回分反応器の設計

回分式反応器において，時間変化 Δt の間に反応温度が ΔT，反応率が Δx_A だけ変化したとする．温度変化に伴う系内のエンタルピー変化は

$$(\Delta H_{\mathrm{sys}})_{\Delta\mathrm{T}} = V\rho\bar{c}_{\mathrm{pm}}\Delta T \tag{3.52}$$

で表せる．ここで V は反応器内液量，ρ は液密度，$\bar{c}_{\mathrm{pm}}$ は平均比熱容量である．つぎに，反応器内に存在する限定反応成分 A の反応量は $VC_{\mathrm{A0}}\Delta x_\mathrm{A}$ と書けるから，反応率変化に伴うエンタルピー変化 $(\Delta H_{\mathrm{sys}})_{\Delta x\mathrm{A}}$ は

$$(\Delta H_{\mathrm{sys}})_{\Delta x\mathrm{A}} = \Delta H_{\mathrm{R}}(VC_{\mathrm{A0}}\Delta x_\mathrm{A}) \tag{3.53}$$

で表せる．ここで ΔH_{R} は反応エンタルピーである．

系のエンタルピー H_{sys} の時間的変化は式(3.52)と式(3.53)の和の式を時間 t で微分した式で与えられるから，エンタルピーの変化速度は次式で表せる．

$$\mathrm{d}H_{\mathrm{sys}}/\mathrm{d}t = V\rho\bar{c}_{\mathrm{pm}}\,\mathrm{d}T/\mathrm{d}t + \Delta H_{\mathrm{R}}V(C_{\mathrm{A0}}\,\mathrm{d}x_\mathrm{A}/\mathrm{d}t) \tag{3.54}$$

回分反応器では，式(3.51)の左辺の第 1 項 q_1，第 2 項 q_2 は 0 とおける．第 3 項 q_3 は周囲より反応器への熱移動速度を表す．反応器温度を T，反応器の冷却装置の温度を T_s とすると，熱移動速度は両者の差に比例するので次式のように書ける．

$$q_3 = UA(T_\mathrm{s} - T) \tag{3.55}$$

ここで，U は総括伝熱係数，A は伝熱面積を表す．上式については 8.4 節を参照．

回分反応器の物質収支を表す式(3.29)を用いると，式(3.54)の右辺の $C_{\mathrm{A0}}(\mathrm{d}x_\mathrm{A}/\mathrm{d}t)$ は $(-r_\mathrm{A})$ で置き換えられる．得られた式を式(3.55)とともに式(3.54)に代入して整理すると

$$V\rho\bar{c}_{\mathrm{pm}}(\mathrm{d}T/\mathrm{d}t) = (-\Delta H_{\mathrm{R}})(-r_\mathrm{A})V + UA(T_\mathrm{s} - T) \tag{3.56}$$

式(3.56)を表面的に解釈すると，回分反応器のエンタルピー収支式は

$$\boxed{\begin{array}{c}\text{系の熱量の}\\\text{蓄積速度}\end{array}} = \boxed{\begin{array}{c}\text{反応による}\\\text{発熱速度}\end{array}} + \boxed{\begin{array}{c}\text{周囲よりの}\\\text{熱移動速度}\end{array}} \tag{3.57}$$

のように表現できる．

非等温反応器の設計は，物質収支式(3.36)とエンタルピー収支式(3.56)を連立微分方程式と考えて解くことになる．反応速度は一般に温度と濃度の非線形関数であり数値解法によらなけれならない．

one point

撹拌槽型反応器の熱交換方式
槽型反応器で発生する反応エンタルピーの除去・補給には，槽の外壁にジャケットをつけるか（図a），槽内部にコイルを設けて（図b），それらのなかに水蒸気あるいは熱媒体を流して，熱交換を行う方法が採用される．あるいは，反応器外壁を断熱材で覆って外部との熱交換を遮断する場合（図c）もある．

図aと図bの熱交換速度は，熱媒体の温度 T_s と反応液の温度 T との差 $(T_\mathrm{s}-T)$ と伝熱面積 A の積に比例して，$UA(T_\mathrm{s}-T)$ で表せる．U を総括伝熱係数とよぶ．その詳細は 8.2 節を参照してほしい．

（a）外壁ジャケット方式

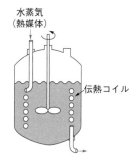

（b）伝熱コイル方式

（c）断熱方式

3.8.3 断熱回分反応器の設計

　回分式反応器の外壁を断熱材で覆って周囲との熱移動を遮断した断熱式回分器の場合は，計算が簡単になる．断熱反応器の場合は $q_3 = 0$ とおけるから，式(3.56)はつぎのように書ける．

$$V\rho \bar{c}_{pm}(dT / dt) + \Delta H_R V C_{A0}(dx_A / dt) = 0 \qquad (3.58)$$

$t = 0$ で，$T = T_0$, $x_A = 0$ とおいて上式を積分すると

$$T - T_0 = \Delta T_{ad} \cdot x_A \qquad (3.59)$$

の関係式が得られる．ただし

$$\Delta T_{ad} = (-\Delta H_R) C_{A0} / \rho \bar{c}_{pm} \qquad (3.60)$$

すなわち，断熱反応操作では反応器温度 T と反応率 x_A は直線関係にある．ΔT_{ad} は反応率が100％に達したときの最大温度上昇に等しく，断熱温度上昇とよばれる．式(3.59)の関係を反応速度式に代入すると，反応速度が反応率のみの関数になり，等温操作に対する設計方程式(3.30)が断熱操作の場合にも適用可能になる．反応速度が

$$-r_A = k_0 \exp(-E / RT) \cdot f(x_A) \qquad (3.61)$$

のように書けるとすると，上式の温度 T に式(3.59)の関係を代入することにより $(-r_A)$ は x_A のみの関数になるから，式(3.30)の定積分が数値的に行える．すなわち次式が得られ，反応所要時間が計算できる．

$$t = \int_0^{x_A} \frac{C_{A0}}{-r_A(x_A)} dx_A \qquad (3.62)$$

章 末 問 題

① 　$2A + 3B \longrightarrow 4C$ で表される反応で，量論式に対する反応速度 r が 2 mol·m^{-3}·s^{-1} で表されるとき，各成分に対する反応速度 r_A, r_B, r_C の値を求めよ．

② 　$A + 4B \longrightarrow 2C$ で表される液相反応がある．各成分の初濃度を，それぞれ $C_{A0} = 20$ mol·m^{-3}, $C_{B0} = 120$ mol·m^{-3}, $C_{C0} = 0$ とする．
(1) A の反応率 x_A が 0.6 のとき，各成分の濃度を求めよ．
(2) C の濃度が 30 mol·m^{-3} のとき，A の反応率を求めよ．

③ 　$A \longrightarrow C$ で表される反応の反応速度 r がつぎの式で表せるとする．

$$r = k C_A{}^m = k_0 e^{-E/RT} C_A{}^m$$

ここで，$E = 80 \times 10^3$ J·mol^{-1} である．反応温度 T を 400 K から 10 K だけ上昇させたとき反応速度 r は何倍に上昇するか．ただし，濃度は変化しないとする．

4 無水酢酸の気相における分解反応の反応速度定数 k が測定され，下の表のような結果が得られた．k がアレニウスの式で表せることを確認して，頻度因子 k_0 と活性化エネルギー E の値を求めよ．

温度 T / ℃	284	340	351	373
k / s^{-1}	0.0275	0.563	0.928	2.63

5 A $\longrightarrow$ 2C $(-r_A = kC_A)$ で表せる液相反応を回分反応器で行う．反応速度は成分 A に対して一次反応であり，反応開始時 A の濃度 $C_{A0} = 2000$ mol·m^{-3} である．この条件で 40 min 間反応させたところ，反応率は 80% であった．つぎの問いに答えよ．

(1) 反応速度定数 k の値を求めよ．

(2) 初濃度を $C_{A0} = 5000$ mol·m^{-3} に変更し，30 min 間反応させたときの反応率 x_A と反応生成物 C の濃度を求めよ．

6 A $\longrightarrow$ C $(-r_A = kC_A)$ で表される液相一次反応を回分反応器で行い，成分 A の濃度変化が測定され，下の表のような結果が得られた．このとき，反応速度定数 k の値を求めよ．

時間 t / min	0	5	10	24	36
C_A / mol·m^{-3}	2000	1320	902	288	115

7 つぎの反応で表せるピリジンとヨウ化エチルとの反応を回分反応器を用いて行い，ヨウ素イオンの濃度を測定して，下表の結果を得た．

$$C_5H_5N + C_2H_5I \longrightarrow C_7H_{10}N^+ + I^- \qquad (A + B \longrightarrow C + D \qquad r = kC_AC_B)$$

反応開始時のピリジンとヨウ化エチルの濃度は，それぞれ 100 mol·m^{-3} と 200 mol·m^{-3} であった．このとき，反応速度定数 k の値を求めよ．

実験データの表

反応時間 t / s	115	210	355	460	746	1160	1520
I$^-$の濃度 C_D / mol·m^{-3}	15.0	25.6	38.0	47.3	62.0	74.0	82.0

8 A + B $\longrightarrow$ C $(-r_A = kC_AC_B)$ で表される液相反応を回分反応器を用いて行う．初濃度は $C_{A0} = 80$ mol·m^{-3}，$C_{B0} = 100$ mol·m^{-3}，$C_{C0} = 0$ である．反応を開始して 1 h 後に反応率が 75% になった．$C_{A0} = C_{B0} = 100$ mol·m^{-3} にして，2 h だけ反応させたときの反応率を求めよ．

9 A $\longrightarrow$ 2C $(r = kC_A \quad k = 12$ h$^{-1})$ で表される液相反応を連続槽型反応器と管型反応器を用いてそれぞれ行う．反応器出口での反応率を 85% にとったとき，反応器の体積 V[m^3] ならびに単位反応器体積あたりの生成物 C の生産速度 P_C[mol·m^{-3}·h^{-1}] を求めよ．ただし，反応器入口での反応原料の体積流量 v_0 は 10 m^3·h^{-1}，A の入口濃度 C_{A0} は 200 mol·m^{-3} であるとする．

10 A $\longrightarrow$ 2C $(-r_A = kC_A)$ で表される液相一次反応を連続槽型反応器(CSTR)で行う．反応原料を $v_0 = 0.5$ m^3·h^{-1} の速度で反応器入口に供給する．原料中に

はAのみが含まれ，その濃度C_{A0}は2000 mol·m^{-3}であり，反応速度定数$k = 0.25$ h^{-1}であるとする．このとき，つぎの問いに答えよ．

(1)反応器出口でのAの反応率を80％にするためには反応器の体積V[m^3]はいくらにすべきか．

(2)CSTRのかわりに管型反応器(PFR)を用いる場合，反応器の体積はいくらになるか．

⑪ つぎの反応で表される気相一次反応を管型反応器で行う．

$$A \longrightarrow 2C \qquad r = kC_A \qquad k = 0.04 \text{ s}^{-1}$$

全圧は5 atm，反応温度は150℃である．Aが80％，不活性ガスが20％からなる反応原料を3.6×10^3 mol·h^{-1}の物質量流量で反応器入口に供給し，反応器出口での反応率を70％にとる．このとき，つぎの値を求めよ．

(1)反応器入口でのAの濃度C_{A0}

(2)空間時間τ_p

(3)反応器体積V

⑫ $A \longrightarrow 2C$ $(-r_A = kC_A)$で表される気相反応を管型反応器を用いて行う．供給原料の組成はAが80％，不活性ガスが20％であり，そのときの反応率は60％であった．つぎに，原料の組成をAが60％，不活性ガスが40％に変えて，反応率が75％になるようにしたい．供給原料の流量を最初のときの何％にすればよいか．

⑬ $A \longrightarrow R$ $(r_1 = k_1 C_A, k_1 = 2\text{h}^{-1}])$

$2A \longrightarrow S$ $(r_2 = k_2 C_A^2, k_2 = 0.2 \text{ m}^3 \cdot \text{kmol}^{-1} \cdot \text{h}^{-1}])$

で表せる液相反応において，つぎの問いに答えよ．ただし，反応原料はAのみからなり，その濃度は10 kmol·m^{-3}であるとする．

(1)希望成分Rを高収率で得たいとき，PFRとCSTRのいずれが有利か．

(2)この反応をCSTRで行い，Aの反応率を80％にするとき，反応器出口での各成分の濃度，ならびにRの収率と選択率を求めよ．

⑭ 無水酢酸の加水分解反応を断熱式の液相回分反応器で行う．反応器に濃度C_{A0}が310 mol·m^{-3}の無水酢酸水溶液を仕込み，15℃から反応を開始する．ある時刻で反応を停止させて反応液の温度を測定したところ，25℃であった．ただし，本反応の反応エンタルピーは$\Delta H_R = -2.23 \times 10^5$ J·mol^{-1}，反応液の密度ρは1020 kg·m^{-3}，比熱容量$\bar{c}_{pm}$は4.25×10^3 J·kg^{-1}·K^{-1}である．

(1) 反応停止時の反応率を求めよ．

(2) 反応率が100％に達したときの反応液の温度を求めよ．

第**4**章

蒸　留

　メタノールの水溶液を加熱して発生させた蒸気を冷却・凝縮した液混合物は，もとの液混合物よりもメタノールの濃度が高い．これは，メタノールが水より揮発性に富み，気相での組成が液相のそれよりも高くなるからである．このように，一般に液相の組成と蒸気相の組成は異なる．

　この事実を利用して，揮発性の液混合物を分離する操作を蒸留という．蒸留は，酒類のエタノール分の濃度を高めて蒸留酒を製造する方法として昔から行われているが，現在では化学工業における分離技術の代表的なものとして広く用いられている．

　本章では，蒸留の基礎になる気液間の平衡関係についてまず説明し，ついで実験室などの小規模の蒸留である単蒸留，工業的に広く使われている連続蒸留の順に解説する．

one point
液混合物
2種類以上の異なる液状物質が混じりあったもの．各成分が完全に混じりあって一つの相となった均一な混合液の場合と，相が二つ以上の不均一な混合液の場合がある．

4.1　蒸留の基礎となる気液平衡

4.1.1　気液平衡関係図と蒸留操作の原理

　ある組成の混合液を加熱していくと，各成分の蒸気圧が上昇し，その和が大気圧に等しくなったときに沸騰が始まり，その後は液の温度は一定値，すなわち沸点に保たれる．

　揮発性の液成分の混合物の例として，ベンゼンとトルエンの混合物を考えてみよう．このような二成分混合液の場合，沸点の低いほうの成分を低沸点成分，高いほうの成分を高沸点成分と呼ぶ．大気圧が1 atmのとき，ベンゼンの沸点は80.1℃，トルエンの沸点は110.6℃なので，この場合はベンゼンが低沸点成分，トルエンが高沸点成分になる．

　沸騰混合液から発生する蒸気は，元の液よりベンゼンの割合が高くなる．こ

one point
揮発性
蒸気圧が大きくて気化しやすい性質を揮発性という．常温常圧で空気中に容易に揮発する化合物を「揮発性をもつ」と表現する．

れは，トルエンに比べてベンゼンの揮発性が高い(すなわち沸点が低い)からである．このように，揮発性の成分の混合液を加熱したときに生成する蒸気の組成は，元の液混合物の組成とは異なってくる．このような液混合物の組成を変えて沸騰させて，沸点 T_b[℃]，液相の組成，蒸気相の組成をそれぞれ測定することができる．

　また，蒸留では混合物の組成を表すときに低沸点成分のモル分率を用い，液相の組成を x，気相(蒸気)の組成を y で表す．揮発性混合液について，液相組成，気相組成，沸点の間の関係を一般に気液平衡関係という．

　表4.1に，ベンゼン-トルエン混合液の沸点 T_b[℃]とそれに対応する液組成 x と蒸気組成 y の測定結果が示されていて，この結果から二つの図が作成できる．図4.1(a)では縦軸に沸点 T_b をとり，横軸に液組成 x あるいは蒸気組成 y をとった二つの曲線が描かれている．このうちの，液組成 x と沸点 T_b の関係を表す曲線を沸点曲線あるいは液相線という．この曲線から，混合液組成が与えられたときの沸点を知ることができる．一方，沸点 T_b と蒸気相の組成 y の関係を表す曲線を露点曲線あるいは気相線という．

表4.1　ベンゼン-トルエン系の気液平衡関係　(全圧 1 atm)

温度 T_b/℃	110.6	105.7	101.8	98.3	95.2	92.4	89.8	87.3	85.0	82.6	80.1
x	0.0	0.1	0.2	0.3	0.4	0.5	0.6	0.7	0.8	0.9	1.0
y	0.0	0.208	0.372	0.507	0.619	0.713	0.791	0.857	0.912	0.959	1.0

　いま，液組成 x_1 のベンゼン-トルエン混合液に着目すると，その点から垂直に引いた線と液相線との交点の温度が T_{b1} となる．また，その交点から水平線を引き蒸気相の交点に対応する横軸の値が蒸気組成 y_1 となる．このようにして，図4.1(a)から沸騰混合液の組成 x と蒸気組成 y の関係を知ることができる．図4.1(b)は，平衡状態にある気体と液体について，液組成 x を横軸に，蒸気組成 y を縦軸にとったときの気液平衡関係であり，x-y 線図と呼んでいる．この x-

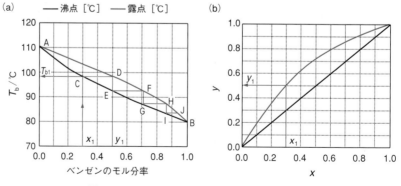

図4.1　ベンゼン-トルエン系の気液平衡関係図
(a) 温度-組成線図　(b) x-y 線図

y線図は表4.1の測定値から直接作成することもできる.

これらの気液平衡関係図を用いると,蒸留操作の基本原理が理解できる.図4.1を見ながら考えていこう.いま,ベンゼンのモル分率$x_1 = 0.3$の原液があったとする.それを加熱して点C($T_{b1} = 98.3℃$)に達すると混合液が沸騰し,点D($y_1 = 0.507$)の組成の蒸気を発生する.つぎにその蒸気を冷却・凝縮させると,点Eの液組成の液が得られる.さらにその液を再度加熱・沸騰させて発生する蒸気Fを凝縮させると点Gの組成の混合液になる.このような操作を繰り返すと,凝縮液のベンゼンのモル分率は点Cから,E,G,Iと変化し,ベンゼンのモル分率が高くなっていく.このようにして目的の物質の濃度を高めていくのが,蒸留操作の基本原理である.

しかしながら,この操作法にはつぎのような難点がある.第一は,凝縮液中のベンゼン(低沸点成分)のモル分率は高くなるが,製品として得られる液量は原液と比べると非常に少なくなることである.第二は,混合液の加熱沸騰,冷却の繰り返しになり,熱利用に無駄が多いことである.これらの点を克服した分離法が,後述する連続蒸留である.

ベンゼン-トルエン系の気液平衡では,蒸留していくにつれて,混合液の沸点は,高沸点成分の沸点と低沸点成分の沸点の間を単調に減少する.また全組成領域で,液相組成xとそれと平衡にある蒸気相の組成yの間には,つねに$y > x$の関係が成立している(図4.1b).

しかし,ある種の溶液では,液相の組成と,これと平衡にある気相の組成が等しくなり,かつその組成において沸点が最低または最高となる.このような混合物を共沸混合物という.共沸混合物系のx-y曲線は共沸混合物の組成で対角線と交わり$y = x$となるので,通常の蒸留ではそれ以上の液組成には分離できない.しかし,第三成分を添加して平衡関係を変えれば,さらに分離することもできる.

4.1.2 気液平衡関係の計算

気液平衡関係は一般には実測する必要があるが,以下に示すように,ラウール(Raoult)の法則が成立する理想溶液の場合は計算によって求めることもできる.

成分A(低沸点成分)と成分B(高沸点成分)からなる二成分系溶液があり,それぞれの純成分の一定温度での蒸気圧をP_A^0,P_B^0とする.ラウールの法則が成立する場合,成分Aのモル分率がxのとき,成分Aと成分Bの分圧p_Aとp_Bは,つぎのように書ける.

$$p_A = P_A^0 x \tag{4.1}$$

$$p_B = P_B^0 (1 - x) \tag{4.2}$$

全圧 P は p_A と p_B の和だから

$$P = p_A + p_B = P_A^0 x + P_B^0 (1-x) = P_B^0 + (P_A^0 - P_B^0)x \tag{4.3}$$

となる．低沸点成分Aの気相でのモル分率 y は p_A/P で与えられるから，式(4.1)と式(4.3)からつぎの式が導ける．

$$y = \frac{P_A^0 x}{P_B^0 + (P_A^0 - P_B^0)x} = \frac{\alpha x}{1 + (\alpha - 1)x} \tag{4.4}$$

ここで，α は成分Aの蒸気圧と成分Bの蒸気圧の比であり，比揮発度と呼ばれる．

$$\alpha = \frac{P_A^0}{P_B^0} \tag{4.5}$$

　比揮発度は分離の尺度を表し，通常は1より大きい値をとり，その値が大きい混合液ほど蒸留によって分離しやすい．また，蒸気圧 P_A^0 と P_B^0 は温度の上昇に伴い大きくなるが，両者の比である α は，温度にはそれほど影響されない．通常，蒸留操作は定圧条件で行われ，温度は変化するが，式(4.4)から x-y 曲線が計算できる．

　そのとき，成分Aと成分Bのそれぞれの沸点(T_{bA} と T_{bB})で，両成分の蒸気圧の値から α の値を計算して，その両方の値の平均値(幾何平均)を α の値として採用すればよい．

例題 4.1

　温度を変化させたときのベンゼンとトルエン混合液の蒸気圧 P[kPa] が表4.2で与えられている．各温度での比揮発度 α の値を計算せよ．また，1 atm(= 101.3 kPa)のもとでの両成分の沸点における α の幾何平均値を用いて，$x = 0.3$ のときの y の値を計算し，表4.1の実測値と比較せよ．

one point
幾何平均
数 a と b について，$(a+b)/2$ を算術平均，$\sqrt{ab}$ を幾何平均，$(a-b)/\ln(a/b)$ を対数平均という．

表 4.2　ベンゼン-トルエン系の比揮発度の計算

温度 T/℃	蒸気圧 P/kPa		α
	ベンゼン	トルエン	
80.1	101.3	38.9	2.60
90.0	136.4	54.1	2.52
100.0	181.0	74.1	2.44
110.6	239.8	101.3	2.37

解　答

　まず，式(4.5)によって計算した比揮発度 α の値を，表4.2の最右端の列に示す．純成分の蒸気圧が 1 atm(= 101.3 kPa)となる温度が，その成分の 1 atm で

の沸点である．表 4.2 から，ベンゼンの沸点は 80.1 ℃ で，そのとき，$\alpha = 2.60$ である．また，トルエンの沸点は 110.6 ℃ で，そのとき，$\alpha = 2.37$ である．両沸点の間の温度範囲において α の値は変化しているが，その幅はさほど大きくはない．両成分の沸点（80.1℃ と 110.6℃）における α の値の幾何平均値 α_{av} は

$$\alpha_{av} = \sqrt{2.60 \times 2.37} = 2.48$$

この値を式(4.4)に代入し，$x = 0.3$ とおくと

$$y = \frac{2.48 \times 0.3}{1 + (2.48 - 1) \times 0.3} = 0.515$$

となる．実測値は表 4.1 から 0.507 なので，誤差は 1.58 % となる．

例題 4.2

　ベンゼン 40 mol%，トルエン 60 mol% の混合液を 1 atm = 101.3 kPa で沸騰させる．ラウールの法則が成立するとして，表4.2のデータを利用して混合液の沸点を計算せよ．また，その結果を表 4.1 の値と比較せよ．

解 答

　この問題では沸点は直接計算できない．もし温度が与えられていれば，表 4.2 からベンゼンとトルエンの蒸気圧がわかり，式(4.3)で $x = 0.4$ とおいて蒸気圧 P[kPa]が計算できる．その値が 101.3 kPa になるような温度 T[℃]を試行法で求めねばならない．たとえば，温度を 90℃ として，式(4.3)から混合液の蒸気圧 P を計算し，その値から 101.3 を引いた値 ΔP を計算すると

$$\Delta P = 136.4 \times 0.4 + 54.1 \times 0.6 - 101.3 = -14.3 \text{ kPa}$$

ΔP の値は 0 ではないから，90℃ は求める温度でない．

表 4.3　各温度における蒸気圧の差 ΔP の計算

T /℃	80.1	90.0	100.0	110.6
ΔP / kPa	- 37.4	- 14.3	15.6	55.4

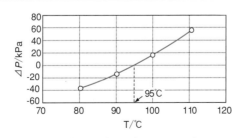

図 4.2　表 4.3 の値をプロットしたグラフ

one point

試行法

物事の正解がわからないとき，解があると思われる近辺でいくつかの試行を繰り返して正解を見つける方法．たとえば，代数方程式 $f(x) = 0$ の解の値を求めるとき，x に適当な値を代入して $f(x)$ の値を計算し，それが 0 になるまで計算を繰り返す．x 対 $f(x)$ の曲線を描き，横軸を横切る点から解を求めることもできる．

その他の温度についても，同様に ΔP の値を計算し，それを表4.3に示した．ΔP の値が0になる温度を求めるためには，図4.2のようにプロットを行い，$\Delta P = 0$ になる温度を内挿すればよい．図4.2より，その温度は95℃ となる．表4.1の測定値では95.2℃ となっている．

4.2 単蒸留は小規模な蒸留

4.2.1 単蒸留装置

単蒸留は，揮発性溶液を加熱・沸騰させて，発生する蒸気を冷却・凝縮し，原液と比べて低沸点成分が多く含まれる液を得る回分式の蒸留法である．図4.3に示すように，装置は溶液の加熱缶，凝縮器ならびに製品の受器からなっている．原料溶液を加熱缶に仕込んで加熱し，凝縮器に水を通して発生する蒸気を冷却・凝縮させ，受器に一定量の留出液が得られたときに操作を終了する．

二成分系の単蒸留では，時間が経過するのに伴って加熱缶中の原液の量ならびに低沸点成分のモル分率が低下し，凝縮液は受器に蓄積されていく．操作開始直後は低沸点成分に富む凝縮液が留出するが，徐々に低沸点成分の割合が低くなる．

このように，単蒸留は加熱缶および受器の溶液組成が時間とともに変化する非定常操作である．

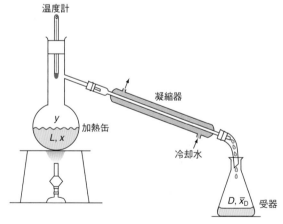

図 4.3　単蒸留装置

4.2.2 単蒸留における計算

加熱缶への原液の仕込み量を L_0[mol]，液組成（モル分率）を x_0，操作終了時の原液の残存量を L_1，モル分率を x_1 とする．一方，凝縮液の量は操作開始時

ではゼロであるが，終了時には $D[\mathrm{mol}]$ になり，低沸点成分の平均モル分率は $\bar{x}_\mathrm{D}$ になったとする．

仕込み量 L_0 から残存量 L_1 を引いた量が留出量 D であるから，全量と低沸点成分についてつぎの物質収支が成立する．

全物質収支　　$L_0 - L_1 = D$　　　　　　　　　　　　　　　　　　　　(4.6)

低沸点成分　　$L_0 x_0 - L_1 x_1 = D\bar{x}_\mathrm{D}$　　　　　　　　　　　　　(4.7)

両式から $\bar{x}_\mathrm{D}$ を求めると

$$\bar{x}_\mathrm{D} = \frac{L_0 x_0 - L_1 x_1}{L_0 - L_1} \qquad\qquad (4.8)$$

加熱缶での液量の変化と組成の変化が与えられていれば，この式から受器の平均液組成 $\bar{x}_\mathrm{D}$（すなわち平均モル分率）が計算できることがわかるだろう．

ある時点において，加熱缶中の液量が $L[\mathrm{mol}]$，液組成が x，それと平衡な関係にある蒸気相組成が y であるとする．この状態から微小時間内に微小量の液 $\Delta L[\mathrm{mol}]$ が蒸発して加熱缶の液量が $(L-\Delta L)$，液組成が $(x-\Delta x)$ になったとする．そのとき蒸気相に移動した低沸点成分量は $\Delta L\cdot y$ となる．したがって，この微小な変化に伴う低沸点成分の物質収支はつぎのように書ける．

$$Lx = (L - \Delta L)(x - \Delta x) + \Delta L\cdot y \qquad\qquad (4.9)$$

上式の右辺を展開し，二次の微小項 $\Delta L\cdot\Delta x$ を無視し，さらに ΔL と Δx を微分記号の $\mathrm{d}L$ と $\mathrm{d}x$ で置き換えると，つぎの微分方程式が導ける．

$$\frac{\mathrm{d}L}{L} = \frac{\mathrm{d}x}{y - x} \qquad\qquad (4.10)$$

右辺の分母の y は液組成 x と平衡関係にあるから，x の関数とみなせる．したがって，上式の両辺はそれぞれで積分が可能である．蒸留開始時 $(L_0,\ x_0)$ から蒸留終了時 $(L_1,\ x_1)$ までの範囲で積分を行うと，つぎの式が得られる．

$$\ln\frac{L_0}{L_1} = \int_{x_1}^{x_0}\frac{\mathrm{d}x}{y - x} \qquad\qquad (4.11)$$

平衡関係が表などで与えられている場合は，x に対して $1/(y-x)$ を計算し，その曲線と横軸に挟まれた図形の面積が，式(4.11)右辺の定積分の値となる．

また，理想溶液でラウールの式(4.4)が成立する場合は，式(4.11)の右辺の定積分の解析解が求まり，つぎの式が成立する．

$$\ln\frac{L_0}{L_1} = \frac{1}{\alpha - 1}\left(\ln\frac{x_0}{x_1} + \alpha\ln\frac{1 - x_1}{1 - x_0}\right) \qquad\qquad (4.12)$$

one point

微分型の物質収支式とその解法

微小時間 $\Delta t \to 0$ の極限を考えると，差分記号 Δ は微分記号 d に置き換えられ，$\Delta L \to \mathrm{d}L$，$\Delta x \to \mathrm{d}x$ となる．そのとき，$\Delta L\cdot\Delta x$ のような二次の微小項は ΔL や Δx に対してさらに小さくなるので無視できる．それを整理すると $\mathrm{d}L/\mathrm{d}x = L\cdot[1/(y-x)]$ が得られる．ラウールの法則が適用できる場合，y は x の関数になるから，$(y-x)$ は x のみの関数になる．この式の右辺の関数は，変数 L と x のみの関数の積のかたちになっており，これを変数分離型の微分方程式という．その場合，$\mathrm{d}L$ の辺には L の関数を，$\mathrm{d}x$ の辺には x の関数を移動して分離すると，式(4.10)のようなかたちに変形でき，両辺を別々に積分することで解が得られる．

通常の単蒸留操作では，操作開始時の加熱缶内の液量 L_0 とその液組成 x_0 の値は与えられている．したがって，式(4.11)あるいは式(4.12)によって，単蒸留が進行したある時点での加熱缶内の液量 L_1 と低沸点成分のモル分率 x_1 の関係を知ることができる．単蒸留の計算では，L_1 と x_1 のいずれか一つの値が与えられ，もう一方の値を求めることになる．蒸留を停止する条件としては，①加熱缶残液の液組成 x_1 の値を決めておく，②留出量 D の値を決めておく，の二通りが考えられる．

①の場合は，式(4.11)あるいは式(4.12)から残液量 L_1 を求め，ついで式(4.6)と式(4.8)から，それぞれ留出量 D と留出液の平均組成 x_D が計算できる．②の場合は，式(4.6)から加熱缶残液量 L_1 を求め，式(4.11)あるいは式(4.12)から蒸留終了時の液組成 x_1 を求める必要があり，トライアルを含む計算になる．

例題 4.3

ベンゼン 50 mol%，トルエン 50 mol% を含む混合液 100 mol を加熱缶に入れ，残液のベンゼン組成が 20 mol% になるまで単蒸留を行う．このとき得られる留出量 D および平均組成 $\bar{x}_D$ を，図積分して求める方法と解析解から求める方法の二通りで求めよ．なお，平衡関係は表 4.1，平均比揮発度 α は [例題 4.1] の結果（$\alpha = 2.48$）を利用せよ．

解 答

題意より $x_0 = 0.5$，$x_1 = 0.2$ である．表 4.1 の平衡関係のデータから，$x = 0.1$ から $x = 0.7$ までについて，$1/(y-x)$ を計算し，それをグラフ化したのが図 4.4 である．表 4.1 では x は 0.1 刻みでしか与えられていないので，図 4.4 から 0.05 刻みの値を内挿したものが表 4.4 である．

式(4.12)の右辺の値は，図 4.4 の曲線と $x = 0.2$ から 0.5 までの横軸ではさまれた面積に等しい．そこで，横軸を $\Delta x = 0.05$ 刻みに区切り，各区間での面積を台形として求め，それらの総和を計算する．その経過を表 4.4 にまとめてあり，その面積は 1.448 になる．すなわち

$$\ln \frac{L_0}{L_1} = \ln\left(\frac{100}{L_1}\right) = 1.448$$

$$\therefore \quad L_1 = \frac{100}{e^{1.448}} = 23.5 \text{ mol}$$

表 4.4

x	0.20	0.25	0.30	0.35	0.40	0.45	0.50	総和
$1/(y-x)$	5.81	5.10	4.83	4.60	4.57	4.60	4.69	
$[1/(y-x)]_{av} \times \Delta x$		0.273	0.248	0.236	0.229	0.229	0.232	1.448

この $L_1 = 23.5$ mol を式(4.6)と式(4.8)に代入すると，留出液量 D とその平均組成 $\bar{x}_D$ は

$$D = L_0 - L_1 = 100 - 23.5 = 76.5 \text{ mol}$$

$$\bar{x}_D = \frac{L_0 x_0 - L_1 x_1}{L_0 - L_1} = \frac{100 \times 0.5 - 23.5 \times 0.2}{76.5} = 0.592$$

となる．すなわち，76.5 mol の留出液が得られ，その平均組成は 0.592 となり，原液の組成の 0.5 から 18% ほど濃縮されたことになる．

つぎに，式(4.12)を用いて，解を求めてみよう．

$$\ln \frac{L_0}{L_1} = \frac{1}{2.48 - 1} \left(\ln \frac{0.5}{0.2} + 2.48 \ln \frac{1 - 0.2}{1 - 0.5} \right) = 1.407 \qquad ①$$

図積分で得られた $\ln(L_0 / L_1)$ の値は 1.448 であったから，少し差がでている．これ以後は，同様に計算するとつぎのような値が得られる．

$$L_1 = 24.5 \text{ mol}, \quad D = 75.5 \text{ mol}, \quad \bar{x}_D = 0.597$$

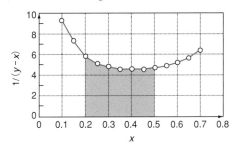

図 4.4　表 4.1 のデータから描いたグラフ

4.3　工業的に使われる連続蒸留

4.3.1　蒸留の原理

前節の[例題 4.3]の計算例からもわかるように，1 回の単蒸留では高度な分離はできない．分離性能を高める方法として，得られた留出液を別の加熱缶に入れて再び単蒸留を行うことが考えられる．このように単蒸留を繰り返す操作法を再蒸留と呼んでいる．

図 4.5(a)は再蒸留を 2 回繰り返す場合の装置を模式的に示したものである．加熱缶が三つ直列につながれ，すべての缶で加熱され，第 1 缶以外には凝縮器が備わっている．この操作法では，第 1 缶から第 3 缶へいくにつれて低沸点成分の組成は高くなるが，最終缶で回収される留出液の量はとても少なくなる．また，加熱した液を何度も冷却・凝縮させており，熱の無駄が大きい．

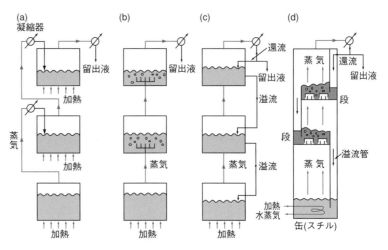

図4.5 蒸留の原理
(a)再蒸留　(b)(a)の改良型　(c)蒸留　(d)実際の蒸留装置

　図4.5(a)における熱の無駄を改良したのが，図4.5(b)である．第1缶で加熱して発生した蒸気を第2缶の液中に直接吹き込み凝縮させて，発生する凝縮潜熱で第2缶の加熱を行う．このようにすれば第2缶の加熱器と凝縮器が不要になり，熱の使用量が節約できる．最終の第3缶では，発生する蒸気を凝縮器に通して液体の製品として回収する．ただし，この操作法では，第2缶と第3缶には最初は液がなく，第1缶から発生する蒸気は素通りするだけである．

　その点を改良したのが図4.5(c)である．第3缶で凝縮させて得られた液をすべて取りだすのではなく，その一部を第3缶に還流するのがこの方法のポイントである．まず第3缶に液が溜まり，その液量が一定量を超えると下の第2缶，さらに第1缶へと順番に溢流するように装置を設計しておくと，蒸気の素通りが避けられ，操作を安定に続けることができる．

　さらに，図4.5(d)は，三つの缶を縦に積み重ねて一つの塔の形にしたものであり，機能は図4.5(c)と同じである．この図4.5(d)のような装置を段塔型の蒸留塔と呼んでいる．塔最下部では混合液の加熱・沸騰が行われるので，この部分は加熱缶と呼ばれ，図4.5(c)の第1缶に相当する．また，第2缶と第3缶はそれぞれ二つの段に対応する．塔頂の外側に凝縮器が設けられ，最上段から発生する蒸気はすべて冷却・凝縮され，その一部は製品として取りだされ，残りの液は最上段に還流される．

4.3.2　連続蒸留装置

　図4.5(d)の操作法は，塔内および留出液の濃度が時間とともに変化する非定常操作であり回分蒸留と呼ばれ，少規模の蒸留に利用されている．大規模に蒸留を行うには，操作を連続化する必要がある．

---

one point

溢　流

液が上段から下段に流れるとき，段に堰を設けておき，上段に溜まった液量のうち堰を越えた分だけが下段に流れるようになっている．この流れのことを溢流という．

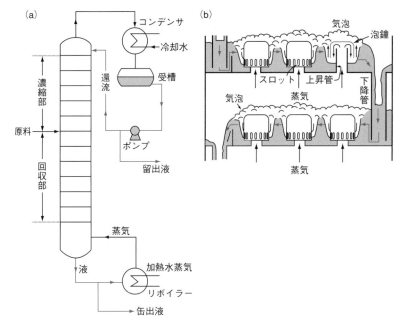

図 4.6 (a)段塔式連続蒸留塔 (b)泡鐘段

　回分蒸留では，低沸点成分を原液よりも多く含んだ液が塔頂から留出し，塔底の加熱缶液の低沸点組成は徐々に減少し原液よりも低くなっている．したがって，塔の中間位置で原液組成にほぼ等しい段があるはずである．その段に原液を定常的に供給し，加熱缶からも液を連続的に抜きだすようにすれば，塔内の組成分布を定常状態に保つことが可能である．この操作方式が連続蒸留である．

　図 4.6(a)は，そのような連続蒸留塔の基本的な構造と，供給液および排出液の流れを示している．原料液はあらかじめ加熱されて塔の中間部に連続的に供給される．その段を原料段という．加熱缶は塔底部とは別の種類の装置と考えられリボイラーとも呼ばれる．リボイラーでも蒸留は行われているが，蒸留塔の段数からは除かれる．リボイラーでは高沸点成分に富む液を加熱して蒸気を発生させる．原料段より上の段では，上に行くにつれて低沸点成分の濃度が原液よりも高くなっていくので，この部分を濃縮部と呼んでいる．一方，原料段より下の段では下降液中の低沸点成分が蒸気側に回収されているので，回収部と呼ぶ．

　段塔型の蒸留塔では塔内に多数の段板が取り付けられ，液は段上を水平方向に流れ，下降管を通って下の段に流下していく．その間，下の段から上昇してきた蒸気が段上の液中に噴出して，気液間の接触が行われ物質移動が起こる．段の構造には種々あるが，図 4.6(b)に示すような泡鐘段が広く用いられている．これは，段板に泡鐘（キャップ）を多数配列したもので，下の段からの蒸気は泡

鐘内の上昇管を経て泡鐘外筒の細長い孔(スロット)から段上の液中に泡となって吹き込まれる.

別の段構造には,各段全面に径が数 mm の孔を多数開けて,蒸気はその穴から液中に吹き込まれる構造の多孔板塔というものもある.

4.3.3 物質収支式と操作線

蒸留塔の設計に必要な計算式を導くために,連続蒸留塔の全体,およびいくつかの部分で物質収支をとる.そのとき,つぎのように仮定する.

①蒸留塔の各段上では液体は均一に混合され,液体と蒸気は十分に接触して気液平衡状態にある.
②各成分のモル蒸発潜熱はほぼ等しく,各段から発生する蒸気量と下降する液量は,濃縮部と回収部においてそれぞれ一定値をとる.

それでは,(1)塔全体,(2)濃縮部,(3)回収部,(4)原料段の順に,各部分での物質収支式を導いていこう.

(1) 塔全体の物質収支式

蒸留塔全体の物質の流れを図 4.7(a)に示す.原料の供給流量を $F[\mathrm{mol \cdot h^{-1}}]$,留出液と缶出液の排出流量を D と W とし,またそれぞれの低沸点成分のモル分率を x_F, x_D, x_W とすると,蒸留塔全体の物質収支はつぎのように書ける.

全物質収支 $F = D + W$ (4.13a)

低沸点成分物質収支 $Fx_\mathrm{F} = Dx_\mathrm{D} + Wx_\mathrm{W}$ (4.13b)

この両式を解くと

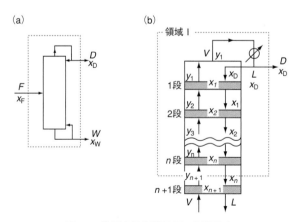

図 4.7 装置全体と濃縮部の物質収支
(a) 装置全体の物質収支　(b) 濃縮部の物質収支

$$D = \frac{x_\mathrm{F} - x_\mathrm{W}}{x_\mathrm{D} - x_\mathrm{W}} F \qquad W = \frac{x_\mathrm{D} - x_\mathrm{F}}{x_\mathrm{D} - x_\mathrm{W}} F \tag{4.14}$$

したがって，原料の供給流量 F と組成 x_F，留出液と缶出液の組成 x_D と x_W が与えられていれば，式 (4.14) から留出液の流量 D と缶出液の流量 W が計算できることがわかる．

また，低沸点成分の回収率 Y は，原料中の低沸点成分の量 $F x_\mathrm{F}$ に対する，留出液中の低沸点成分の量 $D x_\mathrm{D}$ の比である．すなわち

$$Y = \frac{D x_\mathrm{D}}{F x_\mathrm{F}} \tag{4.15}$$

となる．

(2) 濃縮部の物質収支式と操作線

濃縮部における各段からの蒸気量を $V\,[\mathrm{mol \cdot h^{-1}}]$，液量を $L\,[\mathrm{mol \cdot h^{-1}}]$ とする．これらの値は濃縮部で一定値に保たれる．図 4.7(b) に示されるように，濃縮部の段に，塔頂から順に 1, 2, …, n, $n+1$, … と番号を付け，塔頂と n 段と $n+1$ 段の間から塔頂にかけての点線で囲まれた部分（図 4.7 の領域 I）における物質の出入りを考える．入量は $n+1$ からの上昇蒸気 V，出量は留出液 D と n 段からの下降液量 L であるから，濃縮部での物質収支式はつぎの式で表せる．

全物質収支 $\qquad V = L + D$ (4.16)

低沸点成分収支 $\qquad V y_{n+1} = L x_n + D x_\mathrm{D}$ (4.17)

塔頂の凝縮器からの液量のうち，塔頂に還流される液量 L と製品として取りだされる量 D との比を還流比と呼び，これを r で表すと

$$r = \frac{L}{D} \tag{4.18}$$

これらの式から，式 (4.19) が導ける．

$$y_{n+1} = \frac{L}{L+D} x_n + \frac{D}{L+D} x_\mathrm{D} = \frac{r}{r+1} x_n + \frac{1}{r+1} x_\mathrm{D} \tag{4.19}$$

式 (4.19) は，$n+1$ からの上昇蒸気組成 y_{n+1} と n 段からの下降液組成 x_n との関係式である．すなわち，n 段と $n+1$ 段の間で接触する上昇気体の組成と下降液体の組成の間の関係を表しており，これを濃縮部の操作線と呼ぶ．これを x–y 線図上で表すと直線になり，そのとき縦軸の切片が $x_\mathrm{D}/(r+1)$，傾きが $r/(r+1)$ となる．

さらに，式 (4.19) で $x_n = x_\mathrm{D}$ とおくと $y_{n+1} = x_\mathrm{D}$ となるから，操作線は留出液組成で，x–y 線図の対角線で交わることになる．整理すると，図 4.9 のように濃縮部の操作線は，x_D で対角線上の点 D と縦軸上の点 $x_\mathrm{D}/(r+1)$ の点を結ぶ直線

になる.

(3) 回収部の物質収支式と操作線

　回収部と濃縮部との境界には原料段があり,そこに原料が供給されるので〔図4.6(a)〕, 回収部における各段からの蒸気量と液量は濃縮部とは異なる. そこで, 濃縮部とは区別して回収部での蒸気量を $V'[\mathrm{mol \cdot h^{-1}}]$, 液量を $L'[\mathrm{mol \cdot h^{-1}}]$ で表す. これらの値は回収部で一定値に保たれる.

　図4.8(a)に示されるように, 回収部では原料供給段を第1段として, 下向きに1, 2, …, m, $m+1$, …と番号を付ける. すると, 塔底と m 段と $m+1$ 段の点線で囲まれた部分(領域II)での物質収支式は, つぎのように書ける.

全物質収支　　　　$V' = L' - W$　　　　　　　　　　　　　　　(4.20)

低沸点成分収支　　$V'y_{m+1} = L'x_m - Wx_\mathrm{w}$　　　　　　　　　(4.21)

$$\therefore \quad y_{m+1} = \frac{L'}{V'}x_m - \frac{W}{V'}x_\mathrm{w} \tag{4.22}$$

式(4.22)で $x_m = x_\mathrm{w}$ とおくと $y_{m+1} = x_\mathrm{w}$ となることから, 回収部の操作線は缶出液組成が x_w となる点で対角線と交わることがわかる. また, 縦軸($x_m = 0$)との交点は, $-Wx_\mathrm{w}/V'$ で与えられることもわかる.

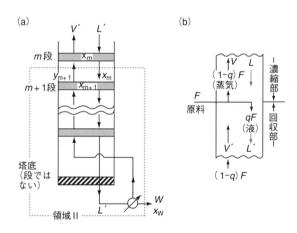

図4.8　回収部と原料段での物質収支
(a) 回収部の物質収支　(b) 原料供給段での液と蒸気の流れ

(4) 原料供給段での物質収支

　原料が濃縮部と回収部の境に供給されるから, V と V', L と L' はそれぞれ異なった値になる. 図4.8(b)に示すように, 原料供給量 $F[\mathrm{mol \cdot h^{-1}}]$ のうち, qF $[\mathrm{mol \cdot h^{-1}}]$ が沸騰状態の液であり, 残りの $(1-q)F$ が蒸気であるとすると, 原料供給段でつぎの関係が成立する.

$$V = V' + (1 - q)\, F \tag{4.23}$$

$$L' = L + qF \tag{4.24}$$

原料供給段では，濃縮部と回収部の操作線が交わるから，式(4.17)と式(4.21)を連立して解くと交点Bの軌跡(y, x)を表す式が得られる．式(4.17)から式(4.21)を差し引くと

$$y(V - V') = (L - L')x + (Dx_D + Wx_W) = (L - L')x + Fx_F$$

が得られる*．さらに，式(4.23)と式(4.24)を用いると，この式はつぎのように変形できる．

$$y = -\frac{q}{1-q}x + \frac{x_F}{1-q} \tag{4.25}$$

* ここで最右辺の式を得るのに，式(4.13b)の関係が使用されている．

この式をq-線あるいは原料線という．式(4.25)で$x = x_F$とおくと$y = x_F$となるから，q-線は点(x_F, x_F)を通ることがわかる．すなわち，x-y線図における対角線とは原料組成がx_Fの点で交わり，傾きが$-q/(1-q)$の直線となっている．

　また，式(4.25)で$x = 0$とおいてy軸切片の値を求めると，その値は$x_F/(1-q)$であるから，y軸上のその点$(0, x_F/(1-q))$と点Fを結ぶ直線がq-線になる．

　$q = 1$は原料がすべて沸騰液の状態で供給されることを意味するが，その場合は式(4.25)の傾きは無限大になり，原料組成から引いた垂線上で濃縮部と回収部の二つの操作線が交わることになる．また，逆に$q = 0$は原料が蒸気相のみの場合を意味し，このときのq-線は水平線になる．$0 < q < 1$の場合のq-線は水平線と垂直線との中間に位置する．

　ここまで，蒸留塔全体，ならびに蒸留塔を濃縮部と回収部に分けて，それぞれの物質収支から2種類の操作線を導き，さらに原料供給段での物質収支からq-線を導いてきた．これらの関係式はいずれも直線の方程式となっている．一方，蒸留塔の各段上での液体と気体は平衡状態にあるとしているから，気液間の組成はx-y曲線によって表される．このようにして，蒸留塔全体と塔内の気相組成と液相組成を関係付けるいくつかの式が得られたことになる．これらの関係式をx-y線図上に表し，気液平衡曲線と操作線を巧みに組み合わせることによって，以下に示すように，蒸留塔の理論段数を図から求めることができる．

4.3.4　操作線の引きかたと理論段数の求めかた

　それでは，実際のグラフ上に操作線やq-線を引いてみよう．

　x-y線図上に$q \neq 1$の場合の操作線を引くには，図4.9のように以下のような順序で作図していけばよい．

(1)留出液組成x_Dに対する対角線上の点Dと縦軸上の点$x_D/(r+1)$を結ぶ直線

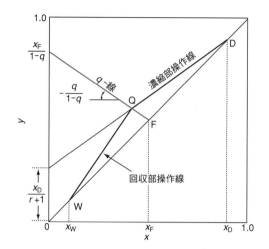

図4.9 操作線と q-線の引き方（$q \neq 1$ の場合）

を引く．それが濃縮部の操作線になる．

(2)対角線上の原料組成 x_F の点 F から，傾きが $-q/(1-q)$ の直線（これが q-線になる）を引く．それと濃縮部の操作線との交点を Q とする．あるいは y 軸上に $x_F/(1-q)$ の点をとり，それと点 F を結んでもよい．

(3)缶出液組成 x_W の対角線上の点 W と点 Q を結ぶ直線が回収部の操作線になる．

$q = 1$ の場合は，q-線は点 F から立ち上がった垂線になる．

つぎに，分離に必要な段数と，原料供給位置を求めるための作図法を学んでいこう．まず，図4.9に示したように操作線と q-線を引き，x 軸上に原料（x_F），留出液（x_D），缶出液（x_W）の組成を記入して，図4.10に示すように，以下の順序で作図を進める．

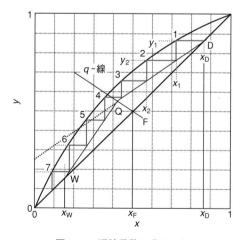

図4.10 理論段数の求めかた

(1) 濃縮部の第1段からの蒸気組成 y_1 は，還流液組成 x_D に等しく，かつ $x-y$ 曲線上にあるから，点 y_1 と x_1 が定まる．垂直線分 $\overline{y_1 x_1}$ が第1段を表している．

(2) y_1 から下ろした垂線と操作線が交わる点から水平線を引き，それが $x-y$ 曲線と交わる点が第2段からの蒸気組成 y_2 となり，そこからの垂直線が第2段の液組成 x_2 の位置を示す．垂線 $\overline{y_2 x_2}$ が第2段に対応している．

このように，平衡曲線と操作線との間で水平線と垂直線を交互に引くことによって，濃縮部の各段での気液組成が図上で明らかになり，同時に必要な段数も求まる．原料段を過ぎた後は，回収部の操作線を使用すればよい．

図4.10の場合，原料は3段と4段の間に供給すればよい．また，6段目では x_W に達しないが，7段では x_W を超える．したがって，平衡曲線上の6段と7段の位置からの2本の垂線を引き，それらの水平間隔における缶出液組成 x_W の位置を内分して段数の端数をだせばよい．この場合は端数が0.2になるから，総段数は6.2段になる．

このように，段数は一般には整数にならないが，理論段であるから端数を生じてもよい．なお，加熱缶が1段の働きをするから，塔だけの段数は作図からの段数から1段だけ少なくなる．たとえば，図4.10の場合の総段数は 6.2 - 1 = 5.2 段となる．

例題 4.4

ベンゼン 40 mol%，トルエン 60 mol% の混合液 100 kmol·h^{-1} を沸点の液として連続蒸留塔に供給する．留出液および缶出液のベンゼンのモル分率をそれぞれ 0.90 および 0.10 としたい．また，還流比 r は 2.0 とする．階段作図法によって以下の値を求めよ．

(1) 塔頂からの留出液量 D と缶出液量 W　　(2) 理論段数

(3) 原料供給段の位置　　(4) 塔効率を70%としたときの実際段数（4.3.6 参照）

解答

(1) 式(4.14)と式(4.13a)から，留出液量 D と缶出液量 W は

$$D = \frac{x_F - x_W}{x_D - x_W} F = \frac{0.4 - 0.1}{0.9 - 0.1} \times 100 = 37.5 \text{ kmol·h}^{-1} \qquad ①$$

$$W = 100 - 37.5 = 62.5 \text{ kmol·h}^{-1}$$

(2)(3) 濃縮部の操作線は，式(4.19)で還流比 $r = 2$ とおくと

$$y_{n+1} = \frac{r}{r+1} x_n + \frac{1}{r+1} x_D = \frac{2}{3} x_n + \frac{1}{3} \times 0.9 = 0.667 x_n + 0.30 \qquad ②$$

濃縮部の操作線は，留出液組成の対角線上の点 D $(x_D = 0.9)$ と操作線の切片 $(y = 0.30)$ を結ぶ直線になる．また，原料組成 $x_F = 0.4$ に対する操作線上の点 Q (y_Q) は式②から

$$y_Q = 0.667 \times 0.4 + 0.30 = 0.567 \qquad\qquad ③$$

原料は沸点の液として供給されるので，$q = 1$ となり，q-線は x_F を通る垂直線になる．このときの操作線の交点 Q と缶出液組成 $x_w = 0.1$ と対角線の交点 W とを結ぶと，直線 $\overline{QW}$ が回収部の操作線となる．

つぎに，点 D から出発して階段作図を行うと，段数は8段と9段の間にくるが，線図上の両段間の水平距離を x_w が 0.1 にくるように内分すると8.8段となる（図4.11）．リボイラーは1段とみなされるから，それを差し引くと，理論段数は7.8段になる．原料供給段は両操作線の交点 Q を超えたところであって，塔頂から5段目になる．

(4)塔効率を70％にすると実際の段数は 7.8 / 0.7 = 11.1 となるが，端数を切り上げて12段となる．

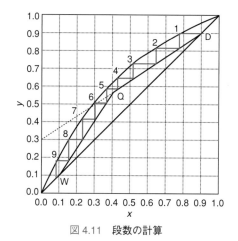

図 4.11 　段数の計算

4.3.5 　還流比と理論段数の関係

還流比 r を小さくしていくと，式(4.19)から明らかなように，濃縮部操作線の傾きが小さくなって，平衡曲線と操作線の間隔が狭くなり理論段数が増加する．そして，点 Q が x-y 曲線の上の点 C にくると，無限の段数が必要になる．そのときの還流比を最小還流比 r_{min} という．実際の操作では，還流比を最小還流比よりは大きく設定する必要がある．

実際に，最小還流比の値を求めてみよう．図4.12から

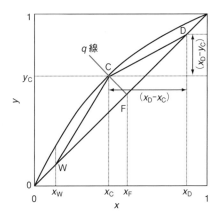

図 4.12　最小還流比の求めかた

$$最小還流比での操作線の傾き = \frac{r_{min}}{r_{min} + 1} = \frac{x_D - y_C}{x_D - x_C} \tag{4.26}$$

の関係が成立する．この式を解くと

コラム

半導体は蒸留によってつくられている

　半導体基板の製造に用いられる単結晶シリコン（Si）の純度は 99.99999999 ％という高純度（9 が 10 個並ぶからテンナインという）である．これはシリコン以外の不純物が 100 億分の 1 しか含まれていないことを意味する．そのような高純度のシリコン結晶は SiO_2 を約 99.5 ％以上含むケイ石から製造されるが，その製造工程で蒸留が重要な役割を果たしている．固体である単結晶シリコンをつくるのに，液体の精製法である蒸留がどのようにかかわっているのだろうか．

　ケイ石を特殊な炉で溶かし，それを冷却・固化して粗金属シリコンにし，それを砕いて塩化水素ガスと反応させると，沸点が 31.8 ℃ の液体の三塩化シラン（$SiHCl_3$）

半導体は蒸留でつくられている

が得られる．そのとき各種の塩化物が副成するが，それらの沸点は目的成分の三塩化シランとは異なる．沸点に差があれば蒸留による精製が可能であり，数百段の蒸留塔を用いて三塩化シランの純度をナインナインまで上げることに成功した．その後，三塩化シランを熱分解するか，水素ガスと反応させて固体の多結晶シリコンにし，それをルツボ内で溶融してゆっくりと引き上げると，目的の単結晶のシリコンのインゴットが得られる．それを薄くスライスするとシリコン基板ができるのである．

　上記の精製工程で，固体をわざわざいったん液体にし，再び固体に戻すという回りくどい方法が採用されていることを奇妙に思うかもしれない．しかし，固体のままで不純物を取り除くことは一般に難しいので，化学反応で分離しやすい液体に変えてから分離するという方針は必ずしもおかしくない．またこのとき，液体混合物の成分間にわずかでも沸点の差があれば，蒸留法による分離精製が可能かどうかを検討することになる．シリコンの分離は，そのような一連の作戦が検討され，見事に成功した例である．このように，物質分離には柔軟な発想とそれを実現する確実な技術力が必要なのである．

$$r_{\min} = \frac{x_D - y_C}{y_C - x_C} \tag{4.27}$$

一方，還流比 r を大きくしていくと，操作線の傾きは大きくなり，理論段数が減少していく．そして，r が無限大 $(r = \infty)$ になると，操作線は対角線 $y = x$ と一致する．そのときの理論段数を最小理論段数 $N_{\min}$ と呼ぶ．その場合には，留出液量はゼロになる．最小理論段数は，対角線を操作線とみなして階段作図することによって求められる．

還流比の値は，通常は最小還流比の 1.5 から 2 倍程度に設定するのがよいとされている．

例題 4.5

例題 4.4 における最小還流比 $r_{\min}$ の値を求めよ．

解 答

原料組成 $x_C = 0.4$ に対する x-y 曲線の値は，表 4.1 から $y_C = 0.619$ となる．したがって，式 (4.27) から最小還流比 $r_{\min}$ は

$$r_{\min} = \frac{x_D - y_C}{y_C - x_C} = \frac{0.90 - 0.619}{0.619 - 0.4} = 1.28$$

となる．[例題 4.4] の還流比は 2.0 であったから，最小還流比の $2 / 1.28 = 1.56$ 倍の還流比が採用されたことになる．

4.3.6 蒸留塔の設計

階段作図によって求まる段数は，蒸留塔の各段で蒸気相と液相間が平衡状態にあると仮定して得られた値である．しかし，実際の蒸留塔では，気液の接触状態は完全な平衡状態には達していない危険性がある．したがって安全のためには，理論段数よりは段数に余裕をもたせる必要がある．

そこで，次式で定義される総括の塔効率 E を導入する．E の値としては，経験上 0.5 〜 0.8 程度の値が採用されることが多い．

$$E = (理論段数) / (実際の段数) \tag{4.28a}$$

$$\therefore \quad 実際の段数 = (理論段数) / E = (理論段数) / (0.5 \sim 0.8) \tag{4.28b}$$

つぎに，段の間隔と塔径を決める必要がある．段間隔は 15 〜 80 cm 程度に設定されることが多い．塔径は塔の断面積に対する蒸気の流速，すなわち蒸気の空塔速度が与えられると計算できる．蒸気の空塔速度は通常 0.2 〜 1.5 m·s^{-1}

one point
段間隔と蒸気の上昇速度
段塔の段間隔は上昇する蒸気速度によって決定される．段間隔が小さいと，ある段上の液が上昇蒸気によって飛沫として上の段へ運ばれ，塔効率が低下する．段間隔が決まると蒸留塔の高さを決定できる．通常，蒸気の空塔速度は 20 〜 150 cm·s^{-1} 程度にとられる．

に設定される.

章 末 問 題

① 全圧 1 atm における,メタノールと水の気液平衡関係がつぎの表のように与えられている.つぎの問いに答えよ.

温度 T/℃	100.0	93.5	87.7	81.7	78.0	75.3	73.1	71.2	69.3	67.5	66.0	64.5
x	0.0	0.04	0.10	0.20	0.30	0.40	0.50	0.60	0.70	0.80	0.90	1.00
y	0.0	0.230	0.418	0.579	0.665	0.729	0.779	0.825	0.870	0.915	0.958	1.00

(1) グラフに沸点-組成線図および x-y 線図を描け.
(2) 液モル分率が 0.25 のメタノール水溶液を 1 atm のもとで加熱するときの沸点,蒸気のモル分率をグラフから求めよ.
(3) 沸点が温度 90℃ における液相および蒸気相におけるメタノールのモル分率を求めよ.

② 1 atm,100℃ で気液平衡にあるベンゼン-トルエン混合物がある.気相中のベンゼンのモル分率はいくらか.100℃ におけるベンゼン,トルエンの蒸気圧は 1344 mmHg と 559 mmHg であり,系は理想溶液である.

③ ベンゼン 20 mol%-トルエン 80 mol% の溶液の 101.3 kPa(1 atm)における沸点と蒸気組成を求めよ.ただし,系は理想溶液とみなし,純ベンゼンと純トルエンの蒸気圧は次式で計算できる.ここで,P^0 は蒸気圧[kPa],T は温度[℃],log は常用対数を表す.

ベンゼン(A): $\log (P_A^0 / kPa) = 6.03055 - 1211.03 / (220.790 + T)$
トルエン(B): $\log (P_B^0 / kPa) = 6.07954 - 1344.800 / (219.482 + T)$

④ メタノールと水の 1 atm での沸点と,その温度での蒸気圧[atm]がつぎの表で与えられている.このとき,両成分の沸点における比揮発度 α の値と,幾何平均値を計算せよ.さらに,その値を用いて x-y 関係をラウールの式(4.4)を用いて計算して,①の実測値と比較せよ.

メタノールと水の沸点[℃]と蒸気圧[atm]

温度	メタノールの蒸気圧 / atm	水の蒸気圧 / atm
64.5	1	0.242
100.0	3.72	1

⑤ ベンゼン 40 mol％，トルエン 60 mol％の混合液 100 mol を大気圧下で単蒸留する．缶液中のベンゼンの組成が 25 mol％になったときに蒸留を終了するとき，留出物の平均組成はどのようになるか答えよ．ただし，系は理想溶液であり，平均比揮発度 α は 2.48 であるとする．

⑥ ベンゼン-トルエンの等モル混合溶液について，単蒸留によってその 3 分の 1 を留出させたときの残留液および留出液の組成を求めよ．ベンゼンのトルエンに対する比揮発度は 2.48 とする．

⑦ 20 mol％のメタノール水溶液を連続蒸留して，メタノール 60 mol％の留出液とメタノール 5 mol％の缶出液を得たい．原料供給量を 200 kmol・h^{-1} として，留出液量と缶出液量を求めよ．

⑧ ベンゼン 30 mol％のベンゼン-トルエン混合物 200 kmol・h^{-1} を精留して，ベンゼン 80 mol％の留出液 65 kmol・h^{-1} を取りだすとき，缶出液の量 [kmol・h^{-1}] とそのなかのベンゼンのモル％を求めよ．このときのベンゼンの回収率も求めよ．

⑨ メタノール 40 mol％を含むメタノール-水混合液 90 kmol・h^{-1} を沸点の液として連続精留塔に供給する．留出液および缶出液のメタノールのモル分率をそれぞれ 0.95 および 0.05 としたい．また，還流比 r は 1.5 とする．このとき，階段作図法によって理論段数を求めよ．ただし，メタノール-水系の x-y の関係は ① の表に示されている．

⑩ ベンゼン 50 mol％，トルエン 50 mol％を沸点の液として 100 kmol・h^{-1} で連続精留塔に供給する．留出液および缶出液のベンゼンのモル分率をそれぞれ 0.90 および 0.10 としたい．また，還流比 r は最小還流比の 1.5 倍とする．このとき，階段作図法によって以下の値を求めよ．ただし，ベンゼン-トルエン系の気液平衡関係は表 4.1 と図 4.1(b) に示されている．
(1)塔頂からの留出液量 D と缶出液量 W (2)最小還流比   (3)理論段数
(4)原料供給段の位置   (5)塔効率を 70％としたときの実際段数

第5章

ガス吸収

ガス吸収とは，混合気体と液を接触させて，溶解度の高い成分を液側に移動させる分離操作である．混合ガス中の有害成分の除去，有用成分の回収などに広く利用されている．また，化学工業ばかりでなく環境保全の分野にも適用範囲が拡大している．

ガス吸収には，アセトンやアンモニアを含むガスを物理的に水に吸収させる物理吸収と，炭酸ガスや硫化水素をアミン水溶液に吸収させる化学吸収がある．たとえば，第1章で述べた排煙脱硫プロセスは化学吸収を利用した方法である．

吸収とは逆に，吸収液から溶解ガスを気相中に放出させる操作を放散と呼ぶ．吸収液を再生して再利用するためには放散操作が必要になる．ガス吸収と放散は物質移動の方向が正反対なだけであり，まったく同様に取り扱うことができる．

ガス吸収の基礎はガスの溶解度である．溶解度とは気体と液体が接触し長時間経過したとき，ガス中の成分が液体中にどれだけ溶けるかを表す数値である．これを気液間の溶解平衡関係という．しかし，実際のガス吸収装置では有限の時間内で気体と液体が接触するので，単位時間内にどれだけのガスが液に溶解し吸収されるかが問題になる．すなわち，物質移動速度の理解が重要になる．この吸収速度がわかれば，装置内の物質収支とあわせることによって，ガス吸収装置が設計できる．

5.1 ガスの溶解度と吸収速度を計算する

5.1.1 気体の溶解度

純粋な気体成分，あるいは溶質ガスと不溶解性の同伴ガスからなる混合気体と液体を接触させると，溶質ガスは液中に溶解し，十分時間が経過すると平衡

one point
同伴ガス
ガス吸収において，液相にほとんど吸収されない成分のガスのこと．たとえば，空気中に含まれるアンモニアを水あるいは酸性溶液で吸収するとき，アンモニアに比べると，空気中の窒素や酸素はほとんど吸収されないから，この場合，空気が同伴ガスとなる．

状態に達する．これが気液溶解平衡である．このとき，気相中の溶質ガスが希薄であれば，その分圧 p と溶解濃度 C の間には，つぎの比例関係式が成立することが知られている．

$$p = HC \tag{5.1}$$

この関係をヘンリー（Henry）の法則という．

なお，ヘンリーの法則は以下のような式によって表すこともできる．

$$y = mx \tag{5.2}$$
$$p = Kx \tag{5.3}$$
$$C = H'p \tag{5.4}$$

one point
記号[-]の意味

単位をもたない数値であることを明示するために，この表示を用いる．たとえば，溶解度を表す $y = mx$ において，y と x がともにモル分率であり，m の値は単位をもたない場合に $m[-]$ と書く．

ここで，y は気相中での溶解ガスのモル分率 [-]，x は液相中での溶解ガスのモル分率である．

また，それぞれの比例定数の単位は，$H[\mathrm{Pa \cdot m^3 \cdot mol^{-1}}]$，$m[-]$，$K[\mathrm{Pa \cdot (mol 分率)^{-1}}]$，$H'[\mathrm{mol \cdot m^{-3} \cdot Pa^{-1}}]$ であり，いずれもヘンリー定数と呼ばれている．したがって，どの式によって定義されたヘンリー定数の値であるのかには注意する必要がある．H' と H は互いに逆数の関係にあるので，とくに注意しよう．なお本書では，おもに式(5.1)と式(5.2)を用いる．

また，変数の p，C，y，x の単位のとりかたによって，ヘンリー定数の数値は大きく違ってくる．さらに，H，m，K の値と溶解度は反比例するが，H' と溶解度は正比例する．

ヘンリー定数は，気体・液体の種類と温度が定まると一定値をとる．また，温度が低いほど気体の溶解度は大きくなる．

各種のヘンリー定数の間には，つぎの関係が成立する．

$$K = mP = HC_t = (1/H')C_t \tag{5.5}$$

ここで，C_t は液の全濃度（モル密度）$[\mathrm{mol \cdot m^{-3}}]$，$P$ は全圧$[\mathrm{Pa}]$である．

例題 5.1

式 (5.5) を証明せよ．

解答

式(5.3)を K について解き，$p = Py$ と式(5.2)より

$$K = \frac{p}{x} = P\frac{y}{x} = mP \tag{①}$$

同様に，$x = C/C_t$ と式(5.1)より

$$K = \frac{p}{x} = \frac{p}{C / C_t} = \frac{p}{C} C_t = HC_t \qquad \text{②}$$

式(5.1)と式(5.4)から $H' = 1/H$ が成立するから

$$K = (1 / H') C_t \qquad \text{③}$$

式①～式③をまとめると，式(5.5)が得られる.

例題 5.2

　二酸化炭素は，20℃，分圧 490 mmHg のとき，水 1000 cm³ に 1.1 g 溶ける.このときのヘンリー定数 H，m，K，H' の値を求めよ.

解 答

　水 1000 cm³ を基準に考える．その質量は 1000 g = 1 kg である．そのなかに含まれる全物質は，水と溶解した CO_2 である．水の分子量は 18×10^{-3} kg·mol⁻¹，CO_2 は 44×10^{-3} kg·mol⁻¹ であるから，それぞれの物質量は

$$\text{水の物質量} = \frac{1}{18 \times 10^{-3}} = 55.56 \text{ mol}$$

$$CO_2 \text{ の物質量} = \frac{1.1 \times 10^{-3}}{44 \times 10^{-3}} = 0.025 \text{ mol}$$

また，水 1000 cm³ $= 1000 (10^{-2} \text{ m})^3 = 10^{-3} \text{ m}^3$ であるから，溶液の全濃度 C_t は

$$C_t = (55.56 + 0.025) / 10^{-3} = 55.6 \times 10^3 \text{ mol·m}^{-3}$$

よって，溶液中の CO_2 のモル分率 x と分圧 p は

$$x = \frac{0.025}{55.6 + 0.025} = 4.50 \times 10^{-4}$$

$$p = \frac{490}{760} \times (1.013 \times 10^5) = 6.53 \times 10^4 \text{ Pa}$$

したがって，式(5.3)より

$$K = p / x = 6.53 \times 10^4 / 4.50 \times 10^{-4} = 1.45 \times 10^8 \text{ Pa·(モル分率)}^{-1}$$

式(5.5)から他のヘンリー定数の値が求まる.

$$m = K / P = 1.45 \times 10^8 / (1.013 \times 10^5) = 1.43 \times 10^3 [-]$$

$$H = K / C_t = 1.45 \times 10^8 / (55.6 \times 10^3) = 2.61 \times 10^3 \text{ Pa·m}^3 \cdot \text{mol}^{-1}$$

$$H' = 1 / H = 1 / (2.61 \times 10^3) = 3.83 \times 10^{-4} \text{ mol·Pa}^{-1} \cdot \text{m}^{-3}$$

5.1.2 二重境膜説による気液界面の濃度分布

　ガス吸収がどのように進行するかを考えてみよう．まず，溶解性ガスを含む気相と吸収液の液相が接触し，溶解ガスが気相本体から気液界面へと移動して液相に溶解する．溶解したガスは気液界面から液本体に移動していく．

　これらの物質移動の機構は複雑であるが，模式化すると図5.1のように表現できる．図の左側は気相，右側は液相であり，両者の境が気液界面である．たとえば，液中にガスが吹き込まれ気泡となる場合，気泡内が気相であり，周囲の液が液相になる．

one point

気液界面

ガス吸収操作における気相と液相の境を気液界面という．ガスを液中に吹き込む場合には気泡の外表面が，充填塔の場合は充填物表面上を濡らしている液流れの表面が，それぞれ気液界面になる．

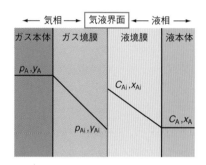

図5.1　二重境膜モデル

one point

律速段階

いくつかの段階を経て起こる現象において，全体の速度にもっとも大きく影響する段階を律速段階という．現象が逐次的に起こる場合は，もっとも遅い段階が律速段階となる．一方，並列的現象ではもっとも速い段階が律速段階となる．ガス吸収は，気相本体→ガス境膜→液境膜→液本体と逐次的に物質移動が進行する逐次的現象である．気相本体と液相本体での物質移動速度は，それぞれの境膜における移動速度と比べると非常に大きいから，律速段階は境膜のどちらかにある．

　ここで，図5.1を見ながら二重境膜というモデルについて解説しよう．気相ならびに液相の本体はよく混合され濃度も均一であるが，気液界面近傍では混合の効果が十分でなく，静止した薄い膜状の静止領域が界面を挟んで両側に形成されると考える．この領域をガス境膜と液境膜と呼び，そこでは分子拡散によって物質移動が起こる．気相と液相の本体では溶質ガスの移動抵抗は無視できるが，界面に形成されるガス境膜と液境膜では物質移動に対する大きな抵抗が存在し，これがガス吸収速度の律速段階になる．さらに，気液界面ではガスの溶解は速やかに起こり，界面ではつねに気液平衡が成立していると仮定する．このように気液界面近傍にガス境膜と液境膜を考え，そこでは分子拡散によって物質移動が進行し，かつ気液界面ではガスの溶解平衡が成立すると考えるモデルを二重境膜説と呼ぶ．このモデルを使えば，ガス吸収速度が定式化できる．

5.1.3 物質移動係数と吸収速度

　図5.2は，縦軸に分圧p_A，横軸に液濃度C_Aをとって，気・液本体を点$P(C_A, p_A)$で，気液界面を点$S(C_{Ai}, p_{Ai})$で表したものである．式(5.1)のヘンリーの法則の式が適用できるとすると，平衡関係は直線OSで表せる．

one point

気液単位界面積

ガス吸収では，気相と液相が接した気液界面を通してガス吸収が進行する．そのときのガス吸収速度を気液単位界面積あたりの値[mol・m^{-2}・s^{-1}]で表すことが多い．

　図5.2において，p_A[Pa]は気相本体での溶質成分Aの分圧を，p_{Ai}は気液界面での分圧を表している．ここで，気液単位界面積あたりの吸収速度N_A[mol・m^{-2}・s^{-1}]は，分圧差$\Delta p_A = (p_A - p_{Ai})$[Pa]に比例すると考えられ，その比例定数

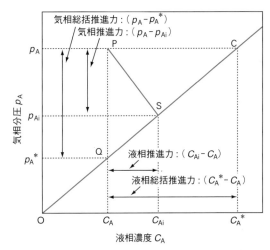

気相総括推進力：$(p_A - p_A{}^*)$

気相推進力：$(p_A - p_{Ai})$

液相推進力：$(C_{Ai} - C_A)$

液相総括推進力：$(C_A{}^* - C_A)$

図 5.2　気液本体と界面での濃度と溶解平衡線

を k_G とすると，N_A はつぎのように書ける．

$$N_{AG} = k_G(p_A - p_{Ai}) \tag{5.6}$$

k_G は気相物質移動係数と呼ばれ，$[\text{mol}\cdot\text{m}^{-2}\cdot\text{s}^{-1}\cdot\text{Pa}^{-1}]$ の単位をもつ．同じように，液境膜での物質移動速度 N_{AL} も式(5.7)のように書ける．

$$N_{AL} = k_L(C_{Ai} - C_A) \tag{5.7}$$

ここで，k_L は液相物質移動係数といい，$[\text{m}\cdot\text{s}^{-1}]$ の単位をもつ．

　気液界面での物質の蓄積はなく，定常的に物質移動が進行すると考えると，式(5.6)と式(5.7)は等しくなるので，その物質移動速度を $N_A[\text{mol}\cdot\text{m}^{-2}\cdot\text{s}^{-1}]$ とすると，つぎの式が成立する．

$$N_A = k_G(p_A - p_{Ai}) = k_L(C_{Ai} - C_A) \tag{5.8}$$

さらに，気液界面における分圧 p_{Ai} と液濃度 C_{Ai} の間に気液平衡が成立し，ヘンリーの法則が適用できる場合には式(5.1)が適用できるので，つぎの式が成立する．

$$p_{Ai} = H_A C_{Ai} \tag{5.9}$$

　気液界面での分圧 p_{Ai} と濃度 C_{Ai} の値は測定できないが，式(5.8)の両辺を分数の形にし，右辺の分母と分子に H_A を乗じ，式(5.9)を用いると p_{Ai} と C_{Ai} が消去できる（式5.10）．

$$N_A = \frac{p_A - p_{Ai}}{1/k_G} = \frac{H_A(C_{Ai} - C_A)}{H_A/k_L} = \frac{p_A - p_{Ai} + H_A C_{Ai} - H_A C_A}{1/k_G + H_A/k_L}$$

one point
気相物質移動係数

ガス膜での物質移動速度 N_{AG} $[\text{mol}\cdot\text{m}^{-2}\cdot\text{s}^{-1}]$ は分子の拡散によって進行し，その大きさは拡散物質の気相本体と気液界面での分圧差 $(p_A - p_{Ai})$ $[\text{Pa}]$ に比例すると考えられる．その比例定数を k_G で表し，分圧基準の気相物質移動係数と呼んでいる．

one point
液相物質移動係数

液境膜での物質移動速度 N_{AL} $[\text{mol}\cdot\text{m}^{-2}\cdot\text{s}^{-1}]$ は，分子の拡散によって進行し，その大きさは拡散物質 A の気液界面と液相本体での濃度差 $(C_{Ai} - C_A)$ $[\text{mol}\cdot\text{m}^{-3}]$ に比例すると考えられる．その比例定数を k_L で表し，濃度基準の液相物質移動係数と呼んでいる．

one point
分数式の変形

$a/b = c/d = (a+c)/(b+d)$
例：$1/2 = 3/6 = (1+3)/(2+6)$
$= 4/8 = 1/2$

$$= \frac{p_A - H_A C_A}{1/k_G + H_A/k_L} \tag{5.10}$$

この式の $H_A C_A$ は液本体での溶解濃度 C_A に対する平衡分圧を表しており，それを p_A^* と表すと，図5.2の点 Q に対応する．さらに分母 $(1/k_G + H_A/k_L)$ を $1/K_G$ とおくと，式(5.10)はつぎのようになる．

$$N_A = K_G(p_A - H_A C_A) = K_G(p_A - p_A^*) \tag{5.11}$$

K_G はガス側分圧基準の総括物質移動係数と呼ばれ，つぎの式で定義される．その単位は k_G と同じ $[\mathrm{mol \cdot m^{-2} \cdot s^{-1} \cdot Pa^{-1}}]$ である．

$$\frac{1}{K_G} = \frac{1}{k_G} + \frac{H_A}{k_L} \tag{5.12}$$

このようにして，物質移動速度 N_A が気相本体の分圧 p_A と液本体の溶質濃度 C_A に平衡な分圧 p_A^* の差を推進力とする式(5.11)によって表せたことになる．これは，気相での推進力 $(p_A - p_{Ai})$ のかわりに総括的な推進力 $(p_A - p_A^*)$ を，気相物質移動係数 k_G のかわりにガス側の総括物質移動係数 K_G を，それぞれ使用することによって，ガス吸収速度を表したことになる．

つぎに，溶解平衡を式(5.2)のヘンリーの法則の式で表した場合について考えてみよう．縦軸に気相モル分率 y_A，横軸に液相モル分率 x_A がとられている場合，物質移動速度 $N_A [\mathrm{mol \cdot m^{-2} \cdot s^{-1}}]$ と平衡関係は，つぎの式のように書き換えられる．

$$N_A = k_y(y_A - y_{Ai}) = k_x(x_{Ai} - x_A) \tag{5.13}$$
$$y_{Ai} = m x_{Ai} \tag{5.14}$$
$$N_A = K_y(y_A - m x_A) = K_y(y_A - y_A^*) \tag{5.15}$$

ここで，K_y はガス側モル分率基準の総括物質移動係数と呼ばれ，その単位は $[\mathrm{mol \cdot m^2 \cdot s^{-1} \cdot (モル分率)^{-1}}]$ であり，つぎの式で表される．ここで，k_y, k_x はそれぞれガス側，液側の物質移動係数である．

$$\frac{1}{K_y} = \frac{1}{k_y} + \frac{m}{k_x} \tag{5.16}$$

このようにして，物質移動速度 N_A が気相モル分率 y_A と液相モル分率 x_A に平衡な気相モル分率 y_A^* の差を推進力とする式(5.15)によって表せたことになる．

ここまでにでてきた式は，溶解平衡として線形のヘンリーの法則の式が成り立つと仮定して導かれている．ただし，溶解平衡が非線形の式で表される場合でも，線形からのずれが大きくない限り，C_A^* や y_A^* の値を溶解平衡曲線から求

め, 式(5.11)あるいは式(5.15)に代入して吸収速度を近似的に計算することができる.

5.1.4 物質移動係数からわかること

式(5.12)および式(5.16)において, 物質移動係数の逆数は物質移動の抵抗を表している. 両式の右辺第1項は気相境膜での物質移動抵抗, 第2項は液境膜での抵抗を示している.

両抵抗の値を比較することによって, 物質移動の主抵抗が気相側, 液相側のいずれにあるかを判定できる. たとえば, アンモニアは水によく溶けるが, その場合は液境膜での移動抵抗は小さく, ガス境膜での物質移動抵抗が大きいということである.

また, 式(5.11)に $p = Py$ の関係を代入して式(5.15)と比較すると, K_G と K_y の間には

$$K_y = PK_G \tag{5.17}$$

の関係が成立することがわかる. K_y と K_G の換算が容易にできることがわかるだろう.

これらの式は, 物質移動の推進力として, 気相の分圧差$(p_A - p_A{}^*)$, あるいはモル分率差$(y_A - y_A{}^*)$を採用しているが, 同じように液相の濃度差$(C_A{}^* - C_A)$あるいはモル分率差$(x_A{}^* - x_A)$を使った式も導くことが可能である. 詳細は参考文献などで学んでほしい.

例題 5.3

1 atm, 20 ℃ において, アンモニアを 1.5 mol%含む空気がアンモニア水溶液と接している. 水中のアンモニアの濃度は 430 mol·m^{-3} である. このとき, 気相物質移動係数 k_G は 3.30×10^{-6} mol·m^{-2}·Pa^{-1}·s^{-1}, 液相物質移動係数 k_L は 1.06×10^{-4} m·s^{-1}, ヘンリー定数 H_A は 1.40 Pa·m^3·mol^{-1} であるとして, つぎの問いに答えよ.

(1) ガス側分圧基準の総括物質移動係数 K_G を求め, さらに物質移動の全抵抗に占める気相側の割合を求めよ.

(2) アンモニアの吸収速度 N_A[mol·m^{-2}·s^{-1}]を求めよ.

(3) ガス側モル分率基準の総括物質移動係数 K_y の値を求めよ.

解 答

(1) 式(5.12)より

$$\frac{1}{K_G} = \frac{1}{k_G} + \frac{H_A}{k_L} = \frac{1}{3.30 \times 10^{-6}} + \frac{1.40}{1.06 \times 10^{-4}} = 3.03 \times 10^5 + 0.132 \times 10^5$$

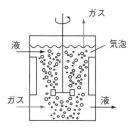

one point
ガス吸収装置の分類

(a) 撹拌槽

$$= 3.162 \times 10^5 \ \mathrm{m^2 \cdot Pa \cdot s \cdot mol^{-1}}$$

$$\therefore \quad K_G = 3.16 \times 10^{-6} \ \mathrm{mol \cdot m^{-2} \cdot Pa^{-1} \cdot s^{-1}}$$

$$気相抵抗 = \frac{3.03 \times 10^5}{3.162 \times 10^5} \times 100\% = 95.8\%$$

アンモニアが水に溶解するときの物質移動抵抗の大部分は気相側にあり，液相での移動抵抗は無視できることがわかる．このことはアンモニアが水に非常に溶けやすいことを示している．

(2)気相でのアンモニアの分圧p_Aと液相でのアンモニア濃度に平衡な分圧p_A^*は

$$p_A = Py_A = (1.013 \times 10^5) \times (1.5 \times 10^{-2}) = 1520 \ \mathrm{Pa}$$

$$p_A^* = H_A C_A = 1.40 \times 430 = 602 \ \mathrm{Pa}$$

したがって，アンモニアの吸収速度N_Aは式(5.11)から

$$N_A = K_G(p_A - p_A^*) = (3.16 \times 10^{-6}) \times (1520 - 602)$$
$$= 2.901 \times 10^{-3} \ \mathrm{mol \cdot m^{-2} \cdot s^{-1}}$$

(3) ガス側モル分率基準の総括物質移動係数K_yは，式(5.17)から

$$K_y = PK_G = (1.013 \times 10^5) \times (3.16 \times 10^{-6}) = 0.320 \ \mathrm{mol \cdot m^{-2} \cdot s^{-1}}$$

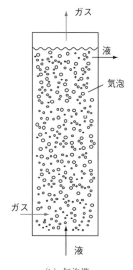

(b) 気泡塔

5.2　ガス吸収装置の分類と構造

5.2.1　ガス吸収装置の分類

ガス吸収装置は，気液を接触させて液中にガスを分散させる方式と液を気相中に分散させる方式に大別できる．いずれの装置形式でも，気液間の接触面積，物質移動係数，物質移動の推進力を大きくすることが必要である．また，大量のガスを処理する場合は，ガスの圧力損失が小さい装置がよい．

ガス分散型の吸収装置としては，撹拌槽，気泡塔，棚段塔がある．液分散型には，スプレー塔，充填塔がある．撹拌槽は反応吸収などに広く使用されている．気泡塔は円筒のなかの液中にガスを吹き込む方式である．棚段塔は蒸留塔と同じ装置である．スプレー塔は液を滴状に細分してガス中に分散させる装置である．充填塔については次項で説明する．

5.2.2　充填塔の構造と充填物

充填塔は代表的な吸収装置であり，広く使用されている．図5.3に示すように，塔内部に不活性な充填物が詰められており，吸収液が塔頂から供給されて充填物の表面を伝わって膜状に流下する．一方のガスは塔底から供給され，充填物の間隙を上昇する間に液と接触してガス吸収が進行する．このように気液

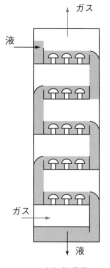

(c) 棚段塔

が向流に流れる（向かいあって流れる）場合を向流充填塔という．向流充填塔では塔頂からの出口ガスが溶質を含まない液と接触でき，出口ガス中の溶質の濃度を低くできる利点があるので，通常は向流充填塔が採用される．

　充填塔の気液の流れは押しだし流れと考えてよいが，液は空隙率の大きい塔壁部に偏る傾向があり，均一な液の流れが阻害される危険性がある．それを避けるために，塔の途中に液の再分散器をつける場合が多い．また充填物は，表面積が大きく，液によく濡れて大きな気液界面積が得られ，空隙率が大きくガスの圧力損失が小さいものが望ましい．図5.3に示すように，陶器製のラシヒリングや鞍型のベルルサドルや，金属製の針金をリング状に加工した充填物が使用されている．寸法は25mmから50mm程度である．

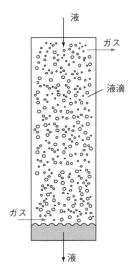

(d) スプレー塔

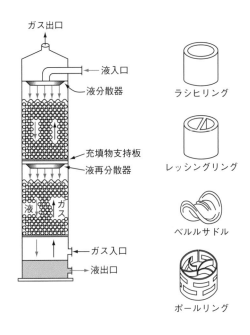

図5.3　充填塔と代表的な充填物

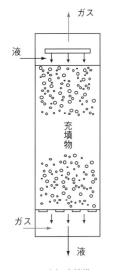

(e) 充填塔

5.3　充填塔の高さを計算する

　ガス吸収塔の設計とは，処理ガスの流量，入口・出口での溶質ガスのモル分率の値が与えられたとき，その値から，必要な液流量，塔高，塔径などを計算するという作業である．以下，設計計算に必要な関係式を順に導いていこう．

5.3.1　物質収支式と操作線
　図5.4に気液向流充填塔の物質収支の模式図を示す．塔底の数値に添字1，塔頂での数値に添字2をつける．さらに，塔頂を原点にして下向きに充填層の深

one point
並流充填塔
逆に，気液を同じ方向に流す場合を並流充填塔と呼ぶ．

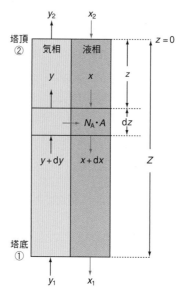

図 5.4　充填塔の物質収支

さの座標をとる．ガスが塔内を上昇していくと，溶解ガス A（たとえば SO_2）が吸収されてガス全体の流量は減少するが，同伴ガス（たとえば空気）のガス流量は一定値に保たれる．この同伴ガスの塔単位断面積あたりの物質量流量を $G_M{}'$ $[mol \cdot m^{-2} \cdot s^{-1}]$ とおく．同様に，液相についても吸収溶液（たとえば水）の流量は変わらないから，その物質量流量を $L_M{}'[mol \cdot m^{-2} \cdot s^{-1}]$ とおく．ここで，溶解ガスの気相と液相におけるモル分率を y と x とすると，全ガス物質量流量 G_M と全液物質量流量 L_M はつぎのように表せることになる．

$$G_M = G_M{}' / (1 - y) \tag{5.18a}$$
$$L_M = L_M{}' / (1 - x) \tag{5.18b}$$

これらの式は，たとえば式(5.18a)において，$G_M{}'$ が $(1 - y)$ に比例し，G_M が 1 に比例していると考えると，容易に導ける．

　ガス吸収操作の物質収支式は，気相からの吸収ガスの移動量と，吸収液が得た吸収ガスの量が等しいということから導く．それを図 5.4 の塔全体に適用すると，つぎの式(5.19)が得られる．

$$G_M{}' \left(\frac{y_1}{1 - y_1} - \frac{y_2}{1 - y_2} \right) = L_M{}' \left(\frac{x_1}{1 - x_1} - \frac{x_2}{1 - x_2} \right) \tag{5.19}$$

さらに，塔頂から塔内の任意の断面までの物質収支をとると

$$G_M{}' \left(\frac{y}{1 - y} - \frac{y_2}{1 - y_2} \right) = L_M{}' \left(\frac{x}{1 - x} - \frac{x_2}{1 - x_2} \right) \tag{5.20}$$

となる．式(5.20)は塔内の任意の点におけるyとxとの関係を表しており，操作線と呼ばれている．

溶質の濃度が希薄なときは，$1-y ≒ 1$，$1-x ≒ 1$が成り立つので，式(5.18)より$G_M' ≒ G_M$，$L_M' ≒ L_M$となるから，式(5.20)の操作線はつぎのように書き換えられる．

$$G_M(y-y_2) = L_M(x-x_2) \tag{5.21a}$$
$$y = (L_M/G_M)(x-x_2)+y_2 \tag{5.21b}$$

この式は，塔頂の点(x_2, y_2)を通り，傾きがL_M/G_Mの直線の方程式を表している．このL_M/G_Mを液ガス比と呼んでおり，ガス吸収操作の重要な操作変数である．

図5.5は，x-y座標上に平衡曲線と操作線を示したものである．操作線の上端Bは塔底，下端Tは塔頂に対応している．操作線上の1点$P(x, y)$からy軸に平行な垂線を下ろし，平衡線との交点を$Q(x, y^*)$とすると，線分PQの長さは$(y-y^*)$になり，これはガス境膜基準の総括物質移動推進力を表している．吸収が行われるには，$y > y^*$とならなければならないから，図5.5のように操作線は平衡線の左上に位置しなければならないことがわかる．逆に，放散操作のときの操作線は平衡線の右下にくる．

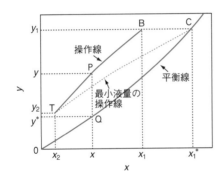

図5.5　気相総括推進力の表示と操作線の設定

5.3.2　最小液ガス比の導出

ガス吸収塔を設計するとき，処理すべき全ガス流量G_M，ガスの入口モル分率y_1，出口モル分率y_2は与えられており，また吸収ガスの入口モル分率x_2は通常は0である．残る変数は吸収液の流量L_M'と出口モル分率x_1であるが，L_M'を決めればx_1は物質収支式から計算できる．以下，吸収液の流量L_M'の設定法について考えていこう．

図5.5において，操作変数のなかで液流量L_M'を除くすべての変数は一定であるとして，液流量L_M'を減少させていくと，操作線の傾きが小さくなり，操作線上で塔底を表す点Bは右側に水平移動していく．操作線は平衡線より上側

にこなければならないから，その極限の位置は平衡線上の点 C(x_1^*, y_1) である．この x_1^* は塔底でのガスモル分率 y_1 に平衡な液モル分率を表している．ここで，操作線がこの状態になる液流量を最小液流量と呼び，$L_{M, min}'$ と表すことにする．

このとき，塔底での物質移動の推進力はゼロになって無限に高い塔が必要になる．したがって，実際にはこの最小液流量よりは大きな液流量を採用しなければならない．通常は，液ガス比 L_M' / G_M' と平衡曲線の傾き m との比 $(L_M' / G_M') / m$ が 1.25 〜 2 程度になるように L_M' の値を設定する．

溶質ガスの濃度が希薄なとき，最小液ガス比は $(L_M / G_M)_{min}$ と書けて，塔全体の物質収支式 (5.21a) で，$y = y_1$，$x = x_1^*$ とおいた式から

$$(L_M / G_M)_{min} = \frac{y_1 - y_2}{x_1^* - x_2} \tag{5.22}$$

が導ける．

5.3.3 充填塔の高さの計算

図 5.4 において，充填塔の塔頂から z の位置と $z + dz$ の位置で区切られた充填塔の微小な部分を考え，その区間での気相における吸収ガス A の物質収支を考える．吸収塔の断面積を $S[\mathrm{m}^2]$，塔の単位容積あたりの気液の接触表面積を a $[\mathrm{m}^2 \cdot \mathrm{m}^{-3}]$ とすると，この微小部分での気液接触面積 A は $a \cdot S dz$ になるから，ここでの吸収速度 $N_A \cdot A [\mathrm{mol} \cdot \mathrm{s}^{-1}]$ は式 (5.15) を用いると，つぎのように書ける．

$$N_A \cdot A = K_y (y - y^*) \, a \cdot S dz \tag{5.23}$$

図 5.4 の充填塔の微小部分での吸収ガス A の物質収支を考えると，$z = z + dz$ からの入量は $G_M S(y + dy)$，$z = z$ からの出量は $G_M Sy$，吸収によるガス相からの出量は $N_A \cdot A$ で表せるから，吸収ガスの物質収支はつぎのように書ける．

$$G_M S(y + dy) - G_M Sy - N_A \cdot A = 0 \tag{5.24}$$

この式に式 (5.23) を代入して整理すると

$$G_M \cdot dy = K_y (y - y^*) a \cdot dz \tag{5.25}$$

が得られる．この式を dz について解くと

$$dz = \frac{G_M}{K_y a} \cdot \frac{dy}{y - y^*} \tag{5.26}$$

となる．この式で y が与えられれば，対応する x が操作線から求まり，さらに x に平衡な気相モル分率 y^* も求まるから，右辺は y の関数とみなせる．したがって，式の両辺を塔頂 (y_2) から塔底 (y_1) に向けて積分すると，塔高 $Z[\mathrm{m}]$ を与え

る式(5.27)が導ける.

$$Z = \frac{G_M}{K_y a} \int_{y_2}^{y_1} \frac{dy}{y - y^*} \tag{5.27}$$

　この式の右辺の積分値は,移動単位数(number of transfer unit:NTU)と呼ばれる無次元数である.この場合,気相基準の総括物質移動係数が使用されているので,気相基準の総括移動単位数と呼びN_{OG}と表す.

$$N_{OG} = \int_{y_2}^{y_1} \frac{dy}{y - y^*} \tag{5.28}$$

N_{OG}は,物質移動の推進力$(y - y^*)$の逆数の積分値であるから,N_{OG}の値が大きいことは推進力が低く,塔高が高くなることを意味する.

　一方,式(5.27)の右辺の分母の$K_y a$は物質移動係数と気液の接触面積の積であり,装置の単位体積あたりの物質移動性能を表す特性値であり,物質移動容量係数と呼ばれる.その逆数に比例する$G_M / K_y a$は高さの単位をもち,$N_{OG} = 1$のときの充填塔の高さに等しく,気相基準の総括の移動単位高さ(height per transfer unit:HTU)と呼ばれ,H_{OG}[m]と表される.すなわち

$$H_{OG} = \frac{G_M}{K_y a} \tag{5.29}$$

このように定義したN_{OG}とH_{OG}を用いると,充填塔の高さZは式(5.27)より

$$Z = H_{OG} \cdot N_{OG} \tag{5.30}$$

で与えられる.HTUとNTUの値が大きくなるほど,塔高Zは高くなる.

　塔高Zを計算するときに,容量係数$(K_y a)$を直接用いてもよいのに,なぜHTUを新しく導入したのだろうか.その理由に少し触れておこう.第一に,容量係数の単位[mol·m^{-2}·s^{-1}·(モル分率)$^{-1}$]に比較してHTUの単位[m]は簡明であること.第二に,容量係数$K_y a$はおよそ$G_M^{0.8}$に比例して増大するが,その場合HTUは$G_M^{0.2}$に比例して変化するだけであり,ガス流量が少々変化しても,HTUへの影響は小さいこと.以上の理由で,HTUはガス吸収塔の設計に広く使用されている.

5.3.4 移動単位高さ(H_{OG})と移動単位数(N_{OG})の計算

　式(5.16)の両辺に(G_M / a)を乗じて以下のように変形すると,総括移動単位高さH_{OG}は,ガス境膜に対する移動単位高さH_Gと液境膜に対する移動単位高さH_Lを用いて,つぎのように表せる.

$$H_{OG} = \frac{G_M}{K_y a} = \frac{G_M}{k_y a} + \frac{L_M}{k_x a} \cdot \frac{mG_M}{L_M} = H_G + H_L \frac{mG_M}{L_M} \tag{5.31}$$

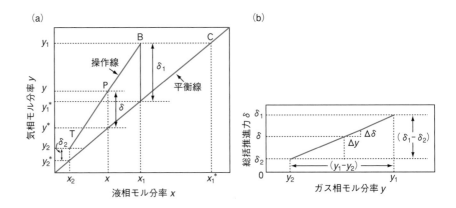

図 5.6　(a)気相総括推進力の求めかた　(b)N_{OG} の定積分の計算法

ここで，$H_G = G_M/k_y a$，$H_L = L_M/k_x a$ である.

　総括移動単位高さは気・液の流量，物性値，充填物の種類や寸法，塔径などの特性値に依存する．それらの特性値を変化させてガス吸収実験を行い，H_G と H_L に対する相関式が提出されている.

　一方，総括移動単位数 N_{OG} は，式(5.28)から計算できる．図 5.6(a)に示すように x-y 線図上に平衡線と操作線を引くと，両者の垂直距離が物質移動の推進力 $\delta = y - y^*$ を与えるから，その逆数 $1/(y - y^*)$ を y に対してプロットして，y_2 から y_1 まで図積分すると N_{OG} が求まる.

　もし，平衡線がヘンリーの法則の式 (5.2) で表され，溶質濃度が希薄で操作線が式(5.21b)の直線で表せる場合は，δ 対 y のプロットは図 5.6(b)のように直線になり，その傾き $d\delta/dy$ は図よりつぎのように書ける.

$$\frac{d\delta}{dy} = \frac{\delta_1 - \delta_2}{y_1 - y_2} = 定数 \tag{5.32}$$

この関係を式(5.28)に代入して積分変数を y から δ に変換し積分を実行すると

$$N_{OG} = \int_{y_2}^{y_1} \frac{dy}{y - y^*} = \frac{y_1 - y_2}{\delta_1 - \delta_2} \int_{\delta_2}^{\delta_1} \frac{d\delta}{\delta} = \frac{y_1 - y_2}{\delta_1 - \delta_2} \ln\frac{\delta_1}{\delta_2} \tag{5.33}$$

が得られる．ついで次式で定義される δ_1 と δ_2 に対する対数平均値 δ_{lm} を導入すると

$$\delta_{lm} = \frac{\delta_1 - \delta_2}{\ln(\delta_1/\delta_2)} = \frac{(y_1 - y_1^*) - (y_2 - y_2^*)}{\ln[(y_1 - y_1^*)/(y_2 - y_2^*)]} \tag{5.34}$$

が導ける．この式から

$$\ln(\delta_1/\delta_2) = (\delta_1 - \delta_2)/\delta_{lm}$$

が得られ，それを式（5.33）の最右辺に代入すると，N_{OG} はつぎのように表せる．

$$N_{OG} = \frac{y_1 - y_2}{\delta_1 - \delta_2} \cdot \frac{\delta_1 - \delta_2}{\delta_{lm}} = \frac{y_1 - y_2}{\delta_{lm}} = \frac{y_1 - y_2}{(y - y^*)_{lm}} \tag{5.35}$$

この式から，N_{OG} は溶質ガスのモル分率変化$(y_1 - y_2)$を塔頂と塔底での物質移動推進力の対数平均値$(y - y^*)_{lm}$で割ったかたちになっていることがわかる．

例題 5.4

2 mol%$(y_1 = 0.02)$のメタノールを含む25℃，1 atm の空気 500 m³·h⁻¹ を吸収塔の塔底に供給し，塔頂からは洗浄水$(x_2 = 0)$を連続的に供給して，両者を向流に接触させてメタノールの90 %を吸収したい．水の流量は最小理論量の2倍にとり，温度は25℃，圧力は 1 atm であり，溶解平衡関係は$y^* = 0.25x$で与えられるとする．このとき，以下の値を求めよ．ただし，$H_G = 1.2$ m，$H_L = 0.2$ m とする．

(1) 塔頂におけるメタノールのモル分率y_2　　(2) 最小液ガス比

(3) 操作線を表す式　　(4) 気相基準の総括移動単位数 N_{OG}

(5) 気相基準の総括移動単位高さ HTU　　(6) 所要塔高 Z [m]

解 答

メタノールの溶解平衡線を図5.7に示す．$y_1 = 0.02$，$x_2 = 0$であり，メタノールのモル分率は低いので，ガスの物質量速度は塔内で変化しないとする．

(1) メタノールの回収率が90%だから，塔頂のガス中の溶質のモル分率y_2は

$$y_2 = y_1(1 - 0.90) = 0.02 \times 0.1 = 0.002$$

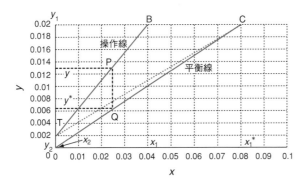

図 5.7　メタノールの吸収の操作線と平衡線

(2) 塔底ガスモル分率 $y_1 = 0.02$ に対する平衡液モル分率 x_1^* は，平衡線の式 $y^* = 0.25x$ から

$$x_1^* = 0.02 / 0.25 = 0.08$$

である．よって，最小液ガス比 $(L_M / G_M)_{min}$ は，式(5.22)から

$$(L_M / G_M)_{min} = \frac{y_1 - y_2}{x_1^* - x_2} = \frac{0.02 - 0.002}{0.08 - 0} = 0.225 \text{ mol·mol}^{-1}$$

(3) 実際の液ガス比は最小液ガス比の2倍であるから

$$(L_M / G_M) = \frac{y_1 - y_2}{x_1 - x_2} = 0.225 \times 2 = 0.45 \text{ mol·mol}^{-1} \qquad ①$$

操作線は式(5.21b)に $x_2 = 0$, $y_2 = 0.002$ を代入して

$$y = (L_M / G_M)(x - x_2) + y_2 = 0.45(x - 0) + 0.002 = 0.45x + 0.002 \qquad ②$$

操作線と平衡線を図示すると，図5.7のようになる．

(4) 平衡線と操作線がともに直線であるから，式(5.34)と式(5.35)を用いて N_{OG} の値を計算すればよい．

塔底では $y_1 = 0.02$ であり，それに対する液組成 x_1 は $L_M / G_M = 0.45$ を式(5.21a)に代入して x_1 について解くと

$$x_1 = \frac{y_1 - y_2}{L_M / G_M} = \frac{0.02 - 0.002}{0.45} = 0.04$$

となり，それに対する平衡気相組成 y_1^* は

$$y_1^* = mx_1 = 0.25 \times 0.04 = 0.01$$

である．よって，塔底での物質移動の推進力 δ_1 は

$$\delta_1 = y_1 - y_1^* = 0.02 - 0.01 = 0.01$$

同様に塔頂では，$y_2 = 0.002$, $x_2 = 0$, $y_2^* = 0$ であるから

$$\delta_2 = y_2 - y_2^* = 0.002 - 0 = 0.002$$

これらの数値を式(5.34)に代入すると，推進力の対数平均値は

$$\delta_{lm} = (y - y^*)_{lm} = \frac{0.01 - 0.002}{\ln(0.01 / 0.002)} = \frac{8 \times 10^{-3}}{1.609} = 4.972 \times 10^{-3}$$

この数値を式(5.35)に代入して，移動単位数 N_{OG} は

$$N_{OG} = \frac{y_1 - y_2}{\delta_{lm}} = \frac{0.02 - 0.002}{4.972 \times 10^{-3}} = 3.62 \qquad ④$$

(5) 総括移動単位高さ HTU の値は, 式 (5.31) に $H_G = 1.2$ m, $H_L = 0.2$ m, $m = 0.25$, $L_M / G_M = 0.45$ を代入して

$$H_{OG} = H_G + H_L(mG_M / L_M) = 1.2 + 0.2 \times (0.25 / 0.45) = 1.31 \text{ m} \qquad ⑤$$

(6) 塔高 Z は式 (5.30) から

$$Z = H_{OG} N_{OG} = 1.31 \times 3.62 = 4.74 \text{ m} \qquad ⑥$$

以上のようにして, ガス吸収塔の充填物の高さを 4.74 m と決定できた.

5.4 充填塔の直径を計算する

5.4.1 充填塔のローディングとフラッディング

充填塔の塔頂から吸収液を, 塔底から気体を流すと, 気体は表面が液で濡れた充填物の間隙をぬって上昇し, 液は下降する. その過程で流入気体のエネルギーの損失が起こる. このエネルギー損失はガスの圧力低下として評価でき, 圧力損失と呼ばれる(7.4 節を参照). ガス流速が大きくなると, この圧力損失も次第に大きくなり塔内に停滞する液量(液ホールドアップという)が増加し, 圧力損失も急激に大きくなる. この状態をローディングという.

さらにガス流速を増すと, ついには液が流下しなくなって塔頂から溢れだしてくる. この状態をフラッディングと呼んでいる.

充填塔を設計するときには, ローディングやフラッディングが起こらないようにガスの質量速度[kg·m^{-2}·s^{-1}]を設定しなければならない.

5.4.2 充填塔の直径

充填塔の直径を決めるには, ガスの許容質量速度 G_a[kg·m^{-2}·s^{-1}]の値を決めなければならない. その値としては, フラッディング質量速度 G_F の 40 ～ 70% 程度か, ローディング質量速度のいずれかにとられる場合が多い.

それらの値と操作条件,流体物性との相関式あるいはグラフが提出されており, 『化学工学便覧』などに掲載されている. たとえば, フラッディング質量速度 G_F を計算し, その50%の値を許容ガス質量速度とすると, G_a[kg·m^{-2}·s^{-1}]の値が決まる. 一方, 充填塔の直径を d[m]とすると, 空塔の断面積は $(\pi / 4)d^2$[m^2] となり, それに許容ガス質量速度 G_a を掛けたものが, 吸収塔に供給されるガスの質量速度 w[kg·s^{-1}]に等しくなるから

$$(\pi / 4)d^2 G_a = w \tag{5.36}$$

が成り立つ．供給ガスの体積流量 $v[\mathrm{m^3 \cdot s^{-1}}]$ が与えられている場合は，それを物質量流量 $F[\mathrm{mol \cdot s^{-1}}]$ に換算し，さらにガスの分子量を掛けると供給ガスの質量流量 $w[\mathrm{kg \cdot s^{-1}}]$ の値が得られる．このようにして求めた G_a と w の値を式(5.36)に代入すると，塔径 d が計算できる．

例題 5.5

例題 5.4 の充填塔の直径を計算せよ．ただし，フラッディング質量速度 G_F を相関式から計算した結果は 2.65 kg·m^{-2}·s^{-1} であり，その 50%の値を許容ガス質量速度 G_a とせよ．

解答

例題 5.4 において，吸収塔に供給されるガスは，空気中に 2 mol%のメタノールを含み，その流量は 25℃，1 atm で $v = 500\ \mathrm{m^3 \cdot h^{-1}} = 500 / 3600\ \mathrm{m^3 \cdot s^{-1}}$ である．流通系に対する理想ガス法則，$Pv = FRT$(式 3.21)を利用すると，物質量流量 F [mol·s^{-1}]は

$$F = \frac{Pv}{RT} = \frac{(1.013 \times 10^5) \times (500 / 3600)}{8.314 \times (25 + 273.2)} = 5.68\ \mathrm{mol \cdot s^{-1}}$$

となる．空気中のメタノールの濃度は低いから，ガスの分子量は空気の値 29×10^{-3} kg·mol^{-1} と近似できるので，質量速度 $w[\mathrm{kg \cdot s^{-1}}]$ は

$$w = (5.68\ \mathrm{mol \cdot s^{-1}}) \times (29 \times 10^{-3}\ \mathrm{kg \cdot mol^{-1}}) = 0.165\ \mathrm{kg \cdot s^{-1}} \tag{①}$$

のように計算できる．

許容されるガス速度 G_a をフラッディング速度 G_F の 50%に設定するから，$G_a = 2.65 \times 0.5 = 1.33$ kg·m^{-2}·s^{-1} となる．また，式①より $w = 0.165$ kg·s^{-1} だから，これらの数値を式(5.36)に代入すると

$$(\pi / 4)d^2 \times 1.33 = 0.165$$

$$\therefore \quad d = 0.398 \fallingdotseq 0.4\ \mathrm{m}$$

このようにして，例題 5.4 の充填塔は高さを 4.74 m，直径を 0.4 m と求めることができる．

章 末 問 題

① 20℃，1 atm の水素と平衡にある水があり，この水の水素濃度が 0.815 mol·m^{-3} である．このとき，ヘンリー定数 H および m の値を求めよ．

② 酸素は 20℃，圧力 1 atm のとき，1000 cm^3 の水に 0.0444 g 溶ける．このとき，ヘンリー定数 H, m, K, H' の値を求めよ．

③ 20℃，1 atm において，モル分率 0.015 のアンモニアを含む空気 40 mol を 15 mol の水と接触させて平衡に達したときの気相，液相の組成(モル分率)を求めよ．アンモニアの水に対する溶解平衡は，$y = 0.76 x$ で表せるとする．

④ あるガス吸収装置によるアンモニアの吸収において，気相物質移動係数 $k_G = 3.33 \times 10^{-6}$ mol·m^{-2}·s^{-1}·Pa^{-1}, 液相物質移動係数 $k_L = 1.06 \times 10^{-4}$ m·s^{-1}, ヘンリー定数 $H = 1.37$ Pa·m^3·mol^{-1} である．このとき，ガス側分圧基準の総括物質移動係数 K_G の値を求めよ．

⑤ アンモニアと空気の混合ガスがアンモニア水と全圧 1.013×10^5 Pa, 25℃ で接触している．また，気相中のアンモニアの分圧は 2×10^3 Pa, 水中のアンモニア濃度は 700 mol·m^{-3} であり，気相物質移動係数 $k_G = 5.0 \times 10^{-6}$ mol·m^{-2}·s^{-1}·Pa^{-1}, 液相物質移動係数 $k_L = 7.0 \times 10^{-5}$ m·s^{-1}, ヘンリー定数 $H = 1.76$ Pa·m^3·mol^{-1} である．このとき，以下の問いに答えよ．
(1) アンモニアは吸収されるか，それとも放散されるか．
(2) ガス側分圧基準の総括物質移動係数 K_G の値を求めよ．また，気相抵抗，液相抵抗のいずれが支配的かを答えよ．
(3) アンモニアの吸収速度 N_A[mol·m^{-2}·s^{-1}] を求めよ．

⑥ ガス吸収塔に，27℃，1 atm のもとで空気とアンモニアの混合気体(アンモニアの分圧 = 50 mmHg) 200 m^3·h^{-1} を送入し，塔頂より水を 1000 kg·h^{-1} で流下させ，アンモニアの 90% を吸収させる．このとき，塔底から排出される吸収液中のアンモニアのモル分率を求めよ．

⑦ NH$_3$ を 15% 含む空気 30 kmol·h^{-1} と水を向流に接触させて，95% の NH$_3$ を吸収させたい．このとき，必要な最小水量 L[kg·h^{-1}] を求めよ．ただし，NH$_3$ の水への溶解度は 5 g·(100 g 水)$^{-1}$ とする．

⑧ 2 mol%($y_1 = 0.02$)のメタノールを含む空気 $G_M = 100$ mol·h^{-1} を吸収塔の塔底に供給し，塔頂からは洗浄水を連続的に供給して，両者を向流に接触させて，

メタノールの95％を吸収したい．水の流量L_M[mol・h^{-1}]は最小理論量の2倍で操作し，温度は25℃，圧力は1 atmであり，溶解平衡関係は$y = 0.25\,x$で与えられるとする．このとき，以下の値を求めよ．ただし，$H_{OG} = 0.8$ mとする．

(1) 塔頂におけるメタノールのモル分率y_2　　(2) 最小液ガス比

(3) 操作線を表す式　　(4) ガス側分圧基準の総括移動単位数N_{OG}

(5) 所要塔高Z[m]

⑨　ある可溶性ガス2 mol％を含む空気を水で洗浄して，吸収塔出口でのガス組成を0.2 mol％以下にしたい．水の流量としては最小理論水量の2.5倍を用いるものとすると，吸収塔の高さはいくら以上にすべきか．ただし，平衡関係は$y = 0.5x$で表され，液相側と気相側の移動高さは，$H_L = 0.5$ m，$H_G = 0.7$ mで与えられる．

⑩　25℃，1.2 atmのもとで，アンモニア2％を含む空気を水で洗浄するガス吸収塔において，処理すべきガス量は700 m^3・h^{-1}であるとする．フラッディング質量速度を相関式から計算したところ，2480 kg・m^{-2}・h^{-1}であり，その50％の値を許容ガス質量速度とする．このときの塔径を求めよ．

第6章

液液抽出

　抽出とは，固体や溶液である原料から，ある特定の成分だけを溶剤で溶かしだす操作である．原料が固体の場合を固液抽出，液体の場合を液液抽出と呼んでいる．本書では液液抽出のみを取り扱う．

　例として，酢酸水溶液中の酢酸を MIBK（メチルイソブチルケトン）を溶剤にして抽出する場合を考えてみよう．溶剤の MIBK は酢酸との親和性が強く，酢酸とはよく溶けあうが，水とはほとんど溶けあわない．したがって，原料である酢酸水溶液に MIBK を加えて十分に混合攪拌した後に静置させると，酢酸は水よりも親和性の強い MIBK 側に移動し（抽出されて），酢酸を溶解した MIBK 相と酢酸が抜けた水相の二つの相ができる．これらの二つの相は互いに溶けあわず，密度も異なるので，上下二つの相に分離される．

　液液抽出では，原料（あるいは抽料）中の抽出成分を溶質（抽質），抽出されない成分（溶媒）を原溶媒（希釈剤），抽出するために用いる第三成分を溶剤（抽剤）と呼ぶ．さらに，溶質が抽出された後の原溶媒相を抽残液，溶質と溶剤の混合液相を抽出液と呼んでいる．

　上記の抽出操作では，たんに酢酸を原料相から溶剤相に移動させただけである．酢酸のみを取りだすには，酢酸と MIBK を蒸留などによって分離する必要がある．このように抽出操作は二度手間に見えるが，共沸混合物を形成する場合のように蒸留によって分離することができないような系では，いったん抽出してから蒸留するという複合操作が採用されている．

> **one point**
> **固液抽出**
> 固体の天然物から油脂，香料，色素などを取りだすのに，固液抽出が利用される．たとえば大豆から油脂を抽出するときは，大豆を粗く砕いた後，扁平につぶしてからヘキサンで抽出する．香料の抽出には，天然原料を石油エーテル，ヘキサンなどで抽出し，その後溶媒を分離したものを再度エタノールで抽出するという工程をとる．

6.1　抽出を理解するための液液平衡関係

6.1.1　三角線図

　液液抽出では，溶質，原溶媒，溶剤の三成分系を取り扱う．溶質を A，原溶

媒を B，溶剤を C で表し，それぞれの質量分率を x_A，x_B，x_C と表すと，つぎの式が成立する．

$$x_A + x_B + x_C = 1 \qquad (6.1)$$

これらの三成分系の組成を図 6.1 に示すような三角線図（直角二等辺三角形）上に図示することができる．

三角形の頂点に溶質 A，原点に原溶媒 B，底辺右端に溶剤 C をとり，三角形の垂直辺の $\overline{BA}$（縦軸）と底辺の $\overline{BC}$（横軸）には 0 から 1 の目盛りをつける．このとき，三角形の頂点 A，B，C は各成分の純粋成分を表している．さらに，縦軸（AB）上の点は溶質 A と原溶媒の二成分系混合液を表している．たとえば，縦軸上の 0.3 の点は溶質 A の分率が 0.3 で原溶媒 B の分率が，1 − 0.3 = 0.7 の混合液を表す．同様に，横軸（BC）上の点は成分 C（溶剤）と成分 B（原溶媒）の二成分系混合液の組成を表す．

一方，三成分系の場合は三角形の内部の一点に対応する．たとえば，図 6.1 の点 P は縦軸が 0.5 で横軸が 0.2 の点であるから，$x_A = 0.5$，$x_C = 0.2$ となり成分 B（原溶媒）の分率 x_B は式（6.1）から 0.3 と計算できる．このように三成分系では，x_A と x_C を独立変数として選ぶことによって，系の組成を表すことができる．

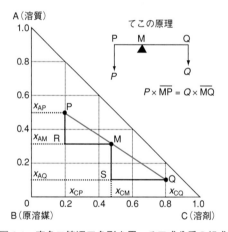

図 6.1　直角二等辺三角形を用いる三成分系の組成表示法

6.1.2　てこの原理

図 6.1 の三角線図を用いると，組成の異なる二つの三成分系の液を混合したとき，混合液の組成を線図上で容易に求めることができる．以下，その方法を説明しよう．

たとえば，図 6.1 の点 P で示す組成（x_{AP}, x_{BP}, x_{CP}）の液 P[kg] と点 Q で示す組成（x_{AQ}, x_{BQ}, x_{CQ}）の液 Q[kg] を混合したときにできる混合液 M の組成を（x_{AM}, x_{BM}, x_{CM}）と表すと，つぎの物質収支が成立する（P，Q，M などの記号は，それ

ぞれの組成を表すと同時にその質量[kg]も表すとする).

| 全　量 | $P + Q = M$ | (6.2) |

溶質 A　　$Px_{AP} + Qx_{AQ} = Mx_{AM}$　　　　　　　　　　　　　(6.3)

溶剤 C　　$Px_{CP} + Qx_{CQ} = Mx_{CM}$　　　　　　　　　　　　　(6.4)

式(6.3)および式(6.4)のそれぞれに式(6.2)を代入して P/Q について解くと，式(6.5a)と式(6.5b)の中央の式で表される関係が得られる．それらを図上の線分の長さで表すと，式(6.5)の最右辺に示すように，二つの三角形△PRMと△MSQの二つの辺の長さの比のかたちでも表せる．

溶質 A　　$\dfrac{P}{Q} = \dfrac{x_{AM} - x_{AQ}}{x_{AP} - x_{AM}} = \dfrac{\overline{MS}}{\overline{PR}}$　　　　　　　　　(6.5a)

溶剤 C　　$\dfrac{P}{Q} = \dfrac{x_{CQ} - x_{CM}}{x_{CM} - x_{CP}} = \dfrac{\overline{SQ}}{\overline{RM}}$　　　　　　　　　(6.5b)

これらの二つの式の最左辺はともに P/Q で等しいから，三角形△PRMと△MSQの対応する二つの辺の比がそれぞれ同じであることになり，両者は相似形であることがわかる．したがって，混合液の組成を表す点 M はそれぞれの液の組成を表す点 P と点 Q を結ぶ線上にあることが明らかである．さらに，上式の最右辺の線分の比を三角形の斜辺の長さの比 $\overline{MQ}/\overline{MP}$ のかたちにも書き換えることができ，そのようにして得られた式を変形すると，つぎの関係が導ける．

$$P \times \overline{MP} = Q \times \overline{MQ} \qquad\qquad (6.6)$$

この関係は，図 6.1 に示すように，点 M を支点にした"てこ"の両端に質量 P と Q の二つのおもりがぶら下がって釣りあっている状況とみなせるので，てこの原理と呼ばれている．

式(6.6)は，加比の理を利用すると，つぎのようにも変形できる．

$$\frac{\overline{MP}}{Q} = \frac{\overline{MQ}}{P} = \frac{\overline{MP} + \overline{MQ}}{Q + P} = \frac{\overline{PQ}}{Q + P} \qquad (6.7)$$

$$\therefore \quad \overline{MP} = \overline{PQ} \times \frac{Q}{Q + P} \qquad\qquad (6.8)$$

なお，混合液の組成は線分 $\overline{PQ}$ 上にあることが明らかであるから，物質収支式(6.2)と(6.3)を利用して，点 M の縦軸の位置 x_{AM} はつぎの式から算出できる．

$$x_{AM} = \frac{Px_{AP} + Qx_{AQ}}{P + Q} \qquad\qquad (6.9)$$

以上のようにして，混合液の組成を求めることができる．

6.1.3　溶解度と液液平衡

溶質 A と原溶媒 B からなる原料液 F に溶剤 C を混合すると，両液の混合比

---

one point
加比の理
分数式の等式の変形：
$a/b = c/d = (a + c)/(b + d)$
例：$1/2 = 3/6 = (1 + 3)/(2 + 6)$
$= 4/8 = 1/2$

によって，均一に溶けあう場合と，二つの相に分離する場合に分かれる．三角座標上でその境界の組成をつないだ線を溶解度曲線という．図 6.2 は溶解度曲線の模式図の一例である．混合液の組成が溶解度曲線の外側にあれば均一相になり，内側にあれば曲線上の二つの点で表される二液相に分かれる．この平衡状態にある二液相の組成を両端とする線分を対応線（タイライン）と呼んでいる．

いま，原料 F と溶剤 C を混合した液の見かけ上の組成を表す点 M は，点 F と点 C を結ぶ直線上にくる．図 6.2 の例では点 M は溶解度曲線の内側にあるから，点 M を通る対応線の両端 R（左側の交点）と E（右側の交点）の各組成をもつ二つの相に分離される．点 E の液は溶質 A が溶剤 C に抽出された液（抽出液）であり，点 R の液は溶質 A の一部が原溶媒中に残存した液（抽残液）である．

すなわち，原料と溶媒の混合組成が溶解度曲線の内側に位置するように両液を混合すると，溶質 A が原料から溶剤(C)側に抽出され，しばらく静置させると平衡状態になり，抽出液 E と抽残液 R が得られるというわけである．このようにして原料中の溶質 A の多くは抽出相に移動し，溶質が分離されたことになる．これが抽出の基本原理である．

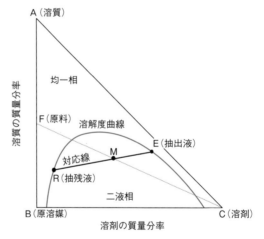

図 6.2　三成分系の溶解度平衡

6.2　液液抽出装置とその操作法

6.2.1　攪拌槽型抽出装置

いくつかの液液抽出装置を図 6.3 に示す．それらは攪拌槽型と塔型に大別できる．

攪拌槽型はミキサーセトラー型抽出装置(図 6.3a)と呼ばれ，原料液と溶剤を混合攪拌して溶質を抽出するミキサー(攪拌槽)と，物質移動が終わりほぼ平衡

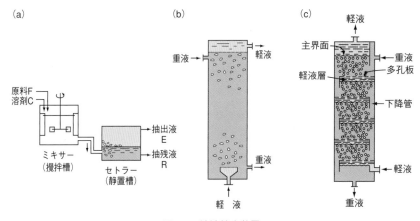

(a) (b) (c)

図6.3　液液抽出装置
(a) ミキサーセトラー　(b) スプレー塔　(c) 多孔板塔

に達した混合液を静置するセトラー(静置槽)からなる．セトラーでは，抽出液は密度の差によって上下の二相に分かれるので，それらを別々に取りだすことにより抽出液と抽残液が得られる．

　しかし，抽出液には目的成分である溶質Aだけではなく溶剤Cも含まれているから，そのままでは製品にならない．抽出液を蒸留塔などに送り，そこで溶質と溶剤に分離して製品Aを得ると同時に，溶剤Cを回収して再度抽出工程に戻して再利用する．このような抽出操作法を単抽出操作と呼んでいる．もし，単抽出操作では原料中の溶質Aの回収が不十分である場合は，抽残液を原料として回分抽出操作を繰り返す操作法が採用される．そのような方式を多回抽出操作と呼んでいる．

　単抽出および多回抽出は回分操作であるが，ミキサーセトラー抽出装置を直列に接続して，原料と溶剤を向流に流す操作方式があり，それを向流多段抽出という．第1槽からでる抽残液を第2槽の原料として供給して抽出を行い，ついで第3槽に送る，という操作を繰り返す．そして最終の第N槽で抽残液として取りだされる．一方の溶剤Cは最終の第N槽に供給され，そこから抽出相となって回収され，つぎの槽の溶剤として第$(N-1)$槽に供給される．このように，原料液と溶剤は互いに向流方向に流れながら接触して抽出が連続的に進行するのが向流多段抽出である．

6.2.2　塔型抽出装置

　塔型の抽出装置は連続向流装置であり，スプレー塔(図6.3b)，多孔板塔(図6.3c)などがある．スプレー塔では，重液は塔頂から供給される．一方，軽液は塔下部の分散器によって液滴となって重液中に分散され，抽出が行われる．多孔板塔では，塔内に多孔板が適当な間隔で設けられ，軽液は多孔板の孔から小さな液滴となって上昇するが，すぐ上の多孔板の下で，液滴は合体して軽液の

one point

塔型抽出装置の重液と軽液
塔型抽出装置では，原料と溶剤のうち，密度の大きいほうを塔頂から，小さい方を塔底から流す．このとき，密度の大きいほうの液を重液，軽い方の液を軽液という．

層をつくる。そして，再び多孔板の孔からでて液滴となる。このように，軽液は液滴の形成と合体を繰り返しながら塔内を上昇していく。一方，重液は多孔板の間を横方向に流れ，下降管からすぐ下の多孔板の間に流下する。このように軽液と重液の接触の様子は，蒸留塔での気体と液体のそれとよく似ている。

6.3 液液抽出を計算する

回分抽出は，溶質 A を含む原料を溶剤 C と攪拌・混合して，溶質 A を溶剤側に回収する操作である。抽出の計算とは，与えられた原料の組成と量 F[kg] に対して，原料に加える溶剤 C の量 S[kg] を設定したときに，抽出液 E と抽残液 R の量[kg]と組成，ならびに溶質 A の回収率 Y を求めることである。

6.3.1 単抽出の計算

単抽出操作では，原料に溶剤を加えて攪拌し，平衡に達した後静置して抽出相と抽残相に分離する。このとき，原料を F[kg]，そのなかの溶質 A の質量分率を x_F，加える溶剤の量を S[kg]，両者の混合液の液量を M[kg]，そのなかの溶質 A の質量分率を x_M で表す。x_F と x_M には溶質 A を表す添字 A が省略されているが，その理由は以下の通りである。たとえば，原料 F と溶剤 C の混合液 M の組成は，三角線図上の点 F と点 C を結ぶ線上にあるから，混合液 M の溶質 A の組成を物質収支式から計算すると，点 M の位置が直線 $\overline{FC}$ 上に定まる。その点 M の横座標の値から溶剤 C の組成がすぐに求まるから，成分 C の物質収支式は必要ない。このように，抽出の計算では全物質と溶質 A の物質収支式と三角線図を併用すれば十分である場合が多い。そこで，記号を簡単にするために，質量分率を表す x の記号から添字 A を省略する。

まず，物質収支式はつぎのように書ける。

全物質収支式　　　$F + S = M$　　　　　　　　　　　　　　(6.10)

溶質 A の物質収支式　　$Fx_F = Mx_M$　　　　　　　　　　　(6.11)

$$\therefore \quad x_M = \frac{Fx_F}{F + S} \tag{6.12}$$

原料は図 6.4(a) の縦軸(OA)上の点 F に，溶剤 S は頂点 C にある。

両者の混合液の組成を表す点 M は，F と C を結んだ線分 $\overline{FC}$ 上にあり，その縦軸の座標は式(6.12)によって与えられ，混合液の組成を表す点 M の座標が求まる。

つぎに点 M を通る対応線を引くが，溶解度平衡のデータには数本の対応線しか示されていない場合が多く，すぐには対応線は引けない。

このような場合，図 6.4(b) に示すように，平衡データの複数の対応線の液 R

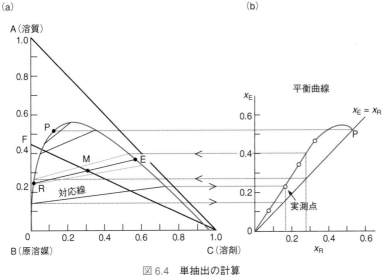

図 6.4 単抽出の計算
(a) 対応線の引きかた (b) 平衡曲線

と液 E の溶質分率(縦軸の目盛り)x_R と x_E を読み取り,x_R を横軸に x_E を縦軸にとって実測点(図 6.4b の○印)を連ねた曲線をあらかじめ作成しておき,その平衡関係を表す曲線(平衡曲線と呼ぶ)を利用して対応線の数を増やすことが可能である.なお,図上の点 P は対応線が一点になる点であり,プレイトポイントと呼ばれ,この点では抽残相と抽出相の組成が一致する.

混合液組成の点 M を通る対応線は,点 M 付近を通る対応線(図中の 2 本の赤い破線)を平衡曲線から引き,それらを参考にして点 M を通る直線を引けばよいのである.そして,抽残液 R の組成 x_R と抽出液 E の組成 x_E を三角線図から読み取る.

これらの値を使って,抽出液 E[kg]と抽残液 R[kg]が,つぎの物質収支式から算出できる.

全物質収支 $M = R + E$ (6.13)

溶質成分 A の収支 $Mx_M = Rx_R + Ex_E$ (6.14)

これらの式を解くと,抽出液 E と抽残液 R の量がつぎのように求まる.

$$E = M \cdot \frac{x_M - x_R}{x_E - x_R} \qquad R = M - E \tag{6.15}$$

単抽出による溶質の回収率 Y は,抽出液中の溶質量 Ex_E を原料中の溶質量 Fx_F で割った値だから,つぎのように求まる.

$$Y = \frac{Ex_E}{Fx_F} \tag{6.16}$$

one point
プレイトポイント

図 6.4(a)で対応線が引かれているが,その長さは溶質濃度の増加とともに短くなり,点 P において二液相の組成は一致して均一相になる.この点 P をプレイトポイントと呼ぶ.点 P では $x_E = x_R$ の関係が成立するから,図 6.4(b)の平衡曲線では対角線上の一点 P に対応する.

6.3.2 多回抽出の計算

単抽出では溶質の分離回収が不十分であるときは，単抽出を繰り返す多回抽出を行う．多回抽出は図 6.5 に示すように，前回の抽残液を原料にして，これに純溶媒を加えて抽出を繰り返す操作である．最終回での抽残液中の溶質 A の組成 x_{Rn} の値が所定の値以下になるまで抽出が繰り返される．

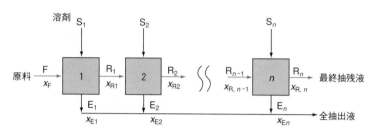

図 6.5 多回抽出のフローシート

図 6.5 の記号を参照しながら，一般に n 回目の抽出における物質収支をとると，単抽出の場合と同様につぎの式が得られる．

全物質収支 $\qquad R_{n-1} + S_n = M_n = E_n + R_n$ $\qquad$ (6.17)

溶質成分 A の収支 $\qquad R_{n-1} x_{R,n-1} = M_n x_{Mn} = E_n x_{En} + R_n x_{Rn}$ $\qquad$ (6.18)

上式を解くとつぎの式が得られる．

$$x_{Mn} = \frac{R_{n-1} x_{R,n-1}}{M_n} = \frac{R_{n-1} x_{R,n-1}}{R_{n-1} + S_n} \tag{6.19}$$

$$E_n = M_n \frac{x_{Mn} - x_{Rn}}{x_{En} - x_{Rn}} \qquad R_n = M_n - E_n \tag{6.20}$$

式（6.19）から x_{Mn} が求まり，点 M_n を通る対応線から x_{En} と x_{Rn} が得られる．さ

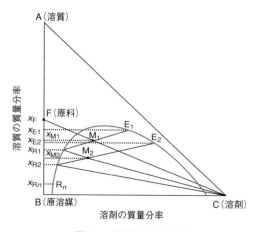

図 6.6 多回抽出の計算法

らに E_n と R_n が式（6.20）から計算できる．それらの計算法は単抽出の場合と同様であり，図 6.6 に示されている．

多回抽出によって回収される溶質 A の量は，毎回の回収量 $E_n x_{En}$ の総和であり，かつ原料中に存在した溶質の量は Fx_F で与えられるから，多回抽出での総括回収率 Y は次式から計算できる．

$$Y = \frac{E_1 x_{E1} + E_2 x_{E2} + \cdots + E_n x_{En}}{Fx_F} \tag{6.21}$$

例題 6.1

エタノール水溶液から，エチルエーテルを溶剤として用いてエタノールを抽出したい．エタノール（成分 A），水（B）およびエチルエーテル（C）の三成分系の 25℃ における液液平衡データを表 6.1 に示す．このとき，以下の問いに答えよ．
(1) 三角線図上に液液平衡関係を図示せよ．
(2) 30 wt% のエタノール水溶液 40 kg を 60 kg のエチルエーテルで抽出したときの抽出液 E_1 と抽残液 R_1 の質量と組成，およびエタノールの回収率 Y_1 を求めよ．
(3) (2) で得られた抽残液 R_1 を 40 kg のエチルエーテルで 2 回目の抽出を行ったときの抽出液 E_2 と抽残液 R_2 の質量と組成を求めよ．
(4) (1) と (2) の 2 回の抽出による総括回収率 Y を求めよ．
(5) 1 回の抽出によって，先の多回抽出の最終抽残液組成まで抽出するためには，溶剤量をいくらにすればよいか．

表 6.1　エタノール-水-エチルエーテル系の液液平衡関係

データ番号	抽残（水）相：R		抽出（エーテル）相：E	
	エチルエーテル x_{CR}	エタノール x_{AR}	エチルエーテル x_{CE}	エタノール x_{AE}
1	0.060	0	0.987	0
2	0.062	0.067	0.950	0.029
3	0.069	0.125	0.900	0.067
4	0.078	0.159	0.850	0.102
5	0.088	0.186	0.800	0.136
6	0.096	0.204	0.750	0.168
7	0.106	0.219	0.700	0.196
8	0.133	0.242	0.600	0.241
9	0.183	0.265	0.500	0.269
10	0.250	0.280	0.400	0.282
11	0.319	0.285	0.319	0.285

（注）水の分率 $x_B = 1 - (x_A + x_C)$

解答

（1）三角線図の頂点に溶質のエタノール（成分 A），底辺左端に原溶媒の水（成分 B），底辺右端に溶剤のエチルエーテル（成分 C）をとる．x_C を横軸に，x_A を縦軸にとって三角線図にデータをプロットすると，線図の左側に抽残相（水相）の溶解度曲線が描ける．一方，抽出相（エーテル相）の溶解度曲線も描ける．さらに，表の左端のデータ番号が同じデータ点を結ぶ直線が対応線となる．このようにして，図 6.7(a) のような三角線図が得られる．データ番号 11 は抽残相と抽出相の組成が一致しているので，プレイトポイント P を表している．図 6.7(b) は，同一データ番号の x_{AR} を横軸に，x_{AE} を縦軸にとった曲線であり，平衡曲線を表している．

（2）原料 F と溶剤 S_1 の混合液 M_1 の組成は，原料点 F と溶剤点 C を結ぶ直線上にあり，その縦軸座標 x_{M1} は式(6.12)より

$$x_{M1} = \frac{Fx_F}{F + S_1} = \frac{40 \times 0.30}{40 + 60} = 0.12$$

となるから，点 M_1 の位置が図 6.7 上に定まる．与えられた対応線の一つである $R_1M_1E_1$ がほぼ点 M_1 を通過するので，その対応線が点 M_1 を通る対応線だと考えればよい．この対応線と溶解度曲線との交点が抽残液 R_1 と抽出液 E_1 の溶質 A の分率 x_{R1} と x_{E1} である．それらの値は，図からつぎのように読み取れる．

$$x_{R1} = 0.16 \qquad x_{E1} = 0.10$$

これらの値を式(6.20)に代入すると，1 回目の抽出液 E_1 と抽残液 R_1 の量は

$$E_1 = M_1 \cdot \frac{x_{M1} - x_{R1}}{x_{E1} - x_{R1}} = 100 \times \frac{0.12 - 0.16}{0.10 - 0.16} = 66.7 \text{ kg}$$

$$R_1 = M_1 - E_1 = 100 - 66.7 = 33.3 \text{ kg}$$

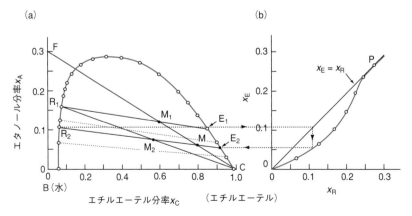

図 6.7　単抽出と 2 回抽出の計算作図

一方，溶質の回収率 Y_1 は，式(6.16)から

$$Y_1 = \frac{E_1 x_{E1}}{F x_F} = \frac{66.7 \times 0.10}{40 \times 0.3} = 0.556 = 55.6\%$$

(3) 2 回目の抽出では，$R_1 = 33.3$ kg を原料にし，それに溶剤 $S_2 = 40$ kg を混合して抽出することになる．よって，混合液 M_2 の質量は式(6.17)から

$$M_2 = R_1 + S_2 = 33.3 + 40 = 73.3 \text{ kg}$$

となり，式(6.19)から，混合液の組成 x_{M2} がつぎのように計算できる．

$$x_{M2} = \frac{R_1 x_{R1}}{M_2} = \frac{33.3 \times 0.16}{73.3} = 0.0727$$

抽残液 R_1 と溶剤 S を結ぶ直線上で縦軸座標が 0.0727 の点が混合液 M_2 の組成を表す．M_2 を通る対応線を引かねばならないが，与えられた対応線には点 M_2 を通るものは見あたらない．そこで，図 6.7(b)の平衡曲線を利用して，試行法で対応線を求める．点 M_2 付近を通る 2 本の対応線（色つきの破線で示した）を参考にして，抽残液 R_2 の縦座標の位置が $x_{R2} = 0.105$ と求まる．それと平衡な抽出液の組成 x_{E2} は，図 6.7(b)から 0.053 である．このようにして，1 本の対応線 $R_2 E_2$ が図上に引ける．この直線が混合点 M_2 を通ることが確認できた．もしも直線 $R_2 E_2$ が点 M_2 を通過しない場合は，R_2 の位置を再度変更して，直線が点 M_2 を通過するように作図を繰り返す．

以上のように，2 回目の抽出における抽残液 R_2 と抽出液 E_2 の組成が求まる．

$$x_{E2} = 0.053 \qquad x_{R2} = 0.105$$

これらの値を式(6.20)に代入すると，2 回目の抽出液 E_2 と抽残液 R_2 の量は

$$E_2 = M_2 \cdot \frac{x_{M2} - x_{R2}}{x_{E2} - x_{R2}} = 73.3 \times \frac{0.0727 - 0.105}{0.053 - 0.105} = 45.5 \text{ kg}$$

$$R_2 = M_2 - E_2 = 73.3 - 45.5 = 27.8 \text{ kg}$$

(4) 2 回にわたる多回抽出での総括回収率は，式(6.21)から

$$Y = \frac{E_1 x_{E1} + E_2 x_{E2}}{F x_F} = \frac{66.7 \times 0.1 + 45.6 \times 0.053}{40 \times 0.3} = 0.757 = 75.7\%$$

となる．以上より，多回抽出操作によって，溶質 A の回収率は単抽出での回収率の 55.6 ％から 75.7 ％に向上していることがわかる．

(5) 1 回の抽出操作で最終抽残液組成の $x_{R2} = 0.105$ に到達するには，図中の直線 FC と対応線 $R_2 E_2$ の交点 M($x_M = 0.057$)に混合物 M がくるように溶剤量 S を選べばよい．すなわち，式(6.12)を S について解いたつぎの式から必要溶剤量 S が算出できる．

$$S = \frac{F(x_F - x_M)}{x_M} = \frac{40 \times (0.3 - 0.057)}{0.057} = 170.5 \text{ kg}$$

この値は，2回の抽出での溶剤量 = 60 + 40 = 100 kg よりはかなり大きい．

章 末 問 題

1 酢酸-水-クロロホルム系の液液平衡データが表6.2にある．直角三角線図上にこのデータを図示せよ．ただし，直角三角形の頂点に酢酸(A)，底辺の原点に水(B)，底辺右端にクロロホルム(C)をそれぞれとれ．また，対応線の平衡曲線を表す図をつくれ．

表6.2　酢酸(A)-水(B)-クロロホルム(C)系の液液平衡関係

データ番号	抽残(水)相：R		抽出(クロロホルム)相：E	
	クロロホルム x_{CR}	酢酸 x_{AR}	クロロホルム x_{CE}	酢酸 x_{AE}
1	0.008	0.000	0.990	0.000
2	0.010	0.160	0.959	0.030
3	0.012	0.251	0.919	0.067
4	0.073	0.441	0.800	0.177
5	0.151	0.502	0.701	0.258
6	0.252	0.492	0.600	0.321

(注) 水の分率 $x_B = 1.0 - (x_A + x_C)$

2 1で得た線図を用いて，(1)酢酸40%の水溶液100 kgをクロロホルム100 kgで抽出したときの抽出液 E_1 と抽残液 R_1 の量[kg]と酢酸分率，および酢酸の回収率 Y_1 を求めよ．
(2) (1)で得られた抽残液 R_1 を100 kgのクロロホルムで2回目の抽出を行ったときの抽出液 E_2 と抽残液 R_2 の量[kg]と酢酸分率を求めよ．
(3) (1)と(2)の2回の抽出による総括回収率 Y を求めよ．

3 酢酸の36%水溶液100 kgをクロロホルムで抽出し，抽残液中の酢酸濃度を28%以下にしたい．これを単抽出で行うのに必要な溶剤 S（クロロホルム），得られた抽出液 E，抽残液 R の量[kg]を求めよ．

4 エタノール10%，水40%，エチルエーテル50%の溶液100 kgがある．この溶液にエタノールを加えて，混合液が抽出液と抽残液とに分かれずに均一になる溶液相にしたい．加えるべきエタノールの量 A[kg]を求めよ．例題6.1の液液平衡関係を用いよ．

5 例題6.1の(3)で得られた抽出液(E_2)から溶剤を除いた溶液の組成を求めよ．

第*7*章

流体の流れ

化学工場では，反応器，分離装置，熱交換器などの化学装置，ならびにポンプや送風機などの輸送機が管路によって複雑につながれて，そのなかを流体が流れている．この章の主目的は，管路内の流体の流れについて学ぶことである．

この章では，まず管路の流れに対するエネルギー収支を導く．ついで，円管内の流体の流れに着目して，流体の粘っこさを表す粘度がどのような値であるかを学ぶ．さらに，円管内の流れには層流と乱流があり，それを判定する変数として粘度を含むレイノルズ数があることや，円管内の流速分布などについても説明する．

流体が管路を流れる間に，流体の粘性による摩擦や，管路内の継手，コック，弁などによって流れにエネルギーの損失が起こる．それらの値を推定すればエネルギー収支式が完成し，流体を流すのに必要な輸送機（ポンプや送風機など）を運転するのに必要な動力が計算できて，管路の設計が可能になる．

7.1　管を流れる流体の流れの物質収支

7.1.1　体積流量，平均流速，質量流量

流体が円管断面を満たしながら連続的に流れているとき，単位時間に流れる流体の体積を体積流量 $v[\mathrm{m^3 \cdot s^{-1}}]$ と呼ぶ．管内の流体の流速は均一ではないが，その平均流速 $\bar{u}[\mathrm{m \cdot s^{-1}}]$ は管断面積を $S[\mathrm{m^2}]$，管内径を $d[\mathrm{m}]$ とすると，つぎの式から計算できる．

$$\bar{u} = \frac{v}{S} = \frac{v}{(\pi/4)d^2} \tag{7.1}$$

一方，単位時間に流れる流体の質量を質量流量 $w[\mathrm{kg \cdot s^{-1}}]$ と呼ぶ．流体の密度

を $\rho\,[\mathrm{kg\cdot m^{-3}}]$ とすると，つぎの式から質量流量 w が計算できる．

$$w = v\rho = S\bar{u}\rho \tag{7.2}$$

7.1.2 連続の式

　管路内の任意の断面において，流量・平均流速・温度・圧力などがつねに一定値に保たれている流れを定常流れという．図 7.1 のような管路内を流体が定常流れで流れるとき，断面①と断面②の間で全物質収支をとると，質量流量 w_1 と w_2 は等しいので

$$w_1 = w_2 \tag{7.3}$$

この式は，式(7.2)の関係を用いると，つぎのように書き換えられる．

$$S_1\bar{u}_1\rho_1 = S_2\bar{u}_2\rho_2 \tag{7.4}$$

この関係を連続の式という．

　液体の場合は，密度 ρ は一定値とみなせる $(\rho_1 = \rho_2)$ から，つぎのように簡単な式になる．

$$S_1\bar{u}_1 = S_2\bar{u}_2 \tag{7.5}$$

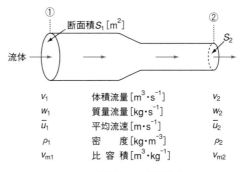

	体積流量 $[\mathrm{m^3\cdot s^{-1}}]$	
v_1		v_2
w_1	質量流量 $[\mathrm{kg\cdot s^{-1}}]$	w_2
$\bar{u}_1$	平均流速 $[\mathrm{m\cdot s^{-1}}]$	$\bar{u}_2$
ρ_1	密　度 $[\mathrm{kg\cdot m^{-3}}]$	ρ_2
v_{m1}	比 容 積 $[\mathrm{m^3\cdot kg^{-1}}]$	v_{m2}

図7.1　定常流れの物質収支

例題 7.1

　内径 $d_1 = 80\,\mathrm{mm}$ の管①の下流に内径 $d_2 = 50\,\mathrm{mm}$ の管②が接続されている管路内を水が定常流れで流れており，管②内の平均流速 $\bar{u}_2$ が $2.8\,\mathrm{m\cdot s^{-1}}$ であった．このとき，管①内の平均流速 $\bar{u}_1\,[\mathrm{m\cdot s^{-1}}]$，および管路を流れる水の 1 時間あたりの体積流量 $v\,[\mathrm{m^3\cdot h^{-1}}]$ と質量流量 $w\,[\mathrm{kg\cdot h^{-1}}]$ を求めよ．

解　答

　水の密度 ρ は，$1\,\mathrm{g\cdot cm^{-3}} = 1000\,\mathrm{kg\cdot m^{-3}}$ で一定であるから，式(7.5)が適用で

きる．管の断面積 S は内径 d の2乗に比例することに注意すると，式(7.5)から，管①の流速 $\bar{u}_1$ は

$$\bar{u}_1 = \bar{u}_2 \frac{S_2}{S_1} = \bar{u}_2 \left(\frac{d_2}{d_1}\right)^2 = 2.8 \times \left(\frac{0.05}{0.08}\right)^2 = 1.09 \text{ m·s}^{-1}$$

管路を流れる水の流量 v は，管①と管②で等しいから，管②に着目すると

$$v = S_2\bar{u}_2 = (\pi/4)d_2^2\bar{u}_2 = (3.14/4) \times (0.050)^2 \times 2.8 = 5.500 \times 10^{-3} \text{ m}^3\text{·s}^{-1}$$

$$= (5.500 \times 10^{-3}) \times (60 \times 60) = 19.8 \text{ m}^3\text{·h}^{-1}$$

$$w = 19.8 \times 1000 = 1.98 \times 10^4 \text{ kg·h}^{-1}$$

7.2　流れのエネルギー収支を求める

7.2.1　全エネルギー収支式

2.3 節で化学装置や化学プロセスのエネルギー収支を考えたとき，流体の位置エネルギー，運動エネルギー，機械的仕事などの寄与は無視できると考え，熱に注目したエネルギー収支を導いた．しかし，本章で取り扱う管路系ではそれらの機械的エネルギーについて考察することが重要になる．

なお，第2章ではエンタルピー H を各成分の物質量あたりの値[J·mol^{-1}]で表したが，この章では，個々の成分ではなく一つの流体として考えるので，エンタルピーは流体単位質量あたりの値である H_m[J·kg^{-1}]で表すことにする．その他の量についても，同様に流体1 kg あたりの値に注目して，添え字 m を付けて表す．

図 7.2 に示すような管路系について考えてみよう．管路のなかには流体を輸送するポンプや加熱器があり，機械的仕事を行っていて，外部との熱の授受があるものとする．この管路系に関係するエネルギーには以下のようなものがあり，それぞれの大きさを流体1 kg について書き表すとつぎのようになる．

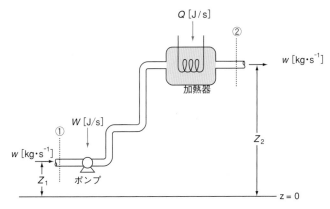

図7.2　管路系の模式図

(1) **位置のエネルギー**：1 kgの物体が地表面から高さ Z[m]にあるとき，物体は重力にさからって仕事をしたと考えられ，gZ[J·kg^{-1}]の位置エネルギーをもつ．ここで，gは重力加速度 = 9.8 m·s^{-2}を表す．

$$位置のエネルギー = gZ \tag{7.6}$$

one point

運動エネルギー

質量 m [kg] の流体の塊（物体）が速度0から u になるまでに物体になされた仕事 W が物体の運動エネルギーEに等しい．等加速度運動を考え，加速度を a，速度が $\bar{u}$ に達する時間を t とすると $u = at$ となり，その間の物体の移動距離 x は次式で表せる．

$$x = \int_0^t \bar{u}\mathrm{d}t = \int_0^t at\mathrm{d}t = (1/2)at^2$$

運動方程式から作用する力 f は $f = ma$ で与えられるから，仕事 W は

$$W = fx = ma \cdot x = ma \cdot (1/2)at^2$$
$$= (1/2)ma^2t^2$$

$t = \bar{u}/a$ の関係を用いると

$$W = E = (1/2)m\bar{u}^2$$
$$m = 1\,\mathrm{kg} \rightarrow E = \bar{u}^2/2 \tag{7.7}$$

(2) **運動のエネルギー**：1 kgの物体が，速度 $\bar{u}$[m·s^{-1}]で運動しているとき，その物体は $\bar{u}^2/2$[J·kg^{-1}]の運動エネルギーをもっている．

$$運動のエネルギー = \frac{\bar{u}^2}{2} \tag{7.7}$$

(3) **内部エネルギー**：物質内部での分子・原子の運動に基づくエネルギーを内部エネルギーと呼び，温度の関数である．その大きさは U_m[J·kg^{-1}]で表される．

$$内部エネルギー = U_m \tag{7.8}$$

(4) **圧力エネルギー**：流体が管内を流れるには管路の断面に作用する圧力にさからって仕事をする必要がある．それに対応するエネルギーを圧力エネルギーという．その大きさは圧力 P[Pa]と流体1 kgの体積 v_m[m^3·kg^{-1}]の積で与えられる．

$$圧力エネルギー = Pv_m \tag{7.9a}$$

この v_m[m^3·kg^{-1}]は比容積と呼ばれ，密度 ρ[kg·m^{-3}]の逆数だから，圧力エネルギーはつぎの式によっても表せる．

$$圧力エネルギー = \frac{P}{\rho} \tag{7.9b}$$

one point

圧力エネルギー

1 kgの流体の体積は v_m [m^3] であり，それを断面積 S [m^2] の管路に押込むには，管内で流体を $x = v_m/S$ だけ移動させる必要がある．そのときに必要な仕事が圧力エネルギーを与える．管内の圧力を P [Pa] とすると，作用する力 f は PS [N]，流体を移動させる距離は x であるから

$$圧力エネルギー$$
$$= PS \cdot x = P \cdot Sx = Pv_m$$
$$\tag{7.9a}$$

(5) **外部から加えられる仕事 W_m と熱量 Q_m**：ポンプや送風機によって，流体に仕事がされたり，あるいは外部から熱が供給されたりする．これらはエネルギーであり，エネルギー収支に加える必要がある．

系に加えられる仕事率を W[J·s^{-1}]，加熱速度を Q[J·s^{-1}]とし，系に流入し流出する流体の質量流量を w[kg·s^{-1}]とすると，流体1 kgに対する仕事 W_m は W/w[J·kg^{-1}]，1 kgに対する熱量 Q_m は Q/w[J·kg^{-1}]で与えられる．この W_m と Q_m を用いると，つぎの式が成立する．

$$流体1\,\mathrm{kg}に外部から加えられるエネルギー = W_m + Q_m \tag{7.10a}$$
$$W_m = W/w \qquad Q_m = Q/w \tag{7.10b}$$

図7.2の管路の①の位置から②の位置までの区間を一つの系と考えると，上記に列挙したすべてのエネルギーを考慮した流体1 kgあたりのエネルギー収支式はつぎのように書ける．

$$gZ_1 + \frac{\overline{u_1}^2}{2} + P_1 v_{m1} + U_{m1} + W_m + Q_m = gZ_2 + \frac{\overline{u_2}^2}{2} + P_2 v_{m2} + U_{m2} \qquad (7.11)$$

この式(7.11)を全エネルギー収支式という.

外部からの熱や仕事がなく,系が等温に保持される場合は,$W_m = 0$, $Q_m = 0$, $U_{m1} = U_{m2}$ が成立する.したがって,このとき式(7.11)はつぎのように簡単になる.

$$gZ_1 + \frac{\overline{u_1}^2}{2} + P_1 v_{m1} = gZ_2 + \frac{\overline{u_2}^2}{2} + P_2 v_{m2} \qquad (7.12)$$

この式をベルヌーイ(Bernoulli)の式という.

さらに,式(7.12)の両辺を重力加速度 g で割ると

$$Z_1 + \frac{\overline{u_1}^2}{2g} + \frac{P_1 v_{m1}}{g} = Z_2 + \frac{\overline{u_2}^2}{2g} + \frac{P_2 v_{m2}}{g} \qquad (7.13)$$

が得られる.この式の各項は長さ[m]の次元をもち,Z を位置ヘッド,$\overline{u}^2/2g$ を速度ヘッド,Pv_m/g を静圧ヘッドという.各エネルギー項の大きさが高さ[m]で表されているわけである.

例題 7.2

図 7.3 に示すように,水を満たした大きなタンクの底部に管を接続している.基準面からタンクの水面までの高さが8 m,流出口までの高さが1 mである.このとき,流出する水の平均流速を求めよ.

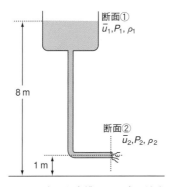

断面①
$\overline{u}_1, P_1, \rho_1$

8 m

断面②
$\overline{u}_2, P_2, \rho_2$

1 m

図7.3 大きな水槽からの水の流出

解 答

タンクの水面を①,管出口を②とおき,高さで表したベルヌーイの式(7.13)

を適用する．水槽が大きいので，水の流出が続いても水面の位置は変化しないと近似でき，式(7.13)における水の流入速度 $\bar{u}_1$ はゼロとみなせる．また，水面と管出口での圧力はともに大気圧である．これらの条件を式(7.13)に代入すると

$$Z_1 = Z_2 + \bar{u}_2^{\,2} / 2g$$

が得られる．これを $\bar{u}_2$ について解くと

$$\bar{u}_2 = \sqrt{2g(Z_1 - Z_2)}$$

ここに，$Z_1 = 8$ m，$Z_2 = 1$ m，$g = 9.8$ m·s^{-2} を代入すると

$$\bar{u}_2 = \sqrt{2 \times 9.8 \times (8 - 1)} = 11.7 \text{ m·s}^{-1}$$

この値は水が高さ $Z_1 - Z_2 = 7$ m の高さの点から自由落下するときの速度に等しい．

7.2.2 機械的エネルギー収支式

ベルヌーイの式(7.12)は，一般の流通系のエネルギー収支式(7.11)から，流体が非圧縮性で粘性がなく，外部からの熱の出入り Q_m と仕事 W_m がなく，系が等温に保持されると仮定して導出された．しかし実際の管路系では，ポンプなどによって外部からの仕事 W_m が加えられる．さらに実在の流体では，流体の粘性抵抗力によって機械的エネルギーの一部は熱に変わり，エネルギー損失が発生する．これを摩擦損失と呼び $F_m [\text{J·kg}^{-1}]$ で表すと，出口流体にこの F_m を加算したものが，出口流体がもつ本来のエネルギーになる．したがって，摩擦損失 F_m ならびに外部からの仕事 W_m を考慮すると，式(7.11)はつぎのように書き換える必要がある．

$$gZ_1 + \bar{u}_1^{\,2} / 2 + P_1 v_{m1} + W_m = gZ_2 + \bar{u}_2^{\,2} / 2 + P_2 v_{m2} + F_m \tag{7.14}$$

この式を W_m について解くとつぎの式が得られる．

$$W_m = (Z_2 - Z_1)g + \frac{1}{2}(\bar{u}_2^{\,2} - \bar{u}_1^{\,2}) + (P_2 v_{m2} - P_1 v_{m1}) + F_m \tag{7.15a}$$

この式は非圧縮性流体の機械的エネルギー収支を表すもので，一般的ベルヌーイの式と呼ばれる．

液体のような非圧縮性流体の場合は，比容積は一定であり，$v_{m1} = v_{m2} = v_m = 1/\rho$ とおける．ここで ρ は流体の密度 $[\text{kg·m}^{-3}]$ を表す．この関係を用いると，式(7.15a)はつぎのように簡単になる．

$$W_\mathrm{m} = (Z_2 - Z_1)g + \frac{1}{2}(\overline{u_2}^2 - \overline{u_1}^2) + \frac{P_2 - P_1}{\rho} + F_\mathrm{m} \tag{7.15b}$$

　一方, 気体の場合は, 温度, 圧力の差によって流体の体積が著しく変化するので, 非圧縮性の近似は成立しない. このような場合は, 流体自身の膨張, 圧縮などによる仕事もエネルギー収支のなかに加える必要がある. しかし, 圧力差あるいは温度変化が十分小さく, 比容積 v_m の変化が比較的小さいときは, 管路の入口・出口での比容積の平均値 $v_\mathrm{m,av} = (v_\mathrm{m1} + v_\mathrm{m2})/2$ を用いたつぎの式で近似的に計算できる.

$$W_\mathrm{m} = (Z_2 - Z_1)g + \frac{1}{2}(\overline{u_2}^2 - \overline{u_1}^2) + (P_2 - P_1)v_\mathrm{m,av} + F_\mathrm{m} \tag{7.16}$$

式(7.15)あるいは式(7.16)から, 流体 1 kg を輸送するために必要な仕事 $W_\mathrm{m}[\mathrm{J \cdot kg^{-1}}]$ が計算できる. さらに, 式(7.10b)から系に加えるべき仕事 $W[\mathrm{J \cdot s^{-1}}]$ が算出できる.

7.3　管内の流れのさまざまな性質

　管路のポンプや送風機などの輸送機を動かすのに必要な動力を計算するには, 摩擦損失 F_m の値が必要である. 摩擦損失を求めるには管内の流れの性質を知る必要があるので, この節で, それらの性質について学んでいこう.

7.3.1　粘度の定義と性質

　水やアルコールはさらさらしているが, 油やグリセリンは粘っこくて流動しにくい. このような流体の粘っこさ, 流動のしにくさを流体の粘性といい, 粘性の大きさを示す値が粘度である.

　図 7.4 のような, 流体中にある面積が $A[\mathrm{m^2}]$ の 2 枚の平行面について考えてみよう(両者の距離を $h[\mathrm{m}]$ とする). このとき, 上面を下面に対して速さ $u[\mathrm{m \cdot s^{-1}}]$ で平行に移動させるのに必要な力 $F[\mathrm{N}]$ は, 面積 A と速度 u に比例し, 距離 h に反比例することが知られている. この力は粘性による流体の抵抗力である. この関係を式で表すとつぎのようになる.

　　粘性による抵抗力 $F \propto \dfrac{Au}{h}$ $\tag{7.17}$

抵抗力 F を面積 A で割った値はせん断応力 $\tau[\mathrm{N \cdot m^{-2}}]$ と呼ばれる. 式(7.17)の比例定数を μ とすると, つぎの関係が成立する.

　　$\tau = \dfrac{F}{A} = \mu\dfrac{u}{h}$ $\tag{7.18}$

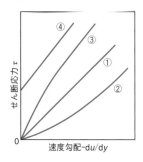

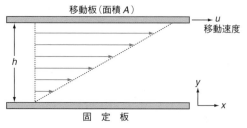

図7.4 流体中の２枚の板

この比例定数 μ を粘度という. 粘度の値が大きいほど大きなせん断応力が必要であり, その液体は粘っこい. 逆に, 粘度が小さい流体はさらさらしている.

水などの液体は粘度が温度によって変化するが, 速度勾配には無関係である. このような流体をニュートン(Newton)流体と呼ぶ. それに対して, 高分子溶液などは粘度が速度勾配に依存する. そのような液を非ニュートン流体と呼ぶ.

粘度の SI 単位は $[\mathrm{N \cdot s \cdot m^{-2}}]$, または $[\mathrm{Pa \cdot s}]$, または $[\mathrm{kg \cdot m^{-1} \cdot s^{-1}}]$ と書ける. そのほか, $[\mathrm{g \cdot cm^{-1} \cdot s^{-1}}]$ を 1 ポイズ[P]という単位で表したり, その 1/100 を 1 センチポイズ[cP]という単位で表したりもする. 1 Pa·s = 10 P となる.

なお, 温度の上昇に伴い, 液体の粘度は減少するが, 気体の粘度は逆に上昇する. 20℃ における水の粘度は 1 cP = 1×10^{-3} Pa·s であり, 空気の粘度は 1.8 $\times 10^{-5}$ Pa·s である.

7.3.2 層流と乱流

ガラス管のなかに水を流し, そこに水と密度のほぼ等しい粒子を入れて流れの様子を観察する. 流速が小さい間は, 粒子は動揺せずに直線状に流れるが, だんだんと速度を増してある速度に達すると, 流れの方向以外の不規則な運動が加わり, 粒子が互いに入り乱れて流れるようになる. 前者のように流体の流れが互いに壁面に対して平行である場合を層流, 後者のように乱れながら流れる場合を乱流という. 通常の流れは乱流であり, 層流は細い管内の流れや高粘度の液体の場合に見られる.

円管内の流れが層流から乱流に移行する条件には, 流速 $\bar{u}[\mathrm{m \cdot s^{-1}}]$, 流体密度 $\rho[\mathrm{kg \cdot m^{-3}}]$, 粘度 $\mu[\mathrm{kg \cdot m^{-1} \cdot s^{-1}}]$, 管径 $d[\mathrm{m}]$ が関係しており, それらの値を式(7.19)で与えられる無次元数のかたちにまとめた変数によって決まることが明らかになった. この無次元変数をレイノルズ(Reynolds)数と呼び, Re で表す. すなわち

$$Re = \frac{d\bar{u}\rho}{\mu} \tag{7.19}$$

流体の種類に関係なく, Re の値がおよそ 2100 以下のときは層流であり, Re が 4000 以上になると乱流になる. Re が 2100 から 4000 の範囲は流れが不安定な

状態であり，層流になったり乱流になったりするので，この範囲の流れを遷移域と呼ぶ.

例題 7.3

内径 100 mm の直管に，水が平均流速 2 m·s^{-1} で流れているときのレイノルズ数 Re を求め，この流れが層流か乱流かを判定せよ．ただし，水の粘度を 1 cp，密度を 1000 kg·m^{-3} とする.

解 答

単位を SI で統一すると，管の内径 d = 100 mm = 0.1 m，水の平均流速 $\bar{u}$ = 2 m·s^{-1}，水の粘度 = 1 cP = 0.01 P = 0.01 × 0.1 Pa·s = 1 × 10^{-3} Pa·s となる．これらの数値を式(7.19)に代入すると

$$Re = \frac{d\bar{u}\rho}{\mu} = \frac{0.1 \times 2 \times 1000}{10^{-3}} = 2 \times 10^5 > 4000$$

Re が 4000 よりも大きいから，この流れは乱流である.

7.3.3 流速分布と流体境膜

図 7.5(a)と(b)に，円管内断面での層流と乱流の速度分布の模式図を示す．層流の速度分布は放物線で与えられ，乱流では層流よりも平坦な形状になる．いずれの場合も管の中心軸上で速度が最高値 u_{max} を示し，平均流速 $\bar{u}$ と最高速度 u_{max} の比は，層流では $\bar{u}/u_{max}$ = 0.5，乱流では $\bar{u}/u_{max} \fallingdotseq 0.8$ となることが知られている.

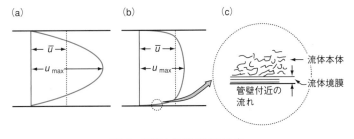

図7.5　**層流と乱流の速度分布**
(a)層流　　(b)乱流　　(c)流体境膜

one point

層流と乱流の速度分布
円管内の層流の速度分布は，解析的に導かれたつぎの放物線で表せる.

$u/u_{max} = 1 - (r/R)^2$
$u_{max}/\bar{u} = 2$

乱流の場合の速度分布は，実験に基づいたつぎの式が用いられる.

$u/u_{max} = (1 - r/R)^n$
$u_{max}/\bar{u} = (1+n)(2+n)/2$
$n = 1/6 \sim 1/10$

$n = 1/7$ のときは，とくに 1/7 乗則の速度分布と呼ばれる．そのとき，$u_{max}/\bar{u} = 1.22$ となる.

なお，乱流では管内の速度分布はほぼ均一であるが，図 7.5(c)に示すように，管壁に近い部分では流体の乱れがなく層流と同じような流れになっている．この部分を流体境膜と呼んでいる.

one point
流体境膜

物体のまわりに流体が流れているとき，物体に接している部分にきわめて薄い層流の層が残っており，これを流体境膜と呼ぶ．流体境膜の厚さは Re のほぼ $7/8$ 乗に反比例する．たとえば，円管内の流れで Re が 10^5 のとき，半径の約 0.5% が流体境膜である．また，境膜内の速度分布はほぼ直線的である．

たとえば管の中心部から管壁に向けて熱あるいは物質が移動するような場合，乱流では流体境膜を除く部分では流体が激しく混合されているから，大きな抵抗がなく熱や物質が速やかに移動するが，流体境膜では流体の乱れがないので大きな移動抵抗が生じる．流体境膜は非常に薄いが，熱や物質が半径方向へ移動するときのおもな抵抗は流体境膜にあることになる．熱移動における流体境膜の役割については第8章で説明する．

7.4　摩擦などによる流れのエネルギー損失

7.4.1　摩擦損失と圧力降下の関係

流体の摩擦損失によって，管路を流れる流体の圧力は管が長くなるとともに低下していく．この，管路における圧力降下と摩擦損失との関係を求めてみよう．いま，水平に置かれた断面積一定の直管に流体を流す場合を考えてみる．式(7.15b)で，管路には外部から仕事が加えられないとすると，$W_m = 0$ であり，さらに $Z_1 = Z_2$，$\bar{u}_1 = \bar{u}_2$ が成立するから，管の入口と出口での圧力損失 $\Delta P = P_1 - P_2$ と摩擦損失 F_m との間にはつぎの関係が成立する．

$$\Delta P = P_1 - P_2 = \rho F_m \tag{7.20}$$

この式によって，摩擦損失 F_m に相当する圧力降下 $\Delta P[\text{Pa}]$ の値が求まる．

7.4.2　直管の摩擦損失

管径が一定の長い直管を流体が流れるときの流体の摩擦損失の大きさ $F_m[\text{J}\cdot\text{kg}^{-1}]$ は，流体の運動エネルギー $\bar{u}^2/2$ と管長 L に比例し，管径 d に反比例することが知られており，つぎのファニング(Fanning)の式によって計算できる．

$$F_m = 4f\frac{\bar{u}^2}{2}\cdot\frac{L}{d} \tag{7.21}$$

ここで，f は摩擦係数[-]と呼ばれる無次元数である．

摩擦係数 f はレイノルズ数 Re の関数であり，層流の場合はつぎの式が適用できる．

$$f = 16/Re \tag{7.22}$$

one point
水力相当直径

円管以外の管を流体が流れる場合は，管径 d の代わりにつぎの式の水力相当直径 d_e' を用いる．

$d_e' = 4(流路断面積)/(濡れ辺長)$

濡れ辺長とは流路断面内で流体が流路壁と接している部分の長さである．たとえば，管が断面 $a\times b$ の長方形の場合は $d_e' = 2ab/(a+b)$ となるし，円管が二重になっており，その環状部を流れる場合は $d_e' = d_0 - d_1(d_0 = $ 外管内径，$d_1 = $ 内管外径) となる．

式(7.22)を式(7.21)に代入して得られる F_m の関係式を圧力降下 $\Delta P[\text{Pa}]$ で表すと

$$\Delta P = \frac{32\mu L\bar{u}}{d^2} \tag{7.23}$$

が得られる．この式をハーゲン・ポアズイユ(Hagen-Poiseuille)の式と呼んでいる．

　乱流状態の f は，層流のように一般的な式によって表すことが難しく，しかも管内壁の微小な凹凸の状態にも左右されるので，相関図のかたちで表されている．図 7.6 には，粗面管と平滑管に大きく分けて 2 本の曲線で表されている．また，層流の式(7.22)も同時に示されている．

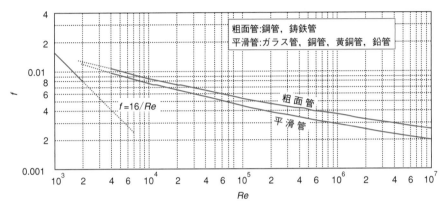

図7.6　円管内流れの摩擦係数 f とレイノルズ数との関係

例題 7.4

　内径 30 mm の鋼管を用いて，20℃ の水を流速 2.0 m·s^{-1} で 100 m 輸送する．このとき，摩擦によるエネルギー損失 F_m と圧力損失 ΔP を計算せよ．

解　答

　管の内径 $d = 30$ mm $= 0.03$ m，管長 $L = 100$ m，流速 $\overline{u} = 2.0$ m·s^{-1}，水の密度 $\rho = 1000$ kg·m^{-3}，水の粘度 $\mu = 1 \times 10^{-3}$ Pa·s であるから，レイノルズ数 Re は

$$Re = \frac{d\overline{u}\rho}{\mu} = \frac{0.03 \times 2.0 \times 1000}{10^{-3}} = 60000 > 4000 \quad （乱流）$$

　図 7.6 の粗面管の曲線から管摩擦係数 f の値を読み取ると，$f = 0.006$ である．したがって，式(7.21)のファニングの式からエネルギー損失を計算すると

$$F_\mathrm{m} = 4f\frac{\overline{u}^2}{2} \cdot \frac{L}{d} = 4 \times 0.006 \times \frac{2.0^2}{2} \times \frac{100}{0.03} = 160 \text{ J·kg}^{-1}$$

この摩擦損失に相当する圧力損失 ΔP は，式(7.20)から，

$$\Delta P = \rho F_\mathrm{m} = 1000 \times 160 = 1.6 \times 10^5 \text{ Pa} = 1.60 \times 10^5 / 1.013 \times 10^5$$
$$= 1.58 \text{ atm}$$

7.4.3　摩擦以外のエネルギー損失

　実際の管路には，曲がったり，急に拡大・縮小したり，管を接続する継手や流量を調節する弁などがあり，それらによって機械的エネルギーの損失が起こる．この機械的エネルギーの損失にはどのようなものがあるのか，順に見ていこう．

(1) 管路断面積の急激な変化による損失

　内径が d_1 の直管①と内径が d_2 の直管②があり，管①のほうが細い，すなわち $d_1 < d_2$ とする．この直管①に直管②を接続し，流れが急激に拡大された場合のエネルギー損失 $F_e [\mathrm{J \cdot kg^{-1}}]$ はつぎの式で表せる．

$$\text{急激な拡大} \qquad F_e = \left[1 - \left(\frac{d_1}{d_2} \right)^2 \right]^2 \frac{\overline{u_1}^2}{2} \tag{7.24}$$

それに対して，直管②に直管①を接続し，流れが急激に縮小した場合の損失 F_c $[\mathrm{J \cdot kg^{-1}}]$ は管の内径比の2乗 $(d_1/d_2)^2$ によって変化するが，近似的につぎの式を用いることができる．

$$\text{急激な縮小} \qquad F_c = 0.47 \left[1 - \left(\frac{d_1}{d_2} \right)^2 \right] \frac{\overline{u_1}^2}{2} \tag{7.25}$$

流れの拡大・縮小いずれの場合も，流速としては細い管での平均流速 $\overline{u_1}$ を用いる．

(2) 継手，弁，管付属品による損失

　管路には継手，弁などがあり，そこでもエネルギー損失が起こる．それらの損失分は管の直径の n 倍に相当する水平直管の長さに換算した相当長さ $L_e [\mathrm{m}]$ によって表される．

$$L_e = nd \tag{7.26}$$

　さまざまな付属品の n の概略値を図7.7に示す．式(7.26)から計算できる相当長さ L_e を実際に直管の長さに加えることで，継手や弁によるエネルギー損失を加算できる．

7.5　流体輸送機に与える動力の計算

7.5.1　理論動力と軸動力

　管路系に流体を流すには，管路系のエネルギー損失を上回るエネルギーをポンプあるいは送風機に与える必要がある．このとき，単位時間に必要なエネルギーを動力 W といい，$[\mathrm{J \cdot s^{-1}}]$ の単位をもつ．

　前節までに学んだことから，管路系の流れに伴う各種のエネルギー損失が計

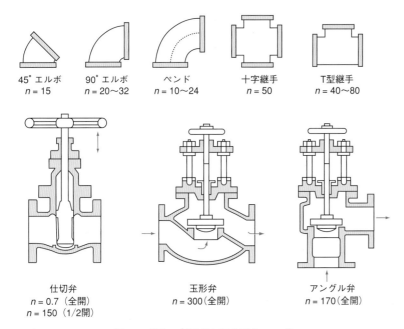

45°エルボ
$n = 15$

90°エルボ
$n = 20～32$

ベンド
$n = 10～24$

十字継手
$n = 50$

T型継手
$n = 40～80$

仕切弁
$n = 0.7$（全開）
$n = 150$（1/2開）

玉形弁
$n = 300$（全開）

アングル弁
$n = 170$（全開）

図7.7　管路の付属品と相当長さ L_e の値

算できる. すなわち, 直管部での損失や, 流れの拡大・縮小, 管継手や弁など
によるエネルギー損失をすべて計算し, それらの総和を $\sum F_m [\mathrm{J \cdot kg^{-1}}]$ で表すと,
式(7.15b)の F_m を $\sum F_m$ に置き換えた式(7.27)によって, 管路系に供給すべき仕
事 $W_m [\mathrm{J \cdot kg^{-1}}]$ が算出できる.

$$W_m = (Z_2 - Z_1)g + \frac{1}{2}(\bar{u}_2{}^2 - \bar{u}_1{}^2) + \frac{P_2 - P_1}{\rho} + \sum F_m \tag{7.27}$$

　流体を一定の流量で管路輸送するときに必要な理論上の動力 $L_w [\mathrm{J \cdot s^{-1}}]$ は, 式
(7.27)から求められた仕事 $W_m [\mathrm{J \cdot kg^{-1}}]$ に流体の質量流量 $w [\mathrm{kg \cdot s^{-1}}]$ を掛けた
$W_m \cdot w [\mathrm{J \cdot s^{-1}}]$ によって与えられる. 動力 $[\mathrm{J \cdot s^{-1}}]$ は仕事率とも呼ばれ, ワット $[\mathrm{W}]$
という単位も用いられる.

$$L_w = W_m \cdot w \ [\mathrm{J \cdot s^{-1}}] = W_m \cdot w \ [\mathrm{W}] \tag{7.28}$$

流体輸送機に供給された動力の一部は, 輸送機内部での摩擦などによっても消
費される. そのため, 流体輸送機に与えなければならない動力は, 理論動力 L_w
に摩擦などで消費される動力を加えたものになる. この値を軸動力 $L_S [\mathrm{W}]$ とい
う.

　流体輸送機に供給される動力のうち, 有効に使用される動力の割合を, その
流体輸送機の効率 η という. すなわち

$$\eta = L_{\mathrm{w}} / L_{\mathrm{s}} \tag{7.29}$$

η は輸送機の性能を表す値であり，その値は 1 よりも小さい．

式(7.27)および式(7.28)から，軸動力 L_{s}[W]はつぎのように求められる．

$$L_{\mathrm{s}} = \frac{W_{\mathrm{m}} \cdot w}{\eta} \tag{7.30}$$

例題 7.5

内径 30 mm の鋼管を用いて，20℃ の水を流速 2.0 m·s^{-1} で，大きな貯槽 A から 10 m の高さにある貯槽 B に汲み上げる．管路の直管部の全長は 100 m で，管路中には 90°エルボ 5 個と，玉形弁 2 個が挿入されている．このとき，つぎの値を求めよ．

(1)摩擦によるエネルギー損失

(2)ポンプとモーターの総合効率 η を 65% としたときの必要動力[kW]

流動層を利用した方法
―粒子のなかにガスを通す―

この章では，空管に流体を流す場合を取り扱ってきたが，管に微小な粒子を詰めてガスを底部から吹き込むという方法もある．ガスの流速が低いと粒子は動かない（これを固定層という）が，流速を上げると粒子が活発に動きだし，吹き込まれたガスが気泡になって層内を上昇する．この状態を流動層という．

流動化された固体粒子はあたかも沸騰する液体のようにふるまうので，粒子を液体のように管から取りだして輸送することもできる．また，粒子の激しい運動によって熱が移動するため，層内の温度は均一に保たれる．このような流動層の長所を生かした実例をあげてみよう．

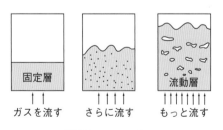

流動層のイメージ

(1)石油の接触分解反応によるガソリンの製造

石油の接触分解反応では，カーボンが触媒表面に析出して触媒活性を低下させるので，それを燃焼して除去する必要がある．従来は反応塔を 2 基設置して反応とカーボン除去を短い周期で交互に行っていたが，煩雑であった．そこで，カーボンのついた触媒を反応器から再生塔にパイプで移動させ，空気による燃焼再生が終わると反応塔に返送するような二塔式の流動層反応器が開発された．触媒は二つの流動層間を数分以内の周期で移動しながら反応と再生を繰り返すことになる．その後，装置の改良が進められ，反応塔と再生塔が一体化した構造になり，さらに現在では，触媒の性能が飛躍的に向上し，再生塔からのパイプであるライザー部で接触分解反応が完了するので，反応用の流動層が不要になっている．

(2)エチレンやプロピレンの重合

この重合反応は以前は液相で行われていたが，現在では気相重合法で行われている．この方法では，触媒粒子を反応器内に流動状態にしておき，そこに原料ガスを吹き込むと固体の重合粒子がただちに生成する．これを連続的に流動層外へ取りだすわけである．

この他にも，流動層は乾燥，造粒・コーティング，石炭燃焼，廃棄物焼却などにも使われている．

解 答

　ここでは例題 7.4 と同一の鋼管が用いられ，水の流速，直管部の全長も同じ
だが，管路中にエルボと弁の内挿物があり，それらによるエネルギー損失を考
慮する必要がある.

(1)図 7.7 より，標準形 90°エルボと玉形弁の相当長さは，それぞれ 32d と 300d
であり，$d = 0.03$ m だから，内挿物の合計の相当長さ L_e は，

$$L_e = (32 \times 5 + 300 \times 2) \times 0.03 = 22.8 \text{ m}$$

となる. したがって，直管部の長さ $L = 100$ m に $L_e = 22.8$ m を加算した値が見
かけの管長になる. 管摩擦係数 f は例題 7.4 で求めた 0.006 が使用できるから，
全エネルギー損失 $\sum F_m [\text{J·kg}^{-1}]$ は，式(7.21)より

$$\sum F_m = 4f \frac{\overline{u}^2}{2} \cdot \frac{L}{d} = 4 \times 0.006 \times \frac{2.0^2}{2} \times \frac{100 + 22.8}{0.03} = 197 \text{ J·kg}^{-1}$$

(2)水を汲み上げる動力 $W_m [\text{J·kg}^{-1}]$ は式(7.27)を使って計算できる. 点①を貯
槽 A の水面，点②を貯槽 B に注ぐ管出口にとる. 貯槽 A は大きいので，水を
汲み上げてもその水面はほとんど変わらないと考えられるから，$\overline{u}_1 = 0$ とおけ
る. 一方，管出口での流速 $\overline{u}_2 = 2.0$ m·s^{-1} である. また，高低差 $= Z_2 - Z_1 =$
10 m で，圧力 P_1 と P_2 はともに大気圧であるから $P_2 = P_1$ となる. さらに，(1)で
の計算から，$\sum F_m = 197$ J·kg^{-1} である. これらの数値を式(7.27)に代入すると，
流体 1 kg あたりの動力 W_m は

$$W_m = (Z_2 - Z_1)g + (1/2)\overline{u}_2^2 + \sum F_m = 10 \times 9.8 + (1/2) \times 2.0^2 + 197$$
$$= 98 + 2 + 197 = 297 \text{ J·kg}^{-1}$$

汲み上げられる水の質量流量 $w [\text{kg·s}^{-1}]$ は，式(7.1)と式(7.2)で，管径 $d = 0.03$ m,
流速 $\overline{u} = 2.0$ m·s^{-1}，水の密度 $\rho = 1000$ kg·m^{-3} とおくと

$$w = \frac{\pi}{4}d^2\overline{u}\rho = \frac{3.14}{4} \times (0.03)^2 \times 2.0 \times 1000 = 1.413 \text{ kg·s}^{-1}$$

したがって，流体を管路輸送するときの理論所要動力 L_w は式(7.28)から

$$L_w = W_m \cdot w = 297 \times 1.413 = 420 \text{ J·s}^{-1} = 0.420 \text{ kW}$$

以上より，管路内のポンプを運転するのに必要な動力 L_s は式(7.30)に効率 $\eta =$
0.65 を代入して

$$L_s = L_w/\eta = 0.420/0.65 = 0.646 \text{ kW}$$

章 末 問 題

① 内径 50 mm の直管に密度が 900 kg·m^{-3} の流体が流速 2.5 m·s^{-1} で流れている.この流体の体積流量 v と質量流量 w を求めよ.

② 内径 70 mm の管を用いて,ある水溶液を体積流量 30 m^3·h^{-1} で送るとき,管内の平均流速[m·s^{-1}]を求めよ.

③ 水を満たした大きな水槽がある.水の深さは 5 m で,水槽の底から 1 m のところに小さな穴が開けられている.穴から流出する水の流速を求めよ.

④ 80A 鋼管（内径 80.7 mm）を用いて,水を 35 m^3·h^{-1} の流量で地下タンクから 30 m の高さまで汲み上げる.流れのエネルギー損失を 16 J·kg^{-1} とすると,水 1 kg についてポンプが行っている仕事はいくらか.

⑤ 水が管路を流れている.管入口での圧力が 1 atm,出口では 1.5 atm で,出口は入口より 5 m 高所にある.管路の途中にポンプがあり,150 J·kg^{-1} のエネルギーが与えられているとき,摩擦によるエネルギー損失はいくらになるか.

⑥ 内径 25 mm の管内を密度 850 kg·m^{-3},粘度 0.85 × 10^{-3} Pa·s の流体が体積流量 4 m^3·h^{-1} の割合で流れている.この流れは層流か乱流のいずれになるかを答えよ.

⑦ 2B 鋼管（内径 52.9 mm）を用いて,比重 0.9,粘度 0.08 Pa·s の油を,12 m^3·h^{-1} の割合で水平に 1.5 km 輸送するとき,摩擦による流れのエネルギー損失および圧力損失を求めよ.

⑧ 65A 鋼管（内径 67.9 mm）よりなる管路 125 m の間に,90°エルボ（標準形）4 個,玉形弁（全開）とアングル弁（全開）が 1 個ずつ挿入されている.この管路内を水が 27 m^3·h^{-1} の流量で流れているとき,摩擦による流れのエネルギー損失および圧力損失を求めよ.水の粘度は 1 × 10^{-3} Pa·s である.

⑨ ④において,ポンプの軸動力を求めよ.ただし,ポンプの効率を 60%とする.

⑩ 3B 鋼管（内径 80.7 mm）を用いて,大きな貯槽内にある比重 0.85,粘度 65 × 10^{-3} Pa·s の油を,14 m^3·h^{-1} の速度で水平方向に 700 m 送るときの,ポンプの軸動力 L_s[kW]を求めよ.ただし,ポンプの効率を 60%とする.

第8章

熱の移動

化学プロセスには，流体の加熱・冷却，蒸気の凝縮，蒸発，固体の乾燥，あるいは反応熱の除去・補給など，熱の移動を伴う操作が多い．熱は高温から低温に移動するが，基本的な移動機構には，伝導伝熱（熱伝導），対流伝熱，放射伝熱の三つがある．

金属棒の一端を高温にしてしばらくすると，棒全体の温度が上昇することからわかるように，伝導伝熱は高温側の原子の熱振動が隣接する低温側の原子に順次伝わることによって起こる現象である．

対流伝熱では，液体・気体の運動によって熱が移動する．温度差があると流体に密度差が生じ，流体の移動が自然に起こり，熱も同時に移動する．この現象を自然対流という．それに対して，攪拌などによって流体を強制的に運動させて熱移動を行う場合を強制対流という．工業的には強制対流が重要である．

放射伝熱は，高温の物体の表面から発せられる熱線が空気などの媒体を通さずに直接低温物体の表面に伝わる現象である．太陽やストーブを暖かいと感じるのは，放射伝熱によって熱を受け取るからである．

化学プロセスでは，熱移動を行うときに使用する代表的な装置は熱交換器である．これは，固体壁を隔てて流れる高温流体から低温流体に熱移動を行わせる装置であり，強制対流と熱伝導が主要な伝熱機構になる．

この章では，熱移動の基本法則と熱交換器の設計の基礎を中心に学んでいこう．

8.1 熱伝導による熱の移動

8.1.1 フーリエの法則と熱伝導度

固体内では，熱伝導によって熱は高温部から低温部に移動する．単位時間に

おける熱の移動速度(伝熱速度)$q[\mathrm{J \cdot s^{-1}}]$は，熱の移動方向に垂直な面の面積$A$[m²]と温度勾配$-\mathrm{d}T/\mathrm{d}x$に比例する．これをフーリエの法則と呼ぶ．この比例定数をkで表すと，熱の移動速度qはつぎのように書ける．

$$q = -kA\frac{\mathrm{d}T}{\mathrm{d}x} \tag{8.1}$$

ここで，Tは温度[K]，xは熱の移動方向の距離[m]である．温度は熱の移動方向に対して減少するから，$\mathrm{d}T/\mathrm{d}x$は負の値をとり，したがって負符号を付けると正の値になる．また，kは熱伝導度と呼ばれ，物質の熱伝導のしやすさを表す物性値であり，その単位は$[\mathrm{J \cdot m^{-1} \cdot s^{-1} \cdot K^{-1}}]$あるいは$[\mathrm{W \cdot m^{-1} \cdot K^{-1}}]$である．

熱伝導度は固体だけでなく，液体，気体の熱の伝わりやすさも表す物性値である．その大きさは，一般に金属材料，非金属材料，液体，気体の順に小さくなる．

各種の物質の熱伝導度kのおおよその値を表8.1に示す．

表8.1　各種物質の熱伝導度の概略値（単位 $[\mathrm{J \cdot m^{-1} \cdot s^{-1} \cdot K^{-1}}]$）

物質	概略値	物質名 （概略値）
金 属	10 ～ 500	銅(400)，アルミニウム(200)，鉄(50)
非金属	1 ～ 10	ガラス(0.75)，レンガ(0.7 ～ 2)，砂(0.3 ～ 1)
断熱材	0.1 以下	ウレタンフォーム(0.03)，ガラスウール(0.05)
液 体	0.1 ～ 0.5	水(0.64)，エタノール(0.17)，ベンゼン(0.15)，石油(0.14)
気 体	0.01 ～ 0.5	水素(0.23)，空気(0.03)，水蒸気(0.023)，酸素(0.03)

8.1.2　平板内の熱伝導

図8.1に示すように，平板状固体において，左側の面の温度をT_1[K]，右側の面の温度をT_2[K]に保ち，$T_1 > T_2$とすると，熱は左側から右側へと定常的に移動する．平板の面積をA[m²]，平板の厚さをx[m]とするとき，式(8.1)から伝熱速度$q[\mathrm{J \cdot s^{-1}}]$はつぎのように書ける．

$$q = -kA\frac{\mathrm{d}T}{\mathrm{d}x} = -kA\frac{T_2 - T_1}{x} = \frac{T_1 - T_2}{x/kA} = \frac{\Delta T}{R} \tag{8.2}$$

ここで，分子の$(T_1 - T_2) = \Delta T$は温度差であり，熱移動の推進力を表している．一方，分母の$x/kA = R[\mathrm{s \cdot K \cdot J^{-1}}]$は平板の厚さを熱伝導度と伝熱面積との積で割った値であり，この値が大きいほど伝熱速度が小さくなり，熱伝導速度の抵抗を表している．

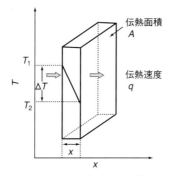

図 8.1　平板内の熱伝導

8.1.3　多層平板内の熱伝導

　図8.2のように複数の平板が重なっている場合は，定常状態では各層の伝熱速度はすべて等しく，それぞれの平板に対して式(8.2)の最右辺の式を適用して，分母と分子の各項を加算して加比の理を用いると，つぎの関係が導ける．

$$q = \frac{\Delta T_1}{R_1} = \frac{\Delta T_2}{R_2} = \frac{\Delta T_3}{R_3} = \frac{\Delta T_1 + \Delta T_2 + \Delta T_3}{R_1 + R_2 + R_3} = \frac{\Delta T}{\sum R} \tag{8.3}$$

ここで，ΔT は多層平板全体の温度差であり，$\sum R$ は各層の伝熱抵抗の総和を表す．

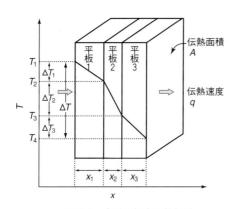

図 8.2　多重平板内の熱伝導

例題 8.1

　厚さ 250 mm の耐火レンガの外側に厚さ 120 mm の断熱レンガを重ねた炉壁がある．炉内温度が 950℃，断熱レンガ外面の温度が 53℃ のとき，つぎの値を求めよ．ただし，耐火レンガおよび断熱レンガの熱伝導度をそれぞれ，1.2, 0.23 $\mathrm{J \cdot m^{-1} \cdot s^{-1} \cdot K^{-1}}$ とする．

(1) この壁面 1 m^2 からの熱損失速度 [$\mathrm{J \cdot s^{-1}}$]

(2) 両方のレンガの境の温度

| 解 答 |

(1) 式(8.2)より，耐火レンガ層と断熱レンガ層の伝熱抵抗 R_1，$R_2[\text{s·K·J}^{-1}]$は

$$R_1 = \frac{x_1}{k_1 A_1} = \frac{250 \times 10^{-3}}{1.2 \times 1} = 0.2083 \qquad R_2 = \frac{x_2}{k_2 A_2} = \frac{120 \times 10^{-3}}{0.23 \times 1} = 0.5217$$

これらを式(8.3)に代入すると，伝熱速度(熱損失速度)qが計算できる.

$$q = \frac{\varDelta T_1}{R_1} = \frac{\varDelta T_2}{R_2} = \frac{\varDelta T}{\sum R} = \frac{950 - 53}{0.2083 + 0.5217} = 1.23 \times 10^3 \text{ J·s}^{-1} \qquad \text{①}$$

また，式①の $\varDelta T_1 / R_1$ に着目すると

$$\varDelta T_1 = 950 - T_2 = qR_1 = (1.23 \times 10^3) \times 0.2083 = 256$$

$$\therefore \quad T_2 = 950 - 256 = 694℃$$

となり，両方のレンガが接している面の温度 T_2 が求まる.

8.1.4 円筒状固体内の熱伝導

図8.3のような，内半径 r_1，外半径 r_2，長さ L の円筒を考え，内表面での温度を T_1，外表面での温度を T_2 とする．$T_1 > T_2$ のとき，熱は内表面から外表面に向かって移動する．平板とは違い，円筒では伝熱面積 A は半径位置 r に比例して変化するから，式(8.1)はつぎのように書ける.

$$q = -k(2\pi r L) \frac{\mathrm{d}T}{\mathrm{d}r} \tag{8.4}$$

定常状態では，q は r によらず一定になることに注意し，この式を変数 r と変数 T に関して積分すると

$$q \int_{r_1}^{r_2} \frac{\mathrm{d}r}{r} = -k \cdot 2\pi L \int_{T_1}^{T_2} \mathrm{d}T$$

$$\therefore \quad q \ln \frac{r_2}{r_1} = k \cdot 2\pi L (T_1 - T_2) \tag{8.5}$$

が導ける．この式を q について解き，分母と分子に $(r_2 - r_1)$ を掛け，$2\pi r_1 L = A_1$(円筒の内表面)，$2\pi r_2 L = A_2$(円筒の外表面)とおくと，つぎの関係式が得られる.

$$q = \frac{k \cdot 2\pi L (T_1 - T_2)}{\ln(r_2 / r_1)} = \frac{k(r_2 - r_1)(2\pi L)(T_1 - T_2)}{(r_2 - r_1)\ln(2\pi L r_2 / 2\pi L r_1)}$$

$$= \frac{k(T_1 - T_2)}{r_2 - r_1} \cdot \frac{A_2 - A_1}{\ln(A_2/A_1)} \tag{8.6}$$

一方，A_1 と A_2 の対数平均値 A_{lm} は

$$A_{lm} = \frac{A_2 - A_1}{\ln(A_2/A_1)} \tag{8.7}$$

と定義できて，この関係を用いると式(8.6)はつぎのように書き換えられる．

$$q = \frac{kA_{lm}(T_1 - T_2)}{(r_2 - r_1)} = \frac{\Delta T}{x/kA_{lm}} \tag{8.8}$$

ここで，$x = r_2 - r_1$ であり，円筒の肉厚を表す．

　このように，伝熱面積として内表面積 A_1 と外表面積 A_2 との対数平均値 A_{lm} をとり，厚さ x に円筒の肉厚($x = r_2 - r_1$)をとると，平板と同様な式(8.8)によって伝熱速度が表せる．また，多層の円筒状固体に対しても，式(8.3)が適用できる．なお，円筒の肉厚が薄く $A_2/A_1 < 2$ の場合は，算術平均との差は 4 ％以下だから，伝熱面積として対数平均を用いるのではなく算術平均で近似してもよい．

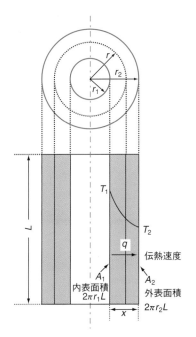

図 8.3　円筒状固体内の熱伝導

例題 8.2

外径 30 mm の管に厚さ 40 mm の保温材を巻いてある．管外面の温度が 120℃，保温材外表面の温度が 35℃ のとき，管長 10 m あたりの熱損失速度を求めよ．ただし，保温材の熱伝導度は 0.048 J·m^{-1}·s^{-1}·K^{-1} とする．

解 答

保温材の内径 $d_1 = 30$ mm，厚さを x とすると，保湿材外面の直径 $d_2 = d_1 + 2x$ $= 30 + 2 \times 40 = 110$ mm だから

内表面積 $A_1 = \pi d_1 L = 3.14 \times (30 \times 10^{-3}) \times 10 = 0.942$ m^2

外表面積 $A_2 = \pi d_2 L = 3.14 \times (110 \times 10^{-3}) \times 10 = 3.45$ m^2

また，伝熱面積の対数平均値 A_{lm} は

$$A_{\mathrm{lm}} = \frac{A_2 - A_1}{\ln(A_2 / A_1)} = \frac{3.45 - 0.942}{\ln(3.45 / 0.942)} = 1.93 \text{ m}^2$$

one point

熱損失速度

保温材からの伝熱速度が管から外気に失われる熱量，すなわち熱損失速度になる．

これらの数値を式(8.8)に代入すると，伝熱速度 q（熱損失速度）は次式のように計算できる．

$$q = kA_{\mathrm{lm}} \frac{\Delta T}{\Delta r} = 0.048 \times 1.93 \times \frac{120 - 35}{40 \times 10^{-3}} = 197 \text{ J·s}^{-1}$$

8.2 対流による熱の移動

　化学プロセスでは，温度の違う2種の流体の間で熱の授受を行うことが多い．この操作には熱交換器(8.4節参照)と呼ばれる装置を使用する．熱交換器は，複数の直管あるいは U 字管が円筒形の胴内に収められた構造になっており，管内を流れる流体と管と胴の間を流れる流体間で熱交換を行う．この場合，温度の異なる流体は円管の金属壁を隔てて接しており，熱は固体壁を通して高温流体から低温流体に伝えられる．このような熱の伝達形式を熱貫流という．

8.2.1 境膜伝熱係数と総括伝熱係数

　固体壁を隔てて温度の異なる2種の流体が流れているときの温度勾配を図8.4に示す．左側の流体1のほうが高温で，右側の流体2のほうが低温だとすると，熱貫流は流体1から流体2に向かって生じる．第7章で述べたように，流体本体が乱流状態で流れていても，固体との接触面付近では層流状態で流れる流体境膜が存在する．この場合は固体壁の左右の両面に近接して流体境膜が生じる．

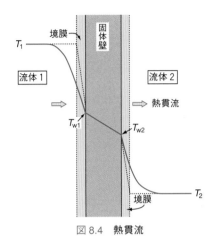

図 8.4　熱貫流

　これらの流体境膜では，固体壁に直角方向の流体の移動は起こらない．したがって，熱が高温流体本体から固体壁に伝わるためには，熱は熱伝導だけでこの流体境膜を通過しなければならない．低温流体側の流体境膜でも同様な現象が起こる．これらの流体境膜内には大きな伝熱抵抗があるから，大きな温度勾配が生じる．それに対して流体本体では，流体の混合によって対流伝熱が素早く起こるために伝熱抵抗は小さく，したがって温度勾配も小さい．

　固体壁内では伝導伝熱により温度は直線的に変化する．図 8.4 中の実線は実際の温度分布を示している．このグラフについて，境膜内の温度分布を直線とみなし，また流体本体の温度は断面平均温度で均一と近似したのが点線で表した温度分布である．

　境膜内での熱伝導についても固体壁と同様に，式(8.2)が適用できる．しかし，境膜の厚さδおよび固体壁表面の温度T_wを求めるのは難しいから，熱伝導度$k[\mathrm{J \cdot m^{-1} \cdot s^{-1} \cdot K^{-1}}]$を境膜厚さ$\delta[\mathrm{m}]$で割った値$k/\delta$を新しく導入する．それを境膜伝熱係数と呼び$h$で表すことにする．$h$の単位は$[\mathrm{J \cdot m^{-2} \cdot s^{-1} \cdot K^{-1}}]$あるいは$[\mathrm{W \cdot m^{-2} \cdot K^{-1}}]$である．

　この境膜伝熱係数を用いると，高温流体側の流体境膜での伝熱速度はつぎのように書ける．

$$q = h_1 A_1 (T_1 - T_{w1}) = \frac{T_1 - T_{w1}}{1/h_1 A_1} \tag{8.9}$$

また，固体壁における伝熱速度は，式(8.2)を適用するとつぎのように書ける．

$$q = \frac{T_{w1} - T_{w2}}{x/k_s A_{av}} \tag{8.10}$$

ここで，xは固体壁の厚さ，k_sは固体の熱伝導度，A_{av}は固体壁の外表面積と内

表面積の平均値を表す.固体壁が円筒の場合は,A_{av} に対数平均値を用いるが,円筒の肉厚が薄いときは算術平均値で近似できる.

一方,低温流体側の流体境膜の伝熱速度は式(8.9)と同様に,つぎのようになる.

$$q = h_2 A_2 (T_{w2} - T_2) = \frac{T_{w2} - T_2}{1 / h_2 A_2} \tag{8.11}$$

定常状態では,式(8.9)〜(8.11)の伝熱速度 q はすべて等しいから,それらを等号で結び,加比の理を適用するとつぎの式が導ける.

$$q = \frac{T_1 - T_{w1}}{1 / h_1 A_1} = \frac{T_{w1} - T_{w2}}{x / k_s A_{av}} = \frac{T_{w2} - T_2}{1 / h_2 A_2}$$

$$= \frac{T_1 - T_2}{1 / h_1 A_1 + x / k_s A_{av} + 1 / h_2 A_2} \tag{8.12}$$

この式の分母は全伝熱抵抗を表しており,それを $1 / U_1 A_1$,あるいは $1 / U_2 A_2$ とおく.ここで,U_1 を面積 A_1 基準の総括伝熱係数(または熱貫流係数)と呼び,単位は $[\mathrm{J \cdot m^{-2} \cdot s^{-1} \cdot K^{-1}}]$ あるいは $[\mathrm{W \cdot m^{-2} \cdot K^{-1}}]$ である.なお,面積 A_2 を基準にとった場合の総括伝熱係数が U_2 である.すると

$$\frac{1}{U_1 A_1} = \frac{1}{U_2 A_2} = \frac{1}{h_1 A_1} + \frac{x}{k_s} \cdot \frac{1}{A_{av}} + \frac{1}{h_2} \cdot \frac{1}{A_2} \tag{8.13}$$

が得られるので,これを式(8.12)に代入すると,伝熱速度 q はつぎのように表せる.

$$q = U_1 A_1 (T_1 - T_2) = U_2 A_2 (T_1 - T_2) \tag{8.14}$$

面積 A_1 を基準にとったときの総括伝熱係数 U_1 は,式(8.13)の両辺に A_1 を乗じると

$$\frac{1}{U_1} = \frac{1}{h_1} + \frac{x}{k_s} \left(\frac{A_1}{A_{av}} \right) + \frac{1}{h_2} \left(\frac{A_1}{A_2} \right) \tag{8.15}$$

のように書ける.また,A_2 を基準にとったときの U_2 についても,同様な式が得られる.

円管を用いる熱交換器では,円管の内面と外面に2種の流体が流れて熱交換が行われる.この場合の管径を d,管長を L とすると,伝熱面積 $A = \pi d \cdot L$ であるから,式(8.15)はつぎのように書ける.

$$\frac{1}{U_1} = \frac{1}{h_1} + \frac{x}{k_s} \left(\frac{d_1}{d_{av}} \right) + \frac{1}{h_2} \left(\frac{d_1}{d_2} \right) \tag{8.16}$$

one point

総括伝熱係数

熱交換器などのように,固体壁を挟んで温度の異なる流体の間で熱移動が行われるとき,高温流体の温度 T_1 と低温流体の温度 T_2 との差 $(T_1 - T_2)$ を温度の推進力としてとると,熱移動速度 $q [\mathrm{J \cdot s^{-1}}]$ は式(8.14)のように表せ,係数 U_1 は式(8.15)で表せる.この U_1 を面積 A_1 基準の総括伝熱係数 $[\mathrm{J \cdot m^{-2} \cdot s^{-1} \cdot K^{-1}}]$ と呼ぶ.

なお，熱交換器を長い間使用していると器壁に汚れ物質（スケールと呼ぶ）が付着して，伝熱抵抗が増大する．スケールによる伝熱抵抗を流体境膜抵抗と同様に考えて，汚れ係数 $h_s[\mathrm{J \cdot m^{-2} \cdot s^{-1} \cdot K^{-1}}]$ を導入する．伝熱管の内・外面にそれぞれ汚れ係数を考慮すると，式(8.16)の伝熱係数 U_1 はつぎのように書き換えられる．

$$\frac{1}{U_1} = \frac{1}{h_1} + \frac{1}{h_{s1}} + \frac{x}{k_s}\left(\frac{d_1}{d_{av}}\right) + \frac{1}{h_2}\left(\frac{d_1}{d_2}\right) + \frac{1}{h_{s2}}\left(\frac{d_1}{d_2}\right) \tag{8.17}$$

ここで，h_{s1}，h_{s2} はそれぞれ面1，面2の汚れ係数である．

汚れ係数の値は流体の種類や温度によって異なり，経験的に求められている．水道水で3000から10000，河川水で1000から3000，重油などの加熱の場合で1000程度である．

例題 8.3

外径24 mm，内径20 mm の伝熱管がある．管内に冷却水を，管外側にアルコールを流している．管内と管外の境膜伝熱係数をそれぞれ，3360，2100 $\mathrm{J \cdot m^{-2} \cdot s^{-1} \cdot K^{-1}}$，伝熱管の熱伝導度を98 $\mathrm{J \cdot m^{-1} \cdot s^{-1} \cdot K^{-1}}$ とする．ただし，冷却水が汚れており，汚れ係数を1700 $\mathrm{J \cdot m^{-2} \cdot s^{-1} \cdot K^{-1}}$ とする．このとき，管内面基準の総括伝熱係数を求めよ．

解 答

管内面を面1とすると，式(8.17)が適用できる．管内面と外面の平均径は算術平均値が使用できるから，$d_{av} = (24 + 20)/2 = 22$ mm となる．また，管の肉厚 $x = (24 - 20)/2 = 2$ mm である．これらの数値を式(8.17)に代入する．ただし，$1/h_{s2} = 0$ としてよい．

$$\frac{1}{U_1} = \frac{1}{3360} + \frac{1}{1700} + \frac{2 \times 10^{-3}}{98} \times \frac{20}{22} + \frac{1}{2100} \times \frac{20}{24}$$

$$= (2.98 + 5.88 + 0.186 + 3.96) \times 10^{-4} = 13.0 \times 10^{-4} \, \mathrm{m^2 \cdot s \cdot K \cdot J^{-1}} \qquad ①$$

$$\therefore \quad U_1 = 769 \, \mathrm{J \cdot m^{-2} \cdot s^{-1} \cdot K^{-1}}$$

なお，式①の各項の数値がそれぞれの伝熱抵抗である．汚れ係数の伝熱抵抗と金属壁の伝熱抵抗の全伝熱抵抗に占める割合は，それぞれ

$$(5.88 / 13.0) \times 100\% = 45.2\% \qquad (0.186 / 13.0) \times 100\% = 1.43\%$$

となる．汚れ係数が無視できないことと，金属壁の伝熱抵抗は無視できることがわかる．

8.2.2 境膜伝熱係数の求めかた

境膜伝熱係数 h の値は，流体のいろいろな性質(熱伝導度，比熱容量，粘度，密度)，流動状態(流速)，伝熱面の形状(管径，管長，構造)に影響を受ける．それらの諸因子をいくつかの無次元数にまとめ，それらのべき関数の積のかたちで表し，指数と係数を実験的に決めることで，相関式が提出されている．代表的な例を以下で見ていこう．

(1)管内乱流の場合

$Re = du\rho / \mu > 10^4$ で，管長が十分に長い$(L / d > 60)$場合

$$\frac{hd}{k} = 0.023 \left(\frac{du\rho}{\mu} \right)^{0.8} \left(\frac{c_\mathrm{p}\mu}{k} \right)^{0.4} \tag{8.18}$$

が成立する．上式で，(hd / k)は無次元化された境膜伝熱係数であり，ヌッセルト(Nusselt)数と呼ばれ Nu で表される．$(du\rho / \mu)$は流れの状態を表す無次元数であるレイノルズ数 Re であり，すでに第7章で解説した．$(c_\mathrm{p}\mu / k)$は流体の熱的特性を示す無次元数であり，プラントル(Prandtl)数と呼ばれ，Pr と表される．なお，この式は $Pr = 0.7 \sim 10$ の範囲では，$Re = 2100 \sim 10^4$ の乱流範囲でも成立する．

管断面が円形でない流路を流体が流れる場合は，つぎの式から計算される伝熱的相当直径 d_e を式(8.18)中の d の代わりに用いることにより，境膜伝熱係数が計算できる．

$$d_\mathrm{e} = 4 \times (流路断面積) / (伝熱辺長) \tag{8.19}$$

たとえば，内径 d_0 の外管と外径 d_i の内管からなる二重管の環状部の流路断面積は$(\pi / 4)(d_0{}^2 - d_\mathrm{i}{}^2)$，伝熱辺長は内管の外径の円周長さ πd_i になるから，式(8.19)から環状部の相当直径はつぎのように求められる．

$$d_\mathrm{e} = (d_0{}^2 - d_\mathrm{i}{}^2) / d_\mathrm{i} \tag{8.20}$$

(2)管内層流の場合

$Re < 2100$ で，管内径が大きくなく，流体-管壁面の温度差があまり大きくないときはつぎの式が適用できる．

$$\frac{hd}{k} = 1.86 \left(\frac{du\rho}{\mu} \right)^{1/3} \left(\frac{c_\mathrm{p}\mu}{k} \right)^{1/3} \left(\frac{d}{L} \right)^{1/3} \left(\frac{\mu}{\mu_\mathrm{w}} \right)^{0.14} \tag{8.21}$$

ここで，L は管長であり，μ_w は壁面温度 T_w における流体の粘度であり，それ以外は流体本体温度における値である．

例題 8.4

　蒸気凝縮器の伝熱管(内径 = 25 mm)のなかを冷却用水が$1.2\ \mathrm{m \cdot s^{-1}}$で流れている．水の平均温度が $35\ ℃$ のとき，水側の境膜伝熱係数を求めよ．ただし，つぎの物性値を用いよ．水の密度：$994\ \mathrm{kg \cdot m^{-3}}$，粘度：$7.2 \times 10^{-4}\ \mathrm{Pa \cdot s}$，比熱容量 c_p：$4.19 \times 10^3\ \mathrm{J \cdot kg^{-1} \cdot K^{-1}}$，熱伝導度 k：$0.615\ \mathrm{J \cdot m^{-1} \cdot s^{-1} \cdot K^{-1}}$

解　答

　Re 数と Pr 数を計算すると

$$Re = \frac{du\rho}{\mu} = \frac{(25 \times 10^{-3}) \times 1.2 \times 994}{7.2 \times 10^{-4}} = 4.142 \times 10^4 > 10^4$$

$$Pr = \frac{c_\mathrm{p}\mu}{k} = \frac{(4.19 \times 10^3) \times (7.2 \times 10^{-4})}{0.615} = 4.91$$

これらの数値を式(8.18)に代入すると，伝熱係数 h は

$$h = 0.023 \times (4.142 \times 10^4)^{0.8}(4.91)^{0.4}(0.615 / 25 \times 10^{-3})$$
$$= 5282\ \mathrm{J \cdot m^{-2} \cdot s^{-1} \cdot K^{-1}}$$

8.3　放射による熱の移動

　すべての物体は，その温度に応じて表面から熱放射線をだしている．その主体は赤外線であるが，空間を飛び越えて低温の物体表面に到達して吸収されて熱に変わる．この現象を熱放射と呼んでいる．熱放射は固体からだけでなく，ガス体からもでている．

8.3.1　固体の熱放射

　物体の熱放射が別の物体に入射すると，その一部は吸収されて熱になり，残りは反射あるいは透過する．その分率をそれぞれ吸収率，反射率，透過率といい，それらの総和は 1 になる．ここで，吸収率が 1 である理想的な物体を黒体と呼ぶ．真の黒体は実存しないが，ススやススを塗った固体面などは黒体に近い．

　温度 $T[\mathrm{K}]$ の固体面 $A[\mathrm{m^2}]$ から単位時間に放射される熱量 $q_\mathrm{r}[\mathrm{J \cdot s^{-1}}]$ はつぎの式で表される．

$$q_\mathrm{r} = \sigma A \varepsilon T^4 \tag{8.22}$$

ここで，σ はステファン・ボルツマン定数と呼ばれ，その値は $5.67 \times 10^{-8}\ \mathrm{J \cdot s^{-1} \cdot m^{-2} \cdot K^{-4}}$ である．ε は固体面の熱放射率あるいは黒度と呼ばれる値で，固体の種

類，表面の状態，温度などによって変わり，黒体では $\varepsilon = 1$ である．多くの物体では，$\varepsilon < 1$ であるが，その値が温度に依存しない物体を灰色体と呼んでいる．非金属は $\varepsilon = 0.75 \sim 0.95$ 程度の値をとる．

8.3.2 二物体間の放射授受

温度が T_1 と $T_2 (T_1 > T_2)$ である二つの物体の面1，2が相対しているときの，物体1から物体2への熱放射を考えてみよう．面1から放射された総熱量は式（8.22）で表されるが，面2にはその一部分しか届かない．その割合を F_{12} で表す．一方，面2からの熱放射で面1に到達する熱量についても同様なことがいえる．したがって，面1から面2への正味の熱放射伝熱速度 q_{12} は，二つの物体が黒体の場合はつぎの式で表せる．

$$q_{12} = 5.67 \times 10^{-8} (A_1 F_{12} T_1^4 - A_2 F_{21} T_2^4) \tag{8.23}$$

ここで，F_{12} は面1から見た面2の角関係と呼ばれる．二物体の温度が等しいときは，$q_{12} = 0$ だから，$A_1 F_{12} = A_2 F_{21}$ の関係が成立する．計算に便利なように絶対温度 T を100で割っておくと，式（8.23）はつぎのように書き直せる．

$$q_{12} = 5.67 A_1 F_{12} \left[\left(\frac{T_1}{100} \right)^4 - \left(\frac{T_2}{100} \right)^4 \right] \tag{8.24}$$

両物体が黒体ではない場合は，面1から面2に到達した放射熱のうち吸収されるのは一部で，その他は面2で反射されて再び面1に届くという過程を繰り返すことになり，複雑である．それらの影響を総合的に考慮した総括吸収率 ϕ_{12} を角関係 F_{12} の代わりに導入すると，式（8.24）はつぎのように書き換えられる．

$$q_{12} = 5.67 A_1 \phi_{12} \left[\left(\frac{T_1}{100} \right)^4 - \left(\frac{T_2}{100} \right)^4 \right] \tag{8.25}$$

総括吸収率 ϕ_{12} は，両物体の熱放射率 ε と両面の面積 A_1，A_2 などの関数である．表8.2に簡単な場合の総括吸収率を求める式をまとめた．

one point
総括吸収率

黒体間の放射伝熱速度は，角関係 F_{12} を用いた式（8.24）で表せるが，ともに不透明体な物体間では，黒体間とは異なり放射と反射を繰り返し複雑になる．しかし，角関係 F_{12} の代わりに ϕ_{12} とおいた式（8.25）によって不透明体間の放射伝熱速度が表される．この ϕ_{12} を総括吸収率と呼ぶ．

表8.2 総括吸収率 ϕ_{12} の計算式

両面の形状	ϕ_{12}
無限平行平面	$\dfrac{1}{\phi_{12}} = \dfrac{1}{\varepsilon_1} + \dfrac{1}{\varepsilon_2} - 1$
面1が面2に囲まれている場合	$\dfrac{1}{\phi_{12}} = \dfrac{1}{\varepsilon_1} + \dfrac{A_1}{A_2}\left(\dfrac{1}{\varepsilon_2} - 1 \right)$
大気中へ熱放射	$\phi_{12} = \varepsilon_1$

例題 8.5

温度が 800 ℃ の平面壁（熱放射率 $\varepsilon_1 = 0.9$）と温度が 200℃ の低温面壁（熱放射率 $\varepsilon_2 = 0.6$）が狭い間隙で平行に向きあっている．それぞれの面積が十分に大きいとして，高温壁面から低温壁面への単位面積あたりの放射伝熱速度を求めよ．

解　答

表 8.2 の無限平行平面の場合に相当するから，総括熱放射吸収率 ϕ_{12} は

$$\frac{1}{\phi_{12}} = \frac{1}{\varepsilon_1} + \frac{1}{\varepsilon_2} - 1 = \frac{1}{0.90} + \frac{1}{0.6} - 1 = 1.78$$

$$\therefore \quad \phi_{12} = 0.562$$

式(8.25)で，面 1 の温度 $T_1 = 800 + 273.2 = 1073.2$ K，面 2 の温度 $T_2 = 200 + 273.2 = 473.2$ K であるから，高温面 1 から低温面 2 への単位面積あたりの放射伝熱速度 q_{12}/A_1 は

$$\frac{q_{12}}{A_1} = 5.67 \times 0.562 \times \left[\left(\frac{1073.2}{100} \right)^4 - \left(\frac{473.2}{100} \right)^4 \right] = 40.7 \times 10^3 \text{ J·s}^{-1} \cdot \text{m}^{-2}$$

$$= 40.7 \text{ kJ·s}^{-1} \cdot \text{m}^{-2}$$

8.4　熱交換器の設計

化学プロセスでは，温度の異なる 2 種の流体の間で熱の授受を行わせる必要があり，そのために用いる装置を熱交換器と呼ぶ．熱交換の目的によって，加熱器，冷却器，蒸発器，凝縮器などに分類できる．この節では，熱交換器の基本的構造をまず学び，熱交換器の伝熱面積がどのようにして計算できるかについて，簡単なモデルにしたがって述べていく．

8.4.1　熱交換器の構造

図 8.5 に熱交換器の基本的構造の模式図を示す．図 8.5(a)は二重管式と呼ばれる交換器で，内管と環状部に温度の異なる 2 種の流体を向流あるいは並流に流し，加熱あるいは冷却の目的に利用される．図 8.5(b)は多管式と呼ばれる熱交換器であり，管群を両端の管板によって支えて胴内に収め，管内と胴側に 2 種の流体を流す装置である．管群と垂直方向に半円形の邪魔板を複数つけて，胴側の流体が管群に対して並行ではなく，直交しながら蛇行するような流れにして胴側流体の滞留時間を引き延ばし，伝熱効果の向上を図っている．

**多管式熱交換器の
流体の流しかた**

熱交換させる二流体のいずれを
管内に流し，いずれを管外側に
流すかはどのように選択するの
だろうか．管内に流す流体とし
ては，①掃除の点から汚い流体，
②胴に高級材料の使用を避ける
ために腐食性流体，③高圧流体
が選ばれる．一方，管外側の流
体には乱れを増すために，④量
の少ない流体，⑤高粘性流体が
選ばれる．

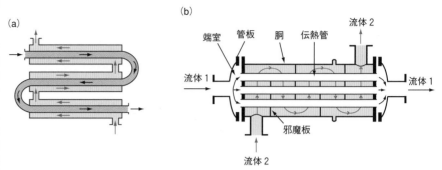

図 8.5　熱交換器の基本的構造
(a)二重管式　　(b)多管式

8.4.2　熱交換器の伝熱面積の計算法

図 8.6 は，向流式の二重管式熱交換器のモデルであり，その流体流れ方向の
温度分布を示している．高温流体(内管)は温度 $T_{h1}[\text{K}]$ から $T_{h2}[\text{K}]$ まで冷却さ
れ，低温流体(円環部)は高温流体出口部に温度 $T_{c2}[\text{K}]$ で供給され，T_{c1} まで加
熱される．高温流体の質量流量を $w_h[\text{kg·s}^{-1}]$，比熱容量を $c_h[\text{J·kg}^{-1}\text{·K}^{-1}]$ とし，
それぞれに対応する低温流体の値を w_c，c_c で表す．すると，高温流体からの熱
移動量と低温流体の得た熱量は等しいから，伝熱速度を $q[\text{J·s}^{-1}]$ とするとつぎ
の式が成立する．

$$q = w_h c_h (T_{h1} - T_{h2}) = w_c c_c (T_{c1} - T_{c2}) \tag{8.26}$$

この式で，伝熱速度 q および四つの温度のうち，三つの値を与えると，残りの
一つの温度を求めることができる．

熱交換器の高温流体の入口を原点にして，横軸として管長に比例する伝熱面
積 A を直接とる．入口から A と $(A + dA)$ の間にある微小区間について考える
と，高温流体は温度 T_h で入り $(T_h + \Delta T_h)$ ででるから，その間に高温流体から低
温流体に移動した熱量 dq はつぎの式で表せる．

$$dq = w_h c_h T_h - w_h c_h (T_h + dT_h) = -w_h c_h \cdot dT_h \tag{8.27}$$

一方，低温流体が高温流体から得た熱量 dq は，つぎのように書ける．

$$dq = w_c c_c T_c - w_c c_c (T_c + dT_c) = -w_c c_c \cdot dT_c \tag{8.28}$$

式(8.27)と式(8.28)は等しいから

$$dq = -w_h c_h \cdot dT_h = -w_c c_c \cdot dT_c \tag{8.29}$$

一方，この伝熱速度 dq は，温度差 $T_h - T_c = \theta$，および微小区間における伝熱面

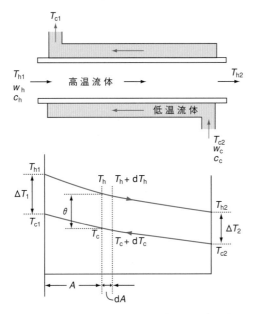

図 8.6　向流式の二重管式熱交換器と温度分布

積 dA を用いると，つぎの式で表せる．ここで，U は総括伝熱係数である．

$$dq = U \cdot dA(T_h - T_c) = U\theta \cdot dA \tag{8.30}$$

式(8.29)の熱収支は温度 T_h と T_c について別々に書かれているが，温度差 $T_h - T_c = \theta$ を用いた式で表すために，加比の理を用いてつぎのように変形する．

$$dq = \frac{dT_h}{-1/w_h c_h} = \frac{dT_c}{-1/w_c c_c} = \frac{d(T_h - T_c)}{-(1/w_h c_h - 1/w_c c_c)} = \frac{d\theta}{-\alpha} \tag{8.31}$$

ここで，$\alpha = (1/w_h c_h - 1/w_c c_c)$ である．式(8.31)と式(8.30)とを結ぶと

$$-d\theta/\alpha = U\theta \cdot dA \tag{8.32}$$

が得られ，右辺の θ を左辺に移して積分すると

$$-\int_{\theta_1}^{\theta_2} \frac{d\theta}{\theta} = \ln\frac{\theta_1}{\theta_2} = \int_0^A \alpha U \cdot dA = \alpha U A$$

$$\therefore \quad \ln(\theta_1/\theta_2) = \alpha U A \tag{8.33}$$

となる．

つぎに，式(8.31)を積分すると，式(8.34)が得られる．

$$\alpha \int_0^q dq = -\int_{\theta_1}^{\theta_2} d\theta$$

$$\therefore \quad \alpha q = -(\theta_2 - \theta_1) = \theta_1 - \theta_2 \tag{8.34}$$

式(8.33)の α を式(8.34)に代入すると α が消去できて，入口・出口での温度差の対数平均値 $(T_h - T_c)_{lm}$ を伝熱速度の推進力にとったかたちの式

$$q = UA \frac{\theta_1 - \theta_2}{\ln(\theta_1 / \theta_2)} = UA\theta_{lm} = UA(T_h - T_c)_{lm} \tag{8.35}$$

が得られる.

　式(8.26)と式(8.35)が熱交換器設計の基礎式になる．まず，式(8.26)によって装置全体の熱交換量 q と入口・出口での温度差が定まり，対数平均温度差 $(T_h - T_c)_{lm}$ が計算できる．伝熱管の内・外面での境膜伝熱係数ならびに汚れ係数の値から，総括伝熱係数 U の値が式(8.17)から計算できる．このようにして求めた，$q, (T_h - T_c)_{lm}, U$ の値を式(8.35)に代入すると伝熱面積 A が算出できて，伝熱管の長さ，本数，配置などが定まる．

例題 8.6

　二重管式の向流熱交換器がある．外管の内径は 53 mm，内管の内径は 36 mm である．この熱交換器の円環部に 20 ℃ の熱媒体を質量流量 3 kg·s^{-1} で流して

コラム

熱放射と地球温暖化
—炭酸ガス濃度と地表温度の関係のモデル—

　炭酸ガス（二酸化炭素）の濃度の増加に伴う地球温暖化は，熱放射現象と密接に関係している．このコラムでは，そのしくみを見ていくことにしよう．

　太陽光線に垂直な単位面積あたりに入射する太陽エネルギーを太陽定数 I_0 と呼び，その値は 1360 W·m^{-2} 程度である．ここで，地球の半径を a，地球表面の反射係数を A，地表温度を T_s とすると

　　太陽からの入射エネルギー $= \pi a^2 (1 - A) I_0$
　　地球からの放射エネルギー $= 4\pi a^2 \sigma T_s^4$

両者がつりあった状態では，両式が等しいとおけて，つぎの式が成り立つ.

$$T_s = [(1 - A) I_0 / 4\sigma]^{1/4} \qquad ①$$

ボルツマン定数 $\sigma = 5.67 \times 10^{-8}$ W·m^{-2}·K^{-4}，反射係数 $A = 0.3$ を式①に代入すると，$T_s = 254.5$ K $= -18.7$℃ が得

られる．しかし，実際の地表温度はこれよりも高温である．

　そこで，地表と大気の温度を別々に考え，それぞれについて熱放射を考慮して熱収支をたて，それらを解くとつぎの式が得られる.

$$T_s = [(1 - A) I_0 / 4\sigma(1 - \varepsilon/2)]^{1/4} \qquad ②$$

式①とは異なり，式②には大気の熱放射率 ε が含まれている．$\varepsilon = 0.8$ とおくと，地表の平均温度 T_s は 289.2 K $=$ 16.0℃ となり，ほぼ妥当な値となる．

　大気中の窒素や酸素と比べると，炭酸ガスの赤外線の吸収率は大きいので，大気中の CO_2 の濃度が増加すると大気の ε の値が上昇する．たとえば，炭酸ガス濃度が上昇して ε が 0.8 から 0.82 に増加すると，地表温度 T_s は 16.0℃ から 17.2℃ になり，1.2℃ も気温が上昇する計算になる．以上の考察により，炭酸ガスの濃度が少し増加しただけで，地表の気温が大きく上昇することがわかる．

60℃ まで加熱したい．内管に温度 95 ℃，質量流量 2.28 kg·s^{-1} の温排水を熱媒体とは向流方向に流す．ここで，温排水と熱媒体の比熱容量を，それぞれ 4.20 × 10^3，1.60 × 10^3 J·kg^{-1}·K^{-1} とし，内管の内径基準の総括伝熱係数 U_1 を 1940 J·m^{-2}·s^{-1}·K^{-1} とするとき，管長 L を求めよ．

解 答

この場合，内管に流れる温排水が高温流体，円環部に流れる熱媒体が低温流体である．温度分布を図 8.7 に示す．熱収支式の式(8.26)において，w_h = 2.28 kg·s^{-1}，c_h = 4.20 × 10^3 J·kg^{-1}·K^{-1}，w_c = 3 kg·s^{-1}，c_c = 1.60 × 10^3 J·kg^{-1}·K^{-1}，T_{c1} - T_{c2} = 60 - 20 = 40 ℃ であるから，つぎの式が成立する．

$$q = 2.28 \times (4.20 \times 10^3) \times (95 - T_{h2}) = 3 \times (1.60 \times 10^3) \times 40 = 192 \times 10^3 \, \text{J·s}^{-1}$$

この式を解くと，95 - T_{h2} = 20 ℃ が得られるから，T_{h2} = 75 ℃ となる．

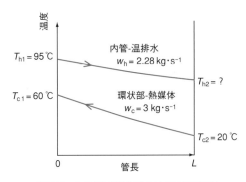

図 8.7　二重管式熱交換器内の温度分布

したがって，向流式の熱交換器における，入口・出口の温度差と対数平均温度差は

$$T_{h1} - T_{c1} = 95 - 60 = 35 \, ℃ \qquad T_{h2} - T_{c2} = 75 - 20 = 55 \, ℃$$
$$(T_h - T_c)_{lm} = (55 - 35) / \ln(55 / 35) = 44.2 \, ℃$$

ここで，内管の内径基準の伝熱面積を A_1 とおくと式(8.35)より

$$A_1 = \frac{q}{U_1(T_h - T_c)_{lm}} = \frac{192 \times 10^3}{1940 \times 44.2} = 2.24 \, \text{m}^2$$

よって，求める伝熱管の全管長を L とおくと

$$A_1 = \pi d_1 L = 3.14 \times (36 \times 10^{-3})L = 0.113L$$
$$\therefore \quad L = 2.24 / 0.113 = 19.8 \, \text{m}$$

となる．得られた伝熱管の必要長さがかなり大きいから，1本の直管にはできない．よって，実際の熱交換器の形状は図 8.5(a)のような形になると予想できる．

章 末 問 題

① 厚さ 100 mm のレンガ壁がある．内面の温度が 230 ℃，外面の温度が 80 ℃ のとき，この壁面 1 m² あたりの熱損失速度 [J·m⁻²·h⁻¹] を求めよ．ただし，レンガの熱伝導度は 0.75 J·m⁻¹·s⁻¹·K⁻¹ とする．

② 厚さ 110 mm の内層の耐火レンガと厚さ 230 mm の普通レンガの外層からなる炉壁がある．内層内面の温度が 860 ℃，外層外面の温度が 145 ℃ であった．この炉壁からの熱損失と内外層の境の温度を求めよ．ただし，耐火レンガと普通レンガの熱伝導度を，それぞれ 1.20 と 0.85 J·m⁻¹·s⁻¹·K⁻¹ とする．

③ 内半径 50 mm，外半径 125 mm の円筒壁の熱伝導度が 0.15 J·m⁻¹·s⁻¹·K⁻¹ である．内面温度が 100 ℃，外面温度が 15 ℃ のときの，円筒 1 m あたりの伝熱速度を求めよ．

④ 水蒸気を通じる外径 120 mm の鋼管を厚さ 60 mm の保温材 A(k = 0.072 J·m⁻¹·s⁻¹·K⁻¹)で巻き，さらにその上を厚さ 30 mm の保温材 B(k = 0.087)で巻いてある．熱電対により保温材 A の内面および保温材 B の外面の温度を測定したところ，160 ℃ および 38 ℃ であった．このとき，管長 1 m についての熱損失速度および両保温材境界面での温度を求めよ．

one point
熱電対
サーモカップルとも呼ばれる．2 種類の金属細線の両端をつなぎ，一方の接点を 0 ℃ に保ち，他端の接点を温度測定する場所に接触させて発生する熱起電力を測定すると，温度が測定できる．金属線としては，白金-白金ロジウム，銅-コンスタンタン（銅とニッケルなどの合金），などの組合せがよく用いられる．

⑤ 壁面温度が 20 ℃ で一様な室内に，半径 50 mm，表面温度 600 ℃，黒度 0.7 の金属球が細い針金で吊り下げられている．放射伝熱によって球が失う単位時間あたりの熱量 [J·s⁻¹] を求めよ．ただし，室内の気体が吸収する放射エネルギーの量は無視できるとする．

⑥ 50 cm 立方の電気炉に直径 30 cm の鋼球が入っている．電気炉の壁には耐火レンガがはられ，表面温度は全面 1000 ℃ である．鋼球の表面温度が 500 ℃ のとき，鋼球に伝わる放射伝熱量 [kJ·s⁻¹] を求めよ．ただし，鋼の黒度は 0.79，耐火レンガの黒度を 0.38 とする．

⑦ 1B 鋼管(内径 27.6 mm)に 60 ℃ の空気を 10 m·s⁻¹ で流すときの管内境膜伝熱係数を求めよ．ただし，60 ℃ における空気の粘度 μ は 2 × 10⁻⁵ Pa·s，熱伝導

度 k は 0.03 J·m^{-1}·s^{-1}·K^{-1}, 比熱容量 c_p は 0.95×10^3 J·kg^{-1}·K^{-1} とする. なお, 空気の密度は 1.06 kg·m^{-3} としてよい.

⑧ 1 1/4 B 鋼管(内径 35.7 mm)を用いて, 70℃ のベンゼンを 1.5 m·s^{-1} で流して 40℃ に冷却する. 管外側を 20℃ の冷却水を向流で流すとき, 出口温度は 40℃ である. ベンゼンの比熱容量は 1760 J·kg^{-1}·K^{-1}, 密度は 880 kg·m^{-3} として, 冷却水量[kg·h^{-1}]を求めよ.

⑨ [例題 8.6]において, 温排水を熱媒体と並流方向に流すように変更する. そのときの熱交換器の管長を求めよ. ただし, 総括伝熱係数の値は変わらないとする. また, 向流と並流のどちらが有利か.

⑩ 長さが 8 m で二重管式熱交換器の内管(2B 鋼管:内径 52.9 mm)内に水を 5.0 m^3·h^{-1} で流し, 外側を 110℃ の水蒸気で加熱する. 水の入口温度が 20℃, 出口温度が 50℃ のとき, 管内境膜伝熱係数を求めよ. ただし, 管壁および蒸気側の伝熱抵抗は無視でき, また蒸気側の温度は 110℃ に保たれるとする.

⑪ 内径 100 mm の外管と外径 50 mm, 肉厚 3 mm の鋼管よりなる向流式の二重管熱交換器により, 60℃ のトルエン 150 kg·h^{-1} を 30℃ まで冷却する. トルエンは内管内を通し, 環状部には冷却水 130 kg·h^{-1} を流す. 冷却水は 20℃ の河川水を用いる. トルエン側と冷却水側の伝熱係数をそれぞれ 540, 400 J·m^{-2}·s^{-1}·K^{-1}, 冷却水側の汚れ係数を 2000 J·m^{-2}·s^{-1}·K^{-1} とし, トルエン側のそれは無視してよいとする. また, 内管の管壁の伝熱抵抗も無視してよい. 必要な管長を計算せよ. なお, トルエンと冷却水の比熱容量は, それぞれ 1.78×10^3, 4.2×10^3 J·kg^{-1}·K^{-1} とする.

第*9*章

調湿と乾燥

　気温と湿度は日常生活でも使われる身近な数値であり，われわれは快適に過ごすためにエアコンディショナーで温度と湿度を調整している．工場においても，温度と湿度の調整は重要である．とくにフイルム，繊維製品，印刷，半導体製造の工場では，温度と湿度を制御することが必要になる．これらの工場では一般家庭とは異なり取り扱う空気の量が非常に多いので，温度と湿度を経済的に調整操作する必要がある．

　湿度の調節については，湿度をあげることを増湿，下げることを減湿，両者をあわせて調湿と呼んでいる．一般には水を空気に接触させる調湿法が採用されている．また，化学工場では大量の冷却水が使用されるが，使用済みの冷却水を空気と接触させ水の蒸発潜熱によって水の温度を下げ，再利用する冷水操作が用いられる．この操作は，空気の側から見ると増湿操作になる．

　物を乾かすことは，洗濯物や食器の乾燥で，日常的に経験しているだろう．乾燥は，水分を含む材料に熱を加えて水分を蒸発させる操作である．化学工場でも，固体製品の水分除去，液状物質の乾燥による顆粒状の洗剤の製造など，乾燥は重要である．乾燥には熱源が必要であるが，空気を加熱して利用する場合が一般的である．

　また，調湿および乾燥では，熱の移動と水分の物質移動が同時に起こっており，本書の第5章と第8章の知識が利用できる．

9.1　湿り空気の性質を学ぶ

　調湿の計算では，湿り空気の各種の特性値が必要になる．そのとき，乾き空気1 kgを基準にとった値が使われる．各特性値がどのような式で表せるかを以下で学んでいこう．

one point
湿り空気と乾き空気
空気はおもに窒素と酸素の混合物であるが，その他には水蒸気も含まれている．水蒸気を含む空気を湿り空気，そこから水蒸気を除いた空気を乾き空気という．

9.1.1 湿度の表しかた

工学計算では，乾き空気 1 kg と共存する水蒸気の質量[kg]によって，湿り空気の湿度を表す．すなわち，湿度 H は湿り空気中における水蒸気と乾き空気の質量比であり，温度とは無関係な値である．湿り空気の全圧を P[Pa]，水蒸気の分圧を p[Pa]とすると，$p/(P-p)$ は水蒸気と乾き空気とのモル比になる．よって，その分子(p)に空気の分子量の 29 を，分母($P-p$)に水の分子量の 18 をそれぞれ乗じると質量比になるから，湿度 H はつぎのように表せる．

$$H = \frac{18}{29} \times \frac{p}{P-p} = 0.62 \times \frac{p}{P-p} \tag{9.1}$$

また，湿度 H と同じ温度における飽和湿度 H_s は，式(9.1)の p を飽和水蒸気圧 p_s に置き換えたつぎの式によって表せる．

$$H_s = 0.62 \times \frac{p_s}{P-p_s} \tag{9.2}$$

なお，飽和水蒸気圧 p_s[kPa]と水温 T[℃]との間には，つぎの関係が成立する．

$$\log(p_s/\text{kPa}) = 7.2117 - \frac{1740.27}{T/\text{℃} + 234.3291} \tag{9.3}$$

ここで，左辺は常用対数を表している．

湿り空気中の水蒸気分圧 p[Pa]と，その温度における飽和水蒸気圧 p_s[Pa]の比（パーセント）を関係湿度 ϕ[%]と呼び，式(9.4)で表す．この関係湿度は気象情報では相対湿度と呼ばれ，日常生活で使用されている値である．

$$\phi = \frac{p}{p_s} \times 100 \tag{9.4}$$

関係湿度（相対湿度）の値は温度によって変わるので，工学計算には不便である．

また，湿度 H とその温度における飽和湿度 H_s の比を比較湿度 Ψ[%]と呼び，つぎの式で表す．

$$\Psi = \frac{H}{H_s} \times 100 \tag{9.5}$$

9.1.2 露点

不飽和空気を冷却していくと，ある温度 T_d[℃]で湿度が飽和の状態になり，それ以下の温度に少しでも冷却すると水滴が析出する．その温度を露点と呼ぶ．

9.1.3 湿り比熱容量

乾き空気 1 kg に水蒸気 H[kg]が含まれる湿り空気を 1 K だけ上昇させるのに

必要な熱量を湿り比熱容量と呼ぶ. 空気と水蒸気の比熱容量の平均値($0 \sim 200$ ℃)を, それぞれ $1.00 \, \mathrm{kJ \cdot (kg-乾燥空気)^{-1} \cdot K^{-1}}$ と $1.93 \, \mathrm{kJ \cdot (kg-水蒸気)^{-1} \cdot K^{-1}}$ とすると, 湿り比熱容量 $c_{\mathrm{H}}[\mathrm{kJ \cdot (kg-乾燥空気)^{-1} \cdot K^{-1}}]$ は次式で表せる.

$$c_{\mathrm{H}} = 1.00 + 1.93H \tag{9.6}$$

9.1.4 湿り比容

温度 $T[\mathrm{K}]$, 湿度 H の空気 $(1+H)\,[\mathrm{kg}]$ の体積 $v_{\mathrm{H}}[\mathrm{m^3 \cdot (kg-乾燥空気)^{-1}}]$ を湿り比容と呼ぶ. 空気と水蒸気の分子量は 29 と 18 であるから, 圧力 $P_{\mathrm{t}} = 1.013 \times 10^5 \, \mathrm{Pa}$ とすれば, 温度 $T[\mathrm{K}]$ における空気と水蒸気の比体積 v_{a} と v_{w} は, 気体の状態方程式, $Pv = nRT$ より

$$v_{\mathrm{a}} = (1/29 \times 10^{-3})(8.314/1.013 \times 10^5)T = 2.83 \times 10^{-3}\,T$$
$$v_{\mathrm{w}} = (H/18 \times 10^{-3})(8.314/1.013 \times 10^5)T = 4.56 \times 10^{-3}HT$$

で表せる. 湿り比容 v_{H} は v_{a} と v_{w} の和であるから, つぎのようになる.

$$v_{\mathrm{H}} = (2.83 + 4.56\,H)T \times 10^{-3} \tag{9.7}$$

9.1.5 湿り空気のエンタルピー

温度 $T[\mathrm{K}]$, 湿度 H の湿り空気のエンタルピー $i[\mathrm{kJ \cdot (kg-乾燥空気)^{-1}}]$ は, 273.2 K, 大気圧の乾燥空気と 273.2 K の液体の水を基準とすると, つぎのように書ける.

$$\begin{aligned} i &= c_{\mathrm{H}}\,(T-273.2) + r_0 H \\ &= c_{\mathrm{H}}\,(T-273.2) + 2500\,H \end{aligned} \tag{9.8}$$

ここで, $r_0 = 2500 \, \mathrm{kJ \cdot kg^{-1}}$ は, 0℃ = 273.2 K における水の蒸発エンタルピー$[\mathrm{kJ \cdot kg^{-1}}]$ を表している.

9.2 熱と物質が同時に移動

調湿操作では, 湿り空気の水蒸気と空気の間で, 熱の移動と物質の移動が同時に起こっている. それに伴い, 湿球温度, 断熱飽和温度, 断熱冷却線の概念が導入される. 日ごろ使用されている湿度計は, 水滴と湿り空気間の熱と物質の移動現象の原理に基づいてつくられたものである.

9.2.1 湿球温度と湿度計

図 9.1 に示すように, 温度 T, 湿度 H(水蒸気分圧 p)の空気中に水滴をおくと, 空気から熱が水滴表面の境膜を通って流入し, 水の一部が蒸発する. その

とき，蒸発熱が奪われるので水滴の温度は下がる．空気からの熱の供給速度と水滴表面からの水の蒸発速度がつりあう平衡状態に達すると水滴の温度は一定になる．この水滴温度を湿球温度 T_w と呼ぶ．湿球温度はつねに空気中の温度 T（乾球温度という）より低い．以下に，空気と水滴間の熱の授受速度のつりあい状態を式で表してみよう．

まず，空気から水滴への熱の供給速度 $q[\text{J} \cdot \text{s}^{-1}]$ は，空気と水滴表面温度（湿球温度）の差 $(T - T_w)$ と水滴の表面積 $A[\text{m}^2]$ に比例すると考えられ

$$q = hA(T - T_w) \tag{9.9}$$

と書ける．比例定数 h は水滴表面の液境膜の伝熱係数 $[\text{J} \cdot \text{m}^{-2} \cdot \text{s}^{-1} \cdot \text{K}^{-1}]$ である．

one point
伝熱係数
8.2節を参照．固体表面と同様に水滴表面にも空気の流体境膜を考え，そこでの伝熱抵抗を境膜伝熱係数 h で表す．

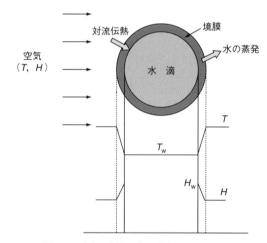

図 9.1　空気-水間の熱と物質の同時移動

一方，水滴表面での水の蒸発速度 $N_w'[\text{kg} \cdot \text{s}^{-1}]$ は，湿球温度における湿度 H_w と空気中の湿度 H の差 $(H_w - H)$ および水滴表面積 A に比例すると考えられ，つぎのように書ける．

$$N_w' = k_H A(H_w - H) \tag{9.10}$$

ここで，k_H は湿度差を推進力にとった物質移動係数 $[\text{kg -水蒸気} \cdot \text{s}^{-1} \cdot \text{m}^{-2} \cdot \Delta\text{H}^{-1}]$ である．

式(9.10)の蒸発速度 N_w' に水の蒸発潜熱 r_w を乗じると，蒸発に伴う水滴からの熱移動速度になる．平衡状態では，それと式(9.9)が等しいとおけるのでつぎの式が成立する．

$$hA(T - T_w) = k_H A(H_w - H)r_w \tag{9.11}$$

この式で表される湿度 H と温度 T の関係を乾湿球温度線という．

式(9.11)を H について解くと，つぎの式が導ける．

$$H = H_\mathrm{w} - \frac{h}{k_\mathrm{H} r_\mathrm{w}}(T - T_\mathrm{w}) \tag{9.12}$$

空気中への水の蒸発では, h/k_H の値が湿り比熱容量 c_H とほぼ等しいと近似してもよいことが実験的に確かめられているので, つぎの式が成立する. これをルイス(Lewis)の関係と呼んでいる.

$$h/k_\mathrm{H} \doteqdot c_\mathrm{H} \tag{9.13}$$

この式を式(9.12)に代入すると, つぎの式が得られる.

$$H = H_\mathrm{w} - \frac{c_\mathrm{H}}{r_\mathrm{w}}(T - T_\mathrm{w}) \tag{9.14}$$

ここで, r_w は温度 T_w における水の蒸発潜熱である. 式のかたちからわかるように, 式(9.14)で表される乾湿球温度線は, 温度の上昇に伴いほぼ直線的に減少する関数になる.

空気中の湿度 H の測定には乾湿球湿度計が用いられる. これは, 通常の温度計と水で湿らせたガーゼで温度計の感温部を包んだ湿球温度計からなっている. 前者で乾球温度 T を, 後者で湿球温度 T_w をそれぞれ測定して, 式(9.14)の関係を利用して空気の湿度 H を計算する. なお, 式(9.3)から飽和水蒸気圧 p_s を計算し, それを式(9.2)に代入すれば飽和湿度 H_w が計算できる.

9.2.2 断熱飽和温度

外部と完全に断熱された容器内で, 温度 T, 湿度 H の不飽和の湿り空気と温度 T_s(ただし, $T > T_\mathrm{s} > T_\mathrm{d}$)の多量の水を長時間接触させると, 空気の温度は低下して水温に等しくなる. しかし, 水は空気と比べて多量に存在するので, その温度は T_s に保持されると考えてよい. したがって, 平衡状態では空気と水の温度はともに T_s になり, 空気の湿度は温度 T_s における飽和湿度 H_s に到達する. このような状況での温度 T_s を, 温度 T, 湿度 H の湿り空気に対する断熱飽和温度 T_s と定義する. このような変化において, 空気が失った顕熱は水の蒸発による湿度の増加に使われるので, つぎの式が成立する.

$$c_\mathrm{H}(T - T_\mathrm{s}) = (H_\mathrm{s} - H)r_\mathrm{s} \tag{9.15}$$

この H と温度 T との関係を断熱冷却線といい, 飽和湿度線上の一点 $(T_\mathrm{s}, H_\mathrm{s})$ を通り傾きが $-c_\mathrm{H}/r_\mathrm{s}$ の直線で表される. 空気-水系では乾湿球温度線は式(9.14)で表せるから, それと式(9.15)を比較すると, 両者はほぼ一致して, $T_\mathrm{s} = T_\mathrm{w}$ の関係が近似的に成立する. すなわち, 断熱冷却線と乾湿球温度線とはほぼ重なるので, 一般に乾湿球温度線は断熱冷却線で代表させることが多い.

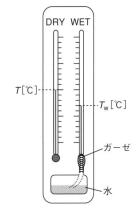

one point
乾湿球湿度計

乾湿球湿度計を下図に示す. 普通の温度計を2本並べ, 1本で気温(乾球温度)を測る. もう1本の感温部にはガーゼを巻き, その先に木綿糸を縛りつけ, 水ために浸してある. 毛細管現象によって水が感温部につねに補給され, 湿球温度が測定できるしくみになっている.

9.3　湿度図表とその使いかた

　湿り空気の特性を線図のかたちで表したのが図 9.2 の湿度図表である．全圧 1 atm，温度 0 ～ 120℃ の範囲で湿り空気の特性が図示されている．湿度図表では温度 T の単位は[K]でなく[℃]を採用している．下側横軸に温度 T[℃]を，右側縦軸に湿度 H をとり，この二つが主軸になる．その他，左側縦軸には湿り比容 v_H と蒸発潜熱 r が，上側横軸には湿り比熱容量 c_H が，それぞれとられている．

　図中の右上がりの曲線群は関係湿度 ϕ をパラメータにとり，T と H の関係を示している．右下がりの直線群は断熱冷却線である．右上がりの直線群は，湿度 H をパラメータにとり，湿り比容 v_H と温度 T の関係を表している．

　湿度図表の使用法を図 9.3 の概念図を用いて説明しよう．点 a で示される湿り空気(T_a, H_a)の以下に示す諸物性値を，湿度図表から求めることができる．

(1) **露点 T_d**：点 a から水平線を引き，飽和湿度曲線との交点 d の温度．

(2) **関係湿度 ϕ**：点 a を通る関係湿度 ϕ の曲線，あるいは隣りあう曲線から内挿する．

(3) **湿球温度 T_w と断熱飽和湿度 H_w**：点 a を通る断熱冷却線と ϕ =100％の関係湿度曲線との交点 w の温度と湿度．

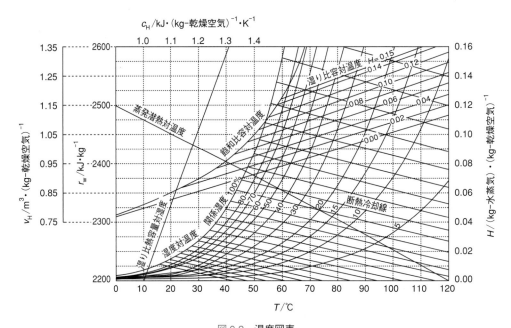

図 9.2　湿度図表

化学工学会編，『化学工学便覧 改訂 6 版』，丸善(1999)，p785 より一部改変．

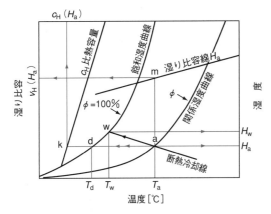

図 9.3　湿度図表の使用法

(4)**湿り比容** v_H：点 a を通る垂直線と湿度 H_a に対する湿り比容対湿度の直線との交点 m から，水平線を左側に引き，湿り比容の縦軸との交点の値．

(5)**湿り比熱容量** c_H：点 a を通る水平線と湿り比熱容量対湿度の直線の交点 k に対する上側横軸の値．

<hr>

例題 9.1

乾湿球温度計を用いて，乾球温度 47℃，湿球温度 30℃ を得た．この空気の(1)湿球温度での飽和湿度 H_w, (2)湿度 H, (3)関係湿度 ϕ, (4)比較湿度 Ψ, (5)湿り比容 v_H, (6)湿り比熱容量 c_H, (7)露点 T_d, (8)エンタルピー i を求めよ．

解　答

(1) $T_w = 30$℃ に対する飽和湿度曲線上の点の右側縦軸から，$H_w = 0.028\ \mathrm{kg \cdot kg^{-1}}$ である．

(2) $T_w = 30$℃ からの断熱冷却線が温度 47℃ に達した点の右側横軸から，湿度 $H = 0.02\ \mathrm{kg \cdot kg^{-1}}$ となる．

(3) $T = 47$℃，$H = 0.02$ の点を通る関係湿度の曲線は，$\phi = 30\%$ である．

(4) 47℃ での飽和湿度 $H_s = 0.074$ である．式(9.5)より，比較湿度 $\Psi = H / H_s \times 100\% = (0.02 / 0.074) \times 100\% = 27.0\%$

(5) 湿り比容対湿度の曲線群から $H = 0.02$ の線(下から 2 番目)を選び，$T = 47$℃ からの垂直線との交点に対する左側縦軸から $v_H = 0.935\ \mathrm{m^3 \cdot kg^{-1}}$ を得る．式(9.7)から算出してもよい．

(6) $H = 0.02$ の水平線と，湿り比熱容量対湿度の右上がりの直線との交点に対する上側横軸から，$c_H = 1.04\ \mathrm{kJ \cdot kg^{-1} \cdot K^{-1}}$ を得る．式(9.6)から算出してもよい．

(7) $H = 0.02$ の水平線と湿度対温度の $\phi = 100\%$ の曲線との交点の温度から $T_d = 25$℃ である．

(8)式(9.6)より，湿り比熱 $c_H = 1.00 + 1.93 \times 0.02 = 1.04$ となる．これを式(9.8)に代入すると

$$i = c_H(T - 273.2) + 2500\,H = 1.04 \times 47 + 2500 \times 0.02$$
$$= 98.9\ \text{kJ} \cdot (\text{kg} - 乾燥空気)^{-1}$$

9.4　調湿操作と冷水操作

9.4.1　増湿操作

　空気の湿度を増加させるには，水蒸気を直接吹き込む，温水と接触させるなどの方法が考えられるが，水蒸気や温水の温度の調節は簡単でない．一般には，図 9.4 に示すような増湿法が用いられる．点 a の湿度 H_1 の空気 $(T_1,\ H_1)$ を点 d の湿度 H_2 の空気 $(T_2,\ H_2)$ の状態まで増湿する場合，空気を状態 a から b$(T_b,\ H_1)$ まで予熱し，ついで断熱冷却線に沿って点 c$(T_c,\ H_2)$ まで増湿し，最後に点 d まで再加熱する．このとき，完全に増湿できれば点 c'(湿度 H_w')まで増湿できるはずであるが，実際の装置では点 c までしか増湿できない．ここで，$\eta = (H_2 - H_1)/(H_w' - H_1)$ を増湿効率といい，通常は 90% 程度にとられる．

　増湿装置は予熱室，断熱冷却室，再加熱室からなり，室内に設けられた多数のノズルから水を噴霧して増湿する．

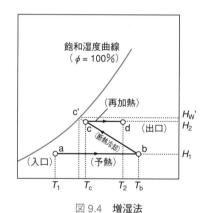

図 9.4　増湿法

例題 9.2

　湿度 $H_1 = 0.02$，温度 $T_1 = 30℃$ の空気を，断熱冷却を利用する増湿法によって $T_2 = 80℃$，$H_2 = 0.04$ にする．空気の処理量を 5000 $\text{m}^3 \cdot \text{h}^{-1}$，増湿効率を 83% として，予熱温度 T_1' および予熱室と再熱室における加熱速度 q_1，$q_2[\text{kJ} \cdot \text{h}^{-1}]$ を求めよ．

解 答

　本問題の条件を図 9.4 に対応させると，点 a の空気($T_1 = 30℃$, $H_1 = 0.02$)と，点 d の空気($T_2 = 80℃$, $H_2 = 0.04$)の位置が与えられている．断熱冷却線 c'cb は増湿効率 $\eta = 0.83$ から以下のようにして決まる．

　断熱冷却線が飽和湿度曲線と交わる点 c' の飽和湿度を H_w' とすると，増湿効率 η に対して

$$\eta = \frac{H_2 - H_1}{H_w' - H_1} = \frac{0.04 - 0.02}{H_w' - 0.02} = 0.83$$

が成立する．これを解くと $H_w' = 0.0441$ が得られる．飽和湿度曲線上の $H_w' = 0.0441$ の点を基点として，右下がりの断熱冷却線を湿度図表上で引く．この場合，ちょうどそれに近い線がみつかり，$H_1 = 0.02$ と $H_2 = 0.04$ の水平線との交点 c と b が定まり，それぞれの温度 $T_2' = 46℃$, $T_1' = 93.5℃$ が決定できる．このようにして，増湿操作の予熱，断熱増湿ならびに再加熱の順序が図 9.5 のように定まる．

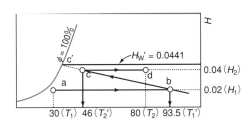

図 9.5　**断熱増湿の経路**

　点 a における湿り比容 v_H は湿度図表から求めることができるが，式(9.7)に $H_1 = 0.02$, $T_1 = 30 + 273.2 = 303.2$ K を代入しても求まる．

$$v_H = (2.83 + 4.56H)\,T \times 10^{-3} = (2.83 + 4.56 \times 0.02) \times 303.2 \times 10^{-3}$$
$$= 0.886 \; \text{m}^3 \cdot (\text{kg} - \text{乾燥空気})^{-1}$$

したがって，処理空気量 5000 $\text{m}^3 \cdot \text{h}^{-1}$ 中の乾燥空気質量流量 w は

$$w = 5000 / 0.886 = 5.64 \times 10^3 \; \text{kg} \cdot \text{h}^{-1}$$

また湿り比熱容量 c_H は，式(9.6)に $H_1 = 0.02$ と $H_2 = 0.04$ を代入すると

$$c_{H1} = 1.00 + 1.93 \times 0.02 = 1.04 \; \text{kJ} \cdot (\text{kg} - \text{乾燥空気})^{-1} \cdot \text{K}^{-1}$$
$$c_{H2} = 1.00 + 1.93 \times 0.04 = 1.08 \; \text{kJ} \cdot (\text{kg} - \text{乾燥空気})^{-1} \cdot \text{K}^{-1}$$

よって，予熱に必要な熱量 q_1 と，再加熱に必要な熱量 q_2 は，それぞれつぎのように計算できる．

$$q_1 = w\,c_{H1}(93.5 - 30) = 5.64 \times 10^3 \times 1.04 \times 63.5 = 372 \times 10^3\ \mathrm{kJ \cdot h^{-1}}$$

$$q_2 = w\,c_{H2}(80 - 46) = 5.64 \times 10^3 \times 1.08 \times 34 = 207 \times 10^3\ \mathrm{kJ \cdot h^{-1}}$$

9.4.2 減湿操作

空気をその露点よりも低い冷却面と接触させると，空気中の水蒸気が凝縮するので湿度が下がる．これを冷却減湿法という．その操作法を図 9.6 に示す．

点 a の空気 $(T_1,\ H_1)$ を湿度の低い点 d の空気 $(T_2,\ H_2)$ に減湿する方法を説明しよう．まず点 a の空気を冷却すると，その露点 T_{d1} の点 b に達したときに凝縮が始まり，空気の温度は飽和曲線に沿って下がり，湿度 H_2 に相当する露点 T_{d2} である点 c に達したら凝縮水を分離し，残った湿り空気を所定の温度 T_2 まで加熱すれば希望する空気 d に達する．このとき，冷却面の温度は露点 T_{d2} 以下に保つことが必要である．

その他，エチレングリコールや塩化リチウムなどによる吸収法，あるいは活性アルミナ，シリカゲルなどによる吸着法などによっても空気の減湿が行える．

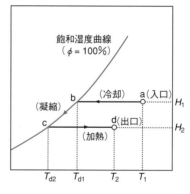

図 9.6　冷却減湿法

9.4.3 冷水操作

化学工場では多量の冷却水が使用される．温度が上がった使用済みの冷却水をもう一度冷却して再使用する冷水塔が用いられている．水と空気を向流接触させると，水が蒸発してその潜熱のために水温が下がることを利用している．冷水塔の内部には水平の板を組み合わせた木格子あるいはプラスチックの成型板が充填物として詰められている．塔頂から温水が散布され，塔底から空気がファンによって送られる．

水はこの充填物の表面に沿って流下し空気と接触する．水が充填物の表面を十分に濡らして落下し，かつ空気流れの圧力損失を極力少なくするように充填物が配置される．

9.5 乾燥が進む過程を解析する

水分を含む材料に熱を与えて材料中の水分を気化蒸発する操作を乾燥という．湿り材料には，固体以外に泥状・液状材料も含まれる．熱源としては熱風の顕熱が用いられる．

9.5.1 含水率の計算

W[kg]の湿り材料があり，そのなかの無水材料の質量をW_0[kg]とすると，水分量は$(W-W_0)$[kg]で与えられる．この湿り材料の水分量を表すのに，湿量基準の含水率w'と乾量基準の含水率wの二つの表示法があり，それぞれ式(9.16)と式(9.17)で表される．

$$w' = \frac{水分質量}{湿り材料質量} = \frac{W-W_0}{W} = 1 - \frac{W_0}{W} \tag{9.16}$$

$$w = \frac{水分質量}{無水材料質量} = \frac{W-W_0}{W_0} = \frac{W}{W_0} - 1 \tag{9.17}$$

両者の間の関係を見るために，まずwをw'を用いて表してみよう．式(9.16)から，$(W-W_0) = w'W$，および$W_0/W = 1-w'$の関係が得られ，それらを式(9.17)に代入するとつぎの式が得られる．

$$w = w'\left(\frac{W}{W_0}\right) = \frac{w'}{1-w'} \tag{9.18}$$

つぎに，式(9.17)から$(W-W_0) = wW_0$，$W/W_0 = 1+w$となるので，これを式(9.16)に代入すると

$$w' = \frac{w}{1+w} \tag{9.19}$$

が得られる．通常，湿り材料の水分量は湿量基準で表されるが，乾燥の計算では乾燥の経過でその基準が変化しない乾量基準の含水率wが用いられる．本書でもそれに従う．

湿り材料を，一定の湿度と温度に保たれた空気中で乾燥させると，含水率がある一定値に落ち着き変化しない状態になる．そのときの含水率を平衡含水率といいw_eで表す．w_eの値は材料によって異なり，空気の温度よりも湿度の影響を強く受ける．空気の関係湿度が50%のときの平衡含水率は，皮革：16%，羊毛：12%，石けん：8%，新聞紙：5%といった値になる．

ある特定の温度と湿度の空気中で，湿り固体から乾燥によって除去可能な水分の量を自由含水率Fと呼ぶ．Fは材料の含水率wから平衡含水率w_eを差し引いた値である．

$$F = w - w_e \tag{9.20}$$

例題 9.3

　乾量含水率 $w_1 = 0.6$ の湿り材料 $100\,\text{kg}$ がある．以下の問いに答えよ．

(1) 湿り基準の含水率 $w_1{}'$ を求めよ．

(2) 含水率 $w_2 = 0.02$ まで乾燥するときの蒸発水分を求めよ．

解　答

(1) 式(9.19)から，湿り基準の含水率 $w_1{}'$ は

$$w_1{}' = w / (1 + w) = 0.6 / (1 + 0.6) = 0.375$$

(2) 湿り材料 $W = 100\,\text{kg}$ に含まれる無水材料 W_0 は，$100\,\text{kg}$ が $(1 + w_1)$ に，無水材料が 1 にそれぞれ対応するから，比例計算から

$$\text{無水材料 } W_0 = 100 \cdot \frac{1}{1 + w_1} = \frac{100}{1 + 0.6} = 62.5\,\text{kg}$$

$$\therefore \quad \text{蒸発水分量} = (\text{無水材料質量})(\text{乾量基準含水率減少})$$
$$= W_0(w_1 - w_2) = 62.5(0.6 - 0.02) = 36.3\,\text{kg}$$

9.5.2　乾燥の進行過程

　表面まで十分に湿った材料を，一定の湿度と温度の熱風の気流中におき，材料の含水率 w と温度 T_m の経時変化を測定すると，図 9.7(a) のような図が得られる．図からわかるように，乾燥の過程は三つの期間に分けられる．

　期間 I は，空気からの熱は水の蒸発よりも材料温度の上昇に費やされ，含水

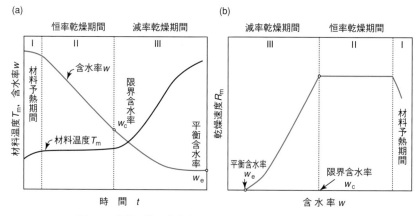

図 9.7　乾燥に伴う含水率と材料温度の変化と乾燥特性曲線
(a) 含水率と材料温度の変化　(b) 乾燥特性曲線

率の低下は緩やかである．このように，期間Ⅰは材料予熱期間と考えられる．
期間Ⅱは材料表面が十分に湿っており，材料表面の温度は湿球温度に保たれて，
熱風からの熱は水の蒸発のみに消費され，材料温度は上昇しない．水分は材料
内部から液状水として定常的に材料表面に補給されるので，表面はつねに湿っ
ており，水分の蒸発は一定速度で進行するから，含水率 w は直線的に減少する．
この期間Ⅱでは乾燥速度が一定値に保たれるので，恒率乾燥期間と呼ばれる．
しかし，含水率が低下した期間Ⅲになると，表面への液状水の補給が十分でな
くなり，材料表面の一部に乾いた部分が発生する．それに伴い，乾燥が進行す
る領域は材料表面から材料内部に移動し，乾燥速度が低下し，含水率の減少も
緩やかになるが，平衡含水率 w_e に達すると乾燥の進行が停止する．一方，熱風
からの熱は，水の蒸発よりも材料温度の上昇に消費される結果，材料温度が上
昇する．この期間を減率乾燥期間と呼んでいる．また，恒率乾燥期間から減率
乾燥期間へ移行するときの含水率 w_c を限界含水率と呼ぶ．この値は材料の物
性，内部構造，乾燥条件に依存する．

9.5.3 乾燥速度の表しかたと乾燥特性曲線

　乾燥速度を表すには，無水材料の単位質量あたりの乾燥速度 R_m［kg－水蒸気・
$(kg－無水材料)^{-1}\cdot s^{-1}$］や，材料の単位乾燥面積あたりの乾燥速度 R_s［kg－水蒸気・
$(m^2－無水材料)^{-1}\cdot s^{-1}$］が用いられる．板状材料のように乾燥面積がはっきりし
ている場合は R_s が用いられるが，そうでない場合は R_m が用いられる．湿り材料
の質量が W［kg］，そのなかの無水材料質量が W_0［kg］，材料の乾燥面積が A［m²］
とすると，R_m と R_s の間にはつぎの関係が成立する．

$$W_0 R_m = A R_s$$
$$\therefore \quad R_m = (A/W_0)R_s = aR_s \tag{9.21}$$

ここで，a は無水材料あたりの乾燥面積［m²・$(kg－無水材料)^{-1}$］を表す．
　微小時間 dt［s］における湿り材料の質量減少を dW とすると，乾燥面積基準の
乾燥速度 R_s に対してつぎの物質収支式が成立する．

$$-\frac{dW}{dt} = A R_s \tag{9.22}$$

この式を R_s について解くと

$$R_s = -\frac{1}{A}\cdot\frac{dW}{dt} = -\frac{W_0}{A}\cdot\frac{d(W/W_0)}{dt} = -\frac{1}{a}\cdot\frac{dw}{dt} \tag{9.23}$$

が得られ，式（9.21）から，質量基準の乾燥速度 R_m はつぎの式で表せる．

$$R_\mathrm{m} = -\frac{dw}{dt} \tag{9.24}$$

式(9.24)は，図 9.7(a)の含水率 w の経時変化曲線の接線の傾き($-dw/dt$)が，含水率 w における乾燥速度 R_m を表すことを示している．乾燥速度 R_m を対応する含水率 w に対してプロットしたのが図 9.7(b)であり，これは乾燥特性曲線と呼ばれ，乾燥装置設計のための基礎データとして重要である．乾燥速度は含水率の関数であると同時に，熱風の湿度と温度にも依存する．

つぎに，乾燥の各期間において乾燥速度がどのような式で表現できるかを考えていこう．

9.5.4 恒率乾燥期間の乾燥速度

恒率乾燥期間(添字 c で表す)では，湿り材料の表面は十分に濡れており，その温度は熱風の湿球温度 T_w に保たれている．温度 T の熱風による湿球温度 T_w の湿り材料の単位表面面積あたりの伝熱速度[$\mathrm{J\cdot m^{-2}\cdot s^{-1}}$]は，材料表面の流体境膜における対流伝熱係数を $h[\mathrm{J\cdot m^{-2}\cdot s^{-1}\cdot K^{-1}}]$として，$h(T-T_\mathrm{w})$ で表される．その伝熱速度を水の蒸発潜熱 r_w で割った値が，表面からの水の蒸発速度になる．すなわち，恒率乾燥速度 $R_\mathrm{s,c}$ はつぎの式によって表せる．

$$R_\mathrm{s,c} = h(T-T_\mathrm{w})/r_\mathrm{w} \tag{9.25}$$

また，湿球温度での飽和湿度 H_w と熱風の湿度 H との差($H_\mathrm{w}-H$)を推進力にとり，物質移動係数を $k_\mathrm{H}[\mathrm{kg\cdot m^{-2}\cdot s^{-1}}]$で表し，かつ式(9.13)のルイスの関係を用いると

$$R_\mathrm{s,c} = k_\mathrm{H}(H_\mathrm{w}-H) = (h/c_\mathrm{H})(H_\mathrm{w}-H) \tag{9.26}$$

が得られ，この式で恒率乾燥速度を表すこともできる．

例題 9.4

板状材料を金網の上に乗せ，温度 70℃，関係湿度 $\phi=15\%$ の空気を材料表面に平行に流して乾燥する．このとき，乾燥面積基準の恒率乾燥速度 $R_\mathrm{s,c}$ を求めよ．ただし，空気-材料表面間の伝熱係数 h は，$25.8\times10^{-3}\ \mathrm{kJ\cdot m^{-2}\cdot s^{-1}\cdot K^{-1}}$ とする．

解答

湿度図表から，乾燥空気の湿度 H，湿球温度 T_w，湿球湿度 H_w，および蒸発線熱 r_w は

$$H = 0.03\ \mathrm{kg\cdot kg^{-1}},\ T_\mathrm{w}=38℃,\ H_\mathrm{w}=0.044\ \mathrm{kg\cdot kg^{-1}},\ r_\mathrm{w}=2410\ \mathrm{kJ\cdot kg^{-1}}$$

また，乾燥空気の湿り比熱容量 c_H の値は式(9.6)より $1.06\ \mathrm{kJ \cdot kg^{-1} \cdot K^{-1}}$ となる.

よって，乾燥速度は式(9.25)より

$$R_{s,c} = \frac{h\,(T - T_w)}{r_w} = \frac{(25.8 \times 10^{-3}) \times (70 - 38)}{2410} = 3.43 \times 10^{-4}\ \mathrm{kg \cdot m^{-2} \cdot s^{-1}}$$

一方，式(9.26)を用いると

$$R_{s,c} = (h / c_H)\,(H_w - H) = (25.8 \times 10^{-3} / 1.06) \times (0.044 - 0.03)$$
$$= 3.41 \times 10^{-4}\ \mathrm{kg \cdot m^{-2} \cdot s^{-1}}$$

となる．両者はよく一致している．

9.5.5　減率乾燥期間の乾燥速度

図 9.7(b)の乾燥特性曲線に示されているように，減率乾燥期間(添字 d で表す)では乾燥速度は含水率 w とともに減少し，平衡含水率 w_e においてゼロになる．いま，簡単のために，含水率が w_c のときの乾燥速度が $R_{m,c}$ で，その値から直線的に減少し w_e で 0 になると仮定すると，図 9.8 からわかるように，減率乾燥期間の乾燥速度は自由含水率 $F = (w - w_e)$ に比例し，その比例定数は $R_{m,c} / F_c$ で与えられる．したがって，減率乾燥期間の乾燥速度 $R_{m,d}$ は

$$R_{m,d} = R_{m,c}\,(F / F_c) \tag{9.27}$$

のように書ける．ただし，$F = w - w_e$，$F_c = w_c - w_e$ である．

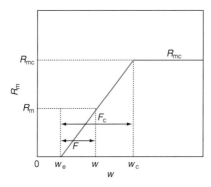

図 9.8　減率乾燥期間の乾燥速度

9.6　乾燥時間を計算する

湿り材料が，温度 T，湿度 H の熱風下で，恒率乾燥期間の含水率 w_1 から減率乾燥期間の w_2 まで乾燥するときに必要な時間を求めてみよう．まず，w_1 から

限界含水率 w_c まで乾燥する時間 t_I を求め，さらに減率乾燥期間において w_c から w_2 まで乾燥する時間 t_{II} を算出して，両者を合計した時間が必要な乾燥時間となる．

恒率乾燥期間では乾燥速度は一定であり，式(9.25)あるいは式(9.26)のいずれかによって表せる．それらを式(9.23)に代入して積分すると，t_I を与えるつぎの式が得られる．

$$t_I = \frac{w_1 - w_c}{aR_{s,c}} = \frac{(w_1 - w_c)\, r_w}{ha(T - T_w)} = \frac{w_1 - w_c}{(ha/c_H)(H_w - H)} \tag{9.28}$$

減率乾燥期間については，まず，自由含水率 F を用いて乾燥の物質収支式(9.24)を書き換えて，R_m に式(9.27)を代入すると，つぎの変数分離型の微分方程式が導ける．

$$-\frac{\mathrm{d}F}{\mathrm{d}t} = R_{m,c}\frac{F}{F_c} \tag{9.29}$$

コラム

インスタントコーヒーにも化学工学の力
―乾燥によるインスタントコーヒーの製造―

　インスタントコーヒーは，手軽にコーヒーの味を楽しめる便利な食品であり，つぎのような工程で製造される．まず原料の生豆を 200〜230℃ で 10〜20 分かけて焙煎（ロースト）すると，コーヒー独特の風味がつくりだされる．焙煎した豆を粉砕して 1 mm 前後の粉体にした後，熱湯と水蒸気をかけて，コーヒー成分を抽出する．その抽出液を -3〜-7℃ の低温にすると，溶液中の水分が氷結して分離されるので，濃縮液が得られる．この濃縮液を乾燥して粉粒体にしたものがインスタントコーヒーである．

凍結乾燥装置
日本エフディ（株）ウェブサイトより．

　このときの乾燥方法には噴霧乾燥法（スプレードライ）と凍結乾燥法（フリーズドライ）がある．噴霧乾燥法は図 9.9 (d) のような装置を用い，濃縮液を微細な霧状にして熱風中に噴霧させて，水分を瞬間的に蒸発させ，微細な粉末を得る方式である．一方の凍結乾燥法は，コーヒー抽出液を -40℃ で凍結させた後に砕き，真空状態（100 Pa 以下）で昇華させることによって水分を取り除く方式である．水分を凍結させてから取り除くので，噴霧乾燥法よりも大きな粒子が得られる．

　一般に凍結乾燥法のほうが製造コストは高くなるが，①高温にさらされないのでコーヒーの性質が変化しにくい，②凍結乾燥時に生じる細孔内にコーヒーの香り成分が保持される，③水に溶けやすい，などの特長がある．一方で，多孔性なので空気中の水分を吸湿しやすいという欠点もある．このように，濃縮液の乾燥法の違いにより，コーヒーの品質に違いがでてくる．ちなみに，現在は凍結乾燥法が主流になっている．

　この凍結乾燥法は，インスタントラーメンをはじめ，さまざまな食品に応用されている．化学工学が生活の利便性を高めている代表例の一つといえるだろう．

上式を $F = F_c$ から F_2 まで積分すると，限界含水率が w_c から w_2 まで乾燥するのに要する時間 t_{II} が求まる．なお，$R_{m,c}$ は式(9.25)あるいは式(9.26)を式(9.21)に代入すれば求まる．

$$t_{II} = (F_c / R_{m,c}) \ln(F_c / F_2) \tag{9.30}$$

全体の所要時間は，t_I と t_{II} の合計になる．具体的な数値を伴った計算は，つぎの例題で学んでほしい．

例題 9.5

縦・横それぞれ 0.1 m，厚さ 0.02 m の板状湿り材料を，温度 70℃，関係湿度 $\phi = 15\%$ の空気を流して，材料の上下両面から乾燥する．湿り材料の密度 $\rho_s = 2000$ kg·m^{-3} で，この材料の乾量基準の限界含水率 w_c は 0.08，平衡含水率 w_e は 0.02 とする．このとき，初期含水率 $w_1 = 0.3$ から最終含水率 $w_2 = 0.03$ まで乾燥するのに必要な時間を計算せよ．ただし，減率乾燥速度 $R_{m,d}$ は自由含水率 F に比例するものとする．

解答

湿り材料の質量 W は

体積 × 密度 $= (0.1 \times 0.1) \times 0.02 \times 2000 = 0.40$ kg

そのなかの無水材料の質量 W_0 は

$$W_0 = W / (1 + w_1) = 0.4 / (1 + 0.3) = 0.308 \text{ kg}$$

材料の上下両面から乾燥されるから

乾燥面積 $A = 2 \times 0.1 \times 0.1 = 0.02$ m^2

材料の単位質量あたりの乾燥面積は

$$a = A / W_0 = 0.02 / 0.308 = 0.0649 \text{ m}^2 \cdot (\text{kg} - 無水材料)^{-1}$$

熱風の条件は例題 9.4 と同一だから

恒率乾燥速度 $R_{s,c} = 3.43 \times 10^{-4}$ kg·m^{-2}·s^{-1}

無水材料の単位質量あたりの乾燥速度 $R_{m,c}$ は式(9.21)から

$$R_{m,c} = aR_{s,c} = 0.0649 \times (3.43 \times 10^{-4}) = 2.23 \times 10^{-5} \text{ kg} \cdot (\text{kg} - 無水材料)^{-1} \cdot \text{s}^{-1}$$

これらの数値を式(9.28)に代入すると，恒率乾燥期間の乾燥時間 t_I は

$$t_I = \frac{w_1 - w_c}{aR_{s,c}} = \frac{w_1 - w_c}{R_{m,c}} = \frac{0.3 - 0.08}{2.23 \times 10^{-5}} = 9.87 \times 10^3 \text{ s}$$

減率乾燥時間 t_{II} は式(9.30)に $F_c = w_c - w_e = 0.08 - 0.02 = 0.06$，$F_2 = w_2 - w_e = 0.03 - 0.02 = 0.01$，$R_{m,c} = 2.23 \times 10^{-5}$ の値を代入して

$$t_{II} = \frac{F_c}{R_{m,c}} \ln \frac{F_c}{F_2} = \frac{0.06}{2.23 \times 10^{-5}} \ln \frac{0.06}{0.01} = 4.82 \times 10^3 \text{ s}$$

よって，合計の乾燥時間は

$$t_\mathrm{I} + t_\mathrm{II} = 9.87 \times 10^3 + 4.82 \times 10^3 = 14.69 \times 10^3\ \mathrm{s} = 4.08\ \mathrm{h}$$

9.7 さまざまな乾燥装置

工場では各種の乾燥装置が用いられており，その形式も多様である．

まず乾燥の熱源に注目すると，加熱された熱風がおもに用いられるが，赤外線，高周波なども用いられている．つぎに，湿り材料の供給方式に着目すると，材料を装置内に静置する回分式と，連続的に供給し取りだす連続式に大別できる．回分式乾燥器は箱型乾燥器と呼ばれ，材料を箱型装置内の棚段などに薄く静置し，熱風を循環しながら材料層に平行に流すか，通気させる構造になっている．図 9.9(a) は通気箱型乾燥器である．

連続式乾燥器には，(1) 材料をおいた棚段を台車に乗せて装置内を移動させるトンネル式乾燥器，(2) 移動するバンド上に材料を薄層にして乗せるバンド乾燥器 (図 9.9b)，(3) 小さな傾斜をもって置かれた回転円筒入口に材料を連続的に供給して，材料を掻き揚げ翼によって上下に運動させながら出口方向に移動させ

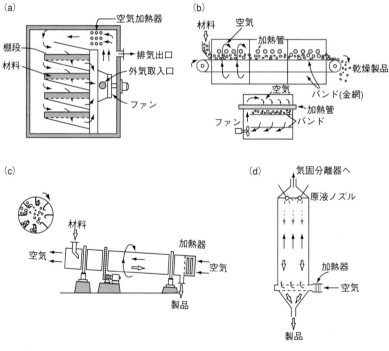

図 9.9　**各種の乾燥器**
(a) 通気箱型乾燥器　(b) バンド乾燥器
(c) 回転乾燥器　(d) 噴霧乾燥器

る回転乾燥器(図9.9c), (4)材料を熱風によって流動化させ, 連続的に排出させる流動層乾燥器, (5)固体材料を含む溶液をノズルから噴霧する噴霧乾燥器(図9.9d)などがある.

抗生物質や血清など, 液体の状態で熱に対してとくに不安定な物質に対しては, 100 Pa程度に減圧して氷点以下の温度で水分を昇華させる凍結乾燥法が用いられる. この凍結乾燥法は, インスタントコーヒーなどの食品の製造にも用いられ, 高品質な製品が得られている.

章 末 問 題

1 室内の空気の関係湿度φを測定したところ, 30℃, 1 atmのとき70%であった. このとき, 湿度Hはいくらか.

2 空気の湿度を求めるために乾湿球温度計を用いたところ, 乾球温度35℃, 湿球温度26℃を得た. この空気の(1)飽和湿度H_w, (2)湿度H, (3)関係湿度ϕ, (4)比較湿度Ψ, (5)湿り比容v_H, (6)湿り空気の密度ρ, (7)湿り比熱容量c_H, (8)露点T_d, (9)エンタルピーiを求めよ.

3 40℃, 1 atm, 湿度$H = 0.04$の空気1 m³が入っている容器のなかに乾燥剤のシリカゲルを入れて放置したら, シリカゲルの質量が21.2 g増加した. このとき, 容器内の空気の湿度Hはいくらになったか. ただし, 圧力は1 atmに保たれるとする.

4 30℃, $H = 0.01$の空気を80℃, $H = 0.03$の空気に増湿するときの操作法を示せ. ただし, 増湿効率を0.8とする.

5 30℃, $H_1 = 0.01$の空気を80℃まで予熱したあと断熱冷却して, さらに加熱して$H_2 = 0.028$の空気に増湿した. この装置の増湿効率ηを求めよ.

6 温度60℃, 湿度0.04の空気を, 間接冷却法によって減湿して, 温度30℃, 湿度0.02にしたい. つぎの問いに答えよ(ヒント:エンタルピーiの変化を考えよ).
(1)どのように操作すればよいか.
(2)空気の供給量を120 m³·h⁻¹として, 減湿のために奪うべき水分量および熱量を求めよ.

7 湿量基準の含水率$w' = 0.40$の湿り材料150 kgの乾量基準の含水率wを求めよ. また, この材料中に含まれる無水材料と水分の質量[kg]を求めよ.

⑧ 湿量含水率50％の湿り材料200 kgを8％まで乾燥したい．水分をいくら蒸発させればよいか答えよ．

⑨ 湿り材料180 kg（無水材料100 kg）を乾燥させて，含水率を0.2にしたい．このときの乾燥時間を求めよ．ただし，$R_{m,c} = 0.25$ kg·kg^{-1}·h^{-1}，限界含水率 $w_c = 0.1$ である．

⑩ 湿り材料800 kgを熱風で乾燥して450 kgとしたい．乾燥に要する時間を求めよ．ただし，この操作は恒率乾燥期間にあり，その乾燥速度は0.20 kg·kg^{-1}·h^{-1}，無水材料の質量は300 kgとする．

⑪ 15 wt ％の水分を含む湿り材料を2 wt ％に乾燥する．空気の入口湿度は0.02，出口湿度は0.075であるとき，100 kg·h^{-}の湿り材料を処理するのに必要な空気量[kg·h^{-1}]を求めよ．

⑫ 粒状材料を底面積が1 m^{2}の金網に入れて薄い層状にして，これを熱風により両面から乾燥したところ，質量乾燥速度は0.06 kg·kg^{-1}·h^{-1}であった．層厚み1 cm，材料層の無水時みかけ密度は850 kg·m^{-3}である．このとき，面積基準の乾燥速度 [kg·m^{-2}·h^{-1}]を求めよ．

⑬ 板状材料に平行に70℃，関係湿度 $\phi = 10$％の空気が $u = 2.5$ m·s^{-1}の流速で流れている．このときの面積基準の恒率乾燥速度 $R_{s,c}$[kg·m^{-2}·h^{-1}]を求めよ．ただし，空気-材料間の伝熱係数 h は $h = 0.054G^{0.8}$[kJ·m^{-2}·h^{-1}·K^{-1}]で与えられるとする．ここで，G は熱風の質量速度[kg·m^{-2}·h^{-1}]である．

⑭ 底面積1 m^2，厚さ2 cm，みかけ密度1200 kg·m^{-3}の板状材料を熱風によって定常条件下で乾燥する．限界含水率 $w_c = 0.3$ とし，減率乾燥速度は含水率に比例して減少し，平衡含水率 $w_e = 0$ としてよい．いま，恒率乾燥速度 $R_{s,c}$ が2.5 kg·m^{-2}·h^{-1}の場合，含水率を0.7から0.1まで乾燥するのに必要な時間を求めよ．ただし，乾燥は材料の両面から行われる．

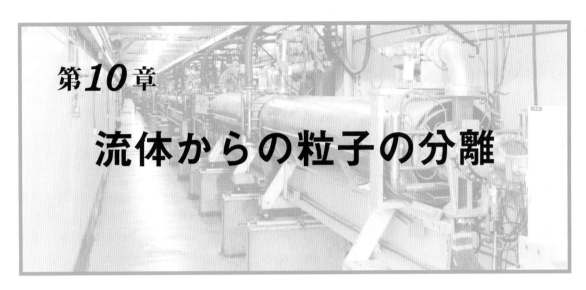

第*10*章
流体からの粒子の分離

　化学実験で，液体中に生成した沈殿を濃縮して，濾紙に通し濾過して泥状物質をつくり，それを乾燥したことのある人もいるだろう．これは液体からの粒子の分離である．また，花粉症対策としてマスクを付けるのは吸気のなかに花粉が混入しないようにするためであり，これは気体からの粒子の分離である．このように，液体あるいは気体からの粒子の分離は身近にも行われている．

　化学工業や環境保全の分野でも，流体からの粒子の分離は重要な操作である．液相反応の生成物が固体である場合は，上記の化学実験と同様な固液分離が必要である．また，工場廃水や上水を浄化するには，沈殿濃縮によって生成する泥状物質を分離しなければならない．これらは液体からの固体粒子の分離操作である．また，工場では作業中に粉塵が発生することがあり，それを除去しなければならない．半導体製造工場では，空気中に含まれる微量の固体物質を高度に除去して，クリーンな環境を実現する必要がある．これらは気体から粒子を分離する操作である．

　この章では，まず粒子の大きさの測定と粒径分布の表しかたについて述べ，ついで単一粒子が流体中でどのように運動するか，その挙動を利用する粒径分布の測定法，遠心力が分離にどのような効果を及ぼすか，などについて基礎的な事項を解説する．さらに，これらの基礎事項をもとに，液体からの粒子分離，気体からの粒子分離に分けて，どのような分離法があるのかや，その装置設計の基礎について学んでいこう．

10.1　粒子の大きさとその分布

10.1.1　粒子径の測定
　粉粒体の形状は球形とは限らず，いろいろな形をしている．また，その大き

粒子径

不規則粒子の粒子径には，つぎのような定義がある．①球相当直径：不規則形粒子と等しい体積をもつ球の直径，②有効径：粒子と密度が等しく，また同一流体中で沈降速度が等しい球の直径で，式(10.12)から計算される値，③統計径：粒子群の顕微鏡写真から，一定方向の平行線で挟んだ間隔の平均値，④篩による代表径：篩目に開き a のふるいを通過し，開き b の隣りあう標準篩を通過しない粒子群の代表径として，$(a+b) \times$（有効径），あるいは $\sqrt{ab}$ をとる．

さも均一ではない．$100~\mu\mathrm{m}$ 程度以上の粒子の大きさは「ふるい」で測定されるが，それ以下の微小な粒子については，粒子群を顕微鏡で写真に撮り，一定方向の平行線で挟んだ間隔を粒子径とみなす測定法がある．その他，後述する粒子沈降法によっても大きさを測定できる．

10.1.2 粒径の分布

測定された粒子径 d_p の分布は，個数あるいは質量を基準にした頻度分布関数 $f(d_\mathrm{p})$ で表される．図 10.1 に示すように，全粒子の個数を N，粒径 d_p と $(d_\mathrm{p} + \Delta d_\mathrm{p})$ の範囲にある粒子の個数を Δn_i とすると，$\Delta n_\mathrm{i}/N$ はその範囲にある粒子の個数割合になり，個数基準の頻度分布関数 $f(d_\mathrm{p})$ はつぎのように定義される．

$$f(d_\mathrm{p})\Delta d_\mathrm{p} = \frac{\Delta n_\mathrm{i}}{N} \tag{10.1}$$

式(10.1)を全粒子径に対して合計すると，$\sum \Delta n_\mathrm{i} = N$ だから右辺の値は1となる．これを積分式で表すとつぎのように書ける．

$$\int_0^\infty f(d_\mathrm{p})\,\mathrm{d}d_\mathrm{p} = 1 \tag{10.2}$$

いま，粒子群を目開き d_p のふるいにかけると，粒径が d_p 以下の粒子はふるいの下に落ち，d_p 以上の粒子はふるい上に残留する．このとき，それぞれの粒子の個数を N で割った分率の値に換算し，前者を積算通過率分布 $P(d_\mathrm{p})$（P分布，ふるい下分率），後者を積算残留率分布 $R(d_\mathrm{p})$（R分布，ふるい上分率）と呼ぶ．それぞれは，頻度分布関数 $f(d_\mathrm{p})$ とつぎのような関係にある．

$$P(d_\mathrm{p}) = \int_0^{d_p} f(d_\mathrm{p})\,\mathrm{d}d_\mathrm{p} = 1 - R(d_\mathrm{p}) \tag{10.3}$$

$$R(d_\mathrm{p}) = \int_{d_p}^\infty f(d_\mathrm{p})\,\mathrm{d}d_\mathrm{p} = 1 - P(d_\mathrm{p}) \tag{10.4}$$

さらに，式(10.3)の両辺を微分すると，つぎの式が導ける．

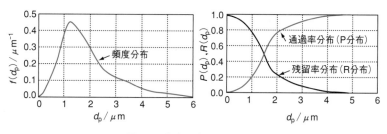

図10.1　粒径分布の表しかた

$$f(d_p) = \frac{dP(d_p)}{dd_p} = -\frac{dR(d_p)}{dd_p} \tag{10.5}$$

なお，頻度分布関数はつぎのように実測して求める．まず多数の粒子の粒子径を測定し，一定の粒径範囲 $d_p \sim d_p + \Delta d_p$ 内にある粒子の割合 $\Delta n_i / N$ を計算し，それを幅 Δd_p で割るとそれが $f(d_p)$ となる．その値を $d_p + 1/2(\Delta d_p)$ に対してプロットすれば頻度分布関数 $f(d_p)$ の曲線が得られる．一方，積算型の粒径分布関数の $P(d_p)$ あるいは $R(d_p)$ が測定される場合は，d_p において接線を引けば，その傾きから頻度分布関数 $f(d_p)$ が求まる．

10.2 単一粒子の運動を解析する

気体あるいは液体中の微粒子の分離を学ぶ際には，単一粒子の運動を理解することが基本になる．この節では，まず重力下での微粒子の沈降について述べ，それを利用した粒径分布測定法について説明する．さらに，遠心力が作用するとどのような効果が生じるかについて述べる．

10.2.1 重力下での粒子の沈降

粒子が流体中を運動すると，流体の粘性による抵抗力 $F[\mathrm{N}]$ を受ける．その大きさは，運動方向の断面積と流体の運動エネルギーの積に比例し，つぎのように表せる．

$$F = C_R \left(\frac{\pi}{4} d_p^2 \right) \left(\frac{\rho u^2}{2} \right) \tag{10.6}$$

ここで，d_p は粒子の直径，u は粒子の沈降速度，ρ は流体の密度である．また，C_R は抵抗係数と呼ばれ，粒径基準のレイノルズ数 $Re_p = d_p u \rho / \mu$（μ は流体の粘度）のみの関数であり，粒径が小さいときはつぎのストークスの法則が成立する．

$$Re_p < 2 \text{ のとき} \qquad C_R = \frac{24}{Re_p} \tag{10.7}$$

式(10.6)と式(10.7)より，粘性抵抗力 F はつぎの式(10.8)で表せる．この式から，抵抗力は沈降速度 u に比例することがわかる．

$$F = 3\pi d_p \mu u \tag{10.8}$$

さて，沈降する粒子に作用する力は重力，浮力，および粘性抵抗力 F である．したがって，粒子の体積を $V_p[\mathrm{m}^3]$，密度を $\rho_p[\mathrm{kg \cdot m^{-3}}]$，流体の密度を $\rho[\mathrm{kg \cdot m^{-3}}]$，重力加速度を $g[\mathrm{m \cdot s^{-2}}]$，沈降速度を $u[\mathrm{m \cdot s^{-1}}]$ で表すと，つぎの運動方程式（質

量×加速度＝力)が成立する. 右辺の各項は, 重力, 浮力および抵抗力である.

$$V_p \rho_p \frac{du}{dt} = V_p \rho_p g - V_p \rho g - 3\pi d_p \mu u \tag{10.9}$$

さらに, 粒子を直径 d_p の球とすると, $V_p = (\pi / 6)d_p^3$ となる.

　粒子の沈降がはじまったばかりのときは, u が小さいので粘性抵抗は無視でき, 重力の作用によって沈降速度 u は増大する. しかし, u の増加につれて粘性抵抗力も大きくなり, 式(10.9)の右辺の値が 0 に漸近して加速度 $du/dt = 0$ になり, それ以後は等速度で沈降する. その速度を終端速度 u_t と呼ぶ. 式(10.9)の右辺を 0 とおいて u_t について解くと, つぎの式が得られる.

$$u_t = \frac{V_p g(\rho_p - \rho)}{3\pi d_p \mu} = \frac{(\pi / 6)d_p^3 g(\rho_p - \rho)}{3\pi d_p \mu} = \frac{(\rho_p - \rho)g d_p^2}{18\mu} \tag{10.10}$$

この式から, 終端速度は粒径 d_p の 2 乗に比例することがわかる.

例題 10.1

　密度 2500 kg·m^{-3}, 直径 80 μm の球形粒子の 20℃ の水中での終端速度 u_t を求めよ. ただし, 水の粘度は 0.001 Pa·s とする.

解　答

　式(10.10)に, 粒子の密度 $\rho_p = 2500$ kg·m^{-3}, 水の密度 $\rho = 1000$ kg·m^{-3}, 粒径 $d_p = 80 \mu = 80 \times 10^{-6}$ m, 水の粘度＝0.001 Pa·s, $g = 9.8$ m·s^{-2} を代入すると

$$u_t = \frac{(\rho_p - \rho)g d_p^2}{18\mu} = \frac{(2500 - 1000) \times 9.8 \times (80 \times 10^{-6})^2}{18 \times 0.001}$$

$$= 5.23 \times 10^{-3} \text{ m·s}^{-1}$$

このとき, Re_p は $d_p \rho u_t / \mu$ で与えられるから

$$Re_p = \frac{d_p \rho u_t}{\mu} = \frac{(80 \times 10^{-6}) \times 1000 \times (5.23 \times 10^{-3})}{0.001} = 0.418 < 2$$

となり, 式(10.7)が成立する条件を満たしているので, ストークスの式が適用できる. よって, 沈降速度 u_t は 5.23×10^{-3} m·s^{-1}＝5.23 mm·s^{-1} としてよい.

10.2.2　沈降法による粒径分布の測定

　沈降速度 u_t を測定すれば, 式(10.10)から粒子径 d_p が計算できる. この方法は沈降法と呼ばれ, 広く使われている. 正確に測定するには, 粒子の液中質量濃

度を 2% 以下にし，さらに分散剤を加えて粒子の凝集を防ぐ必要がある．この沈降法には図 10.2 に示すアンドレアーゼン(Andreasen)ピペットが用いられる．

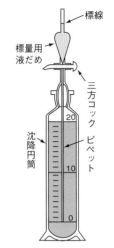

図10.2 アンドレアーゼン
ピペット

それでは具体的に沈降法による粒子径の測定法を学んでいこう．粉末試料の濃度が C_0[kg·m^{-3}]の懸濁液を調製して沈降測定装置内に入れ，液をよく撹拌してから測定を開始する．一定の時間ごとに一定量の試料をピペットで吸い上げ，これを蒸発乾固して固体試料を秤量して，採取した懸濁液の固体濃度 $C_h(t)$ [kg·m^{-3}]を計算する．

いま，ピペット先端から液面までの高さを h，経過時間を t とおくと，沈降速度 $u_t = h/t$ で与えられる．このとき，この終端速度 u_t に相当する粒子径 d_p より大きな粒子はほぼすべてピペット先端面より下部に沈降し，先端面より上部には d_p 以下の粒子群がほぼ最初の粒径分布のままで存在すると考えられる．したがって，濃度 $C_h(t)$ は粒子径が d_p 以下の粒子群の濃度を測定したものであり，それを全粒子群に対する濃度 C_0 で割った $C_h(t)/C_0$ は，全粒子量に対する d_p 以下の粒子群の質量比，つまり積算通過率分布 $P(d_p)$ を与える．また，残留率分布 $R(d_p)$ についても，式(10.4)を用いると，つぎのような式が成り立つ．

$$P(d_p) = 1 - R(d_p) = C_h(t)/C_0 \tag{10.11}$$

一方，経過時間 t に対応する粒径 d_p は，式(10.10)からつぎのように表せる．

$$d_p = \sqrt{\frac{18\mu}{(\rho_p - \rho)g} \cdot \frac{h}{t}} = \sqrt{\frac{18\mu u_t}{(\rho_p - \rho)g}} \tag{10.12}$$

このようにして，経過時間 t における固体濃度比を測定することで，積算通過率分布曲線の一点が定まる．時間を変えて測定を続ければ，P 曲線あるいは R 曲線が描け，さらに(10.5)式によって頻度分布曲線 $f(d_p)$ にも変換できる．

例題 10.2

比重 2.65 の粘土 2.0 g を 20℃ の水に懸濁させて 500 cm^3 とし，これをアンドレアーゼンピペットに入れた．液面からピペット先端までの距離は 20 cm であった．十分撹拌して静置させ 5 min 後にピペットで 10 cm^3 の液を吸い上げ，そのなかの固体質量を測定したところ 25.0 mg であった．この粘土の粒径分布についてどのようなことがいえるか．

解 答

$t = 5 \times 60 = 300$ s 間に $h = 20$ cm $= 20 \times 10^{-2}$ m 沈降するので，その沈降速度 u_t は

$$u_t = 20 \times 10^{-2} \text{ m} / 300 \text{ s} = 6.67 \times 10^{-4} \text{ m·s}^{-1}$$

よって, 粘土粒子のストークス径 d_p は式 (10.12) から

$$d_p = \sqrt{\frac{18 \mu u_t}{(\rho_p - \rho)g}} = \sqrt{\frac{18 \times 0.001 \times (6.67 \times 10^{-4})}{(2650 - 1000) \times 9.8}}$$

$$= 2.73 \times 10^{-5} \text{ m} = 27.3 \ \mu\text{m}$$

したがって, 測定開始 5 min 後には液面より 20 cm の深さの点には 27.3 μm より大きい粒子は存在せず, それより小さい粒子は最初と同じ状態で存在する. また, 測定開始時の試料の粒子濃度 $C_0 = 2 \text{ g} / 500 \text{ cm}^3 = 4 \times 10^{-3}$ g·cm^{-3} に対し, 5 min 後に測定されたピペット先端での濃度 $C_h(t) = 25 \text{ mg} / 10 \text{ cm}^3 = 2.5 \times 10^{-3}$ g·cm^{-3} である.

よって式 (10.11) より, 積算通過率 (ふるい下分率) $P(d_p)$ は

$$P(d_p) = \frac{C_h(t)}{C_0} = \frac{2.5 \times 10^{-3}}{4 \times 10^{-3}} = 0.625 = 62.5\%$$

つまり, 27.3 μm より小さい粒子の割合は 62.5% であることがわかる. 逆に, 27.3 μm より大きい粒子の割合は 100 - 62.5 = 37.5% になる.

10.2.3 遠心力の効果

一定の角速度 ω [rad·s^{-1}] で旋回している流体中の粒子は, 半径方向に遠心力を受けるので外側へ移動する. そのときの加速度は中心点からの距離 r [m] に依存し, $r\omega^2$ で与えられる. 遠心力が働く場合でも遠心力と流体粘性力とがつりあい, 終端速度 u_{tc} に到達する. その値は重力が働く場合の u_t の式の重力加速度 g を遠心力加速度 $r\omega^2$ に置き換えた式で表せ, それを変形するとつぎの式になる.

$$u_{tc} = \frac{(\rho_p - \rho)\, d_p^{\ 2}\, r\omega^2}{18\mu} = u_t \left(\frac{r\omega^2}{g} \right) = u_t Z_c \tag{10.13}$$

この式の Z_c は

$$Z_c = (\text{遠心力}) / (\text{重力}) = r\omega^2 / g \tag{10.14}$$

で定義される, 遠心力が重力の何倍になるかを示す数値であり, 遠心効果と呼ばれている. ここで, 1 min あたりの回転速度を n [r.p.m.] とすると, 1 s 間に回転する角度, すなわち角速度 ω は $2\pi n / 60$ [rad·s^{-1}] であるから, これを式 (10.14) に代入して整理すると, Z_c はつぎのようになる.

$$Z_c = \frac{r\omega^2}{g} = \frac{4\pi^2 n^2 r}{3600\, g} \fallingdotseq \frac{n^2 r}{900} \tag{10.15}$$

なお，重力下では終端速度 u_t は沈降距離とは無関係に一定になるが，遠心力下では終端速度 u_{tc} と遠心効果 Z_c は半径距離 r に比例して変化することに注意しよう．

例題 10.3

内径 14.0 cm，回転数 18000 r.p.m. の円筒形遠心沈降器の内周壁から 1 cm の位置における遠心効果を求めよ．

解 答

半径が 14 / 2 = 7 cm であり，内周壁から 1 cm の位置の円筒中心からの位置は $r = 7 - 1 = 6$ cm $= 6 \times 10^{-2}$ m となる．よって式(10.15)から，遠心効果 Z_c の値は

$$Z_c = \frac{4\pi^2 n^2 r}{3600\,g} = \frac{4 \times 3.14^2 \times 18000^2 \times (6 \times 10^{-2})}{3600 \times 9.8} = 2.17 \times 10^4$$

10.3 液体から粒子を分離する方法

この節では，いよいよ分離について学んでいく．液体と固体粒子を重力あるいは遠心力を利用して分離する方法は，有用物質の回収や廃水・上下水の処理などに広く利用されている．重力沈降を利用する方法はつぎのように分類できる．懸濁物質の濃度が比較的低く，上澄み液を得る目的の場合を清澄分離，スラリー濃度が高く，沈殿物質を濃縮したい場合を沈殿濃縮という．

10.3.1 重力沈降による分離

図 10.3 に示すように，幅 B[m]，高さ H[m]，長さ L[m]の沈降室に流量 v [m$^3 \cdot$s^{-1}]の流体が一様な流速 u_x[m$\cdot$s^{-1}]で水平に流入しているとする．

いま，粒径 d_p の粒子（終端沈降速度 u_t）が完全に捕集されるには，入口の最上面（高さ H）にあるその粒子が床面まで沈降する時間 H / u_t が，装置内に滞留する時間 L / u_x よりも短いことが必要になる．そのときの捕集効率 η は 1 になる．

$$H / u_t（沈降時間） \leqq L / u_x（滞留時間） \tag{10.16}$$

この $\eta = 1$ である粒子のなかで最小の粒径を $d_{p,\min}$ とし，式 (10.10) を式(10.16)に代入して $d_{p,\min}$ について解くと，つぎの式が導ける．

$$d_{p,\min} = \sqrt{\frac{18\mu \cdot (u_x \cdot HB)}{(\rho_p - \rho)g \cdot (LB)}} = \sqrt{\frac{18\mu}{(\rho_p - \rho)g} \cdot \frac{v}{S}} \tag{10.17}$$

---

one point

スラリー

スラリー（slurry）とは，粘土などを水に混ぜた泥水状のものを指す．一般に，細かい固体の粒子が液体のなかに混ざっている固体と液体の混合物をスラリーという．沈降分離の対象になる液はスラリーの状態にある．

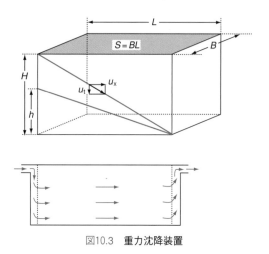

図10.3　重力沈降装置

　ここでは，HB は垂直断面積だから HBu_x は液体の体積流量 $v[\mathrm{m^3 \cdot s^{-1}}]$ であり，LB は沈降床面積 $S[\mathrm{m^2}]$ となっていることを使っている．この，完全に分離できる最小粒子径 $d_{p,min}$ を限界粒子径という．

　式(10.17)から，流体の流量 v が一定の場合，$d_{p,min}$ は沈降室の床面積 S によって決まり，高さ H には無関係であることがわかる．また，v/S は全流量が沈降室の床面から上昇したと考えたときの見かけの上昇速度である．式(10.17)の最右辺と式(10.10)を d_p について解いた式を比較すると，限界粒子径 $d_{p,min}$ は沈降速度 u_t が見かけの上昇速度 v/S に等しくなったときのストークス径に等しいことがわかる．

　式(10.16)の条件が満足されるとき，限界粒子径 $d_{p,min}$ より大きな粒子はすべて沈降するから，捕集効率 η は次式で表せる．

$$\eta = 1 \qquad (d_p > d_{p,min}) \tag{10.18a}$$

　つぎに，$d_{p,min}$ より小さい粒子 d_p の捕集効率について考える．その粒子が入口の高さ h に位置して沈降室に入り，出口で床面に到達して捕集される考えると，式(10.16)と同様に

$$h/u_t = L/u_x \tag{10.18b}$$

が成立する．ここで u_t は粒径 d_p の粒子の沈降速度を表す．

　d_p の粒子で捕集される粒子は入口高さ h より低い位置から沈降室に入る粒子のみであり，h より高い位置から入る粒子は捕集されずに排出される．したがって，d_p の粒子の捕集効率はつぎのよう書ける．

$$\eta = h/H \tag{10.18c}$$

　式(10.16)と式(10.18b)の右辺はともに流体の滞留時間を表すから両式が等置

できて，式捕集効率 η は次式のように書き替えられる．

$$\eta = h / H = u_t / u_{t,min} \qquad\qquad\qquad (10.18.d)$$

ストークス領域の沈降速度は式(10.10)から明らかなように粒径 d_p の2乗に比例するから，d_p 以下の粒子の捕集効率は次式で表せることになる．

$$\eta = (d_p / d_{p,min})^2 \qquad (d_p < d_{p,min}) \qquad\qquad (10.18e)$$

式(10.18a)と式(10.18e)をあわせると，ストークス領域にある粒子の捕集効率 η と粒子径 d_p との関係は $d_{p,min}$ で交差する二次曲線と水平線があわさったグラフになる．

例題 10.4

密度 $\rho_p = 3000 \ \mathrm{kg \cdot m^{-3}}$ の粒子を含む排水を体積流量 $1500 \ \mathrm{m^3 \cdot h^{-1}}$ で，高さ $H = 2 \ \mathrm{m}$，幅 $B = 3 \ \mathrm{m}$，長さ $L = 10 \ \mathrm{m}$ の水平型沈降分離装置に供給して固液の分離を行う．この装置で完全に分離できる最小粒径 $d_{p,min}$ を求め，さらに粒径が $d_{p,min}$ の 80 % の粒子に対する分離効率を求めよ．

解答

床面積 $S = BL = 3 \times 10 = 30 \ \mathrm{m^2}$ だから，見かけの上昇速度 v / S は

$$\frac{v}{S} = \frac{1500 / 3600}{30} = 0.0139 \ \mathrm{m \cdot s^{-1}}$$

その値が沈降速度 u_t に等しいとして，最小粒径 $d_{p,min}$ は式（10.17）から

$$d_{p,min} = \sqrt{\frac{18\mu}{(\rho_p - \rho)g} \cdot \frac{v}{S}} = \sqrt{\frac{18 \times 0.001 \times 0.0139}{(3000 - 1000) \times 9.8}} = 113 \times 10^{-6} \ \mathrm{m} = 113 \ \mu\mathrm{m}$$

以下に，この場合の $Re_p = d_p \rho u_t / \mu$ の値を計算する．$d_p = d_{p,min}$，$u_t = v / S$ とおけて，さらに $\rho = 1000 \ \mathrm{kg \cdot m^{-3}}$，$\mu = 0.001 \ \mathrm{Pa \cdot s}$ の数値を代入すると，$Re_p = (113 \times 10^{-6})(1000)(0.0139) / 0.001 = 1.57 < 2$ となり，式(10.7)の条件が成立することが確認できた．粒径が $d_{p,min}$ の80%の粒子の粒径 d_p は $d_p = 0.8 \times 113 \ \mu\mathrm{m} = 90.4 \ \mu\mathrm{m}$ となるので，その分離効率は式(10.18e)より

$$\eta = (d_p / d_{p,min})^2 = (0.8)^2 = 0.64 = 64 \ \%$$

10.3.2 沈殿濃縮による分離

スラリーで懸濁物質を濃縮して液から分離する操作を沈殿濃縮と呼ぶ．

微粒子の沈降速度は式(10.10)で計算できるが，この式は粒子濃度が希薄で，

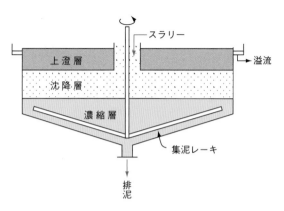

図10.4　ドル型シックナー

粒子どうしが凝集しない条件でしか適用できない．沈殿濃縮分離の場合は固体濃度が高いから，粒子どうしの相互干渉で沈降速度が遅くなったり，粒子の凝集によってみかけの粒径が大きくなり沈降速度が速くなったりする．したがって，粒子濃度と沈降速度の関係を実験的に求めておく必要がある．

　工業的な沈殿分離には図10.4に示すようなシックナーと呼ばれる装置が用いられている．底の浅い円形槽で，底部は傾斜の緩やかな円錐形になっている．その中央で集泥レーキの軸がゆっくり回転し，沈降した粒子を底部中心部に集める構造になっている．原液は中心部の給筒の上澄み液面より低い位置に連続的に供給され，下降しながら半径方向に流れ固体粒子はゆっくりと沈降する．粒子は底部で濃厚なスラリーとなり，回転するレーキにより中央の排出口へかき集められ，排泥ポンプにより抜きだされる．一方，沈降しない微粒子を含む上澄み液は槽周辺部の円環状の溝から溢流させる．微粒子は沈降しにくいので，アルミニウム塩，鉄塩，高分子物質などの凝集剤を添加して沈降を促進する．シックナーは工場廃液を大量処理するのに広く採用されている．

10.3.3　遠心沈降による分離

　遠心力効果を利用して粒子の沈降速度を大きくして固液分離あるいは液液分離を促進する方法が遠心沈降である．ここでは，固液分離の場合を説明する．図10.5に示すように，円筒型，分離板型などがある．

(1) 円筒型

　装置は図10.5(a)に示すように細長い円筒であり，その垂直軸を中心に10000 r.p.m. 以上の高速度で回転させる．低濃度の固体粒子を含む原液を回転円筒の底部中心からノズルで供給すると，液が円筒の円環部内を上昇する間に粒子は遠心力によって筒壁に堆積し，清澄液は上部の堰を越えて溢流する．堆積物は装置を分解して取りだす．

one point

レーキ

シックナーの底に沈降した濃縮汚泥を，ゆっくりと回転しながら装置下部中心に向けてかき集め，排出させるシックナーの部品．

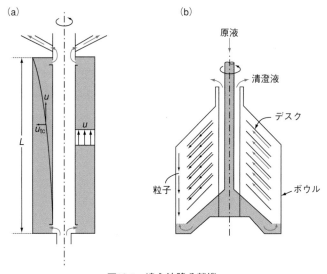

図10.5　遠心沈降分離機
(a) 円筒型　　(b) 分離板型

(2) 分離板型

　装置は図 10.5(b) に示すように，ボウル内にデスクとよばれる円錐台形の板を 1 〜 2 mm 程度の間隔で 50 〜 150 枚ほどを重ねた構造になっている．ボウル径は 0.15 から 0.5 m で，それを 4500 〜 10000 r.p.m. で高速回転する．原液は中心軸上部から供給され，底部に達してからデスクの隙間を上昇していく．その間に固体粒子は遠心力によってデスクに達し，その下面に沿って降下し，ボウル内壁に堆積する．堆積物の取りだしは，回転を止めて手動で行う．

10.4　濾過によって粒子を分離する

　濾過とは，固体を含む液体 (スラリー) を，濾紙，布，金網，粒子層などの濾材に通して固体粒子と液体を分離する操作である．化学実験で，沈殿物を含む反応液を漏斗に通す操作も，濾過の一つの例である．濾過の原液には，固体粒子が分散した懸濁液や，液体と粉粒体が流動性のある泥状の混合物になったスラリーなどがある．濾過によって分離される固体粒子を濾さい (ケーク)，濾過の結果できた清澄液を濾液と呼ぶ．

10.4.1　濾材に適した材料

　濾材には，固体粒子を通過させない，濾液の通過抵抗が小さい，濾材の目詰まりが起こりにくい，濾さいが除去しやすい，機械的強度が大きい，化学的に安定である，などの性質が必要である．

　実験室の濾過には濾紙が用いられるが，工業的濾過には木綿，羊毛，ナイロ

濾過助剤とは，一般に希薄スラリー中の微粒子やコロイド状物質などを吸着または包含させることによって濾過抵抗を減らし，濾材の目詰まりを防ぐため，あるいは清澄度の高い濾液を得るために使用される物質のことである．ケイ藻土，パーライトなどの濾過助剤が市販されている．

スラリー原液に適量の濾過助剤を混入して濾過すると，ケーク内で微粒子が互いにくっつくのを防ぎ，液が通れるような空隙がつくられ，濾過抵抗を減少させる効果がある．また，あらかじめ濾過助剤のスラリーを濾過して，濾材表面に厚さ1〜2 mm程度の濾過助剤のケーク層（助剤層）を形成して，これを濾材として原液のスラリーを濾過する方法（プリコート法）もある．

ン，ポリエステル，ガラス繊維などでつくられた濾布がおもに用いられる．その他，粗粒子にはステンレスでつくられた金網が，微粒子には多孔性陶磁器や焼結金属などが，水処理には砂・活性炭などの充填層が使用される．

微細粒子やコロイド状物質の希薄スラリーの濾過はたいへん難しい．そこで，原液にケイ藻土，セルロースなどの濾過助剤を混入させる方法か，はじめに濾過助剤だけを濾過させて，濾材表面に助剤層をつくっておき，その後希薄スラリーを流す方法がとられる．

10.4.2　濾過器の種類

濾過には，スラリーが濾材を通過するための圧力差が必要であり，それをどのように実現するかによって，濾過器が分類される．図10.6にそのうちの二つの原理図を示す．スラリー自体の重力を利用する重力濾過，スラリー側を加圧する加圧濾過（図a），濾液側を減圧にする真空濾過（図b），遠心力を利用する遠心濾過などに大別される．

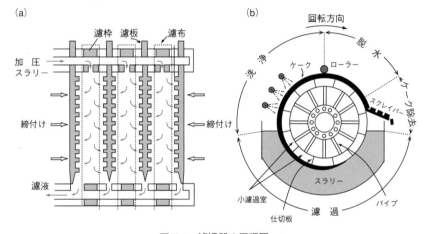

(a)　　　　　　　　　　　　　　　　　　　(b)

図10.6　濾過器の原理図
(a) 濾板濾枠加圧型　　(b) 真空回転円筒型

図10.6(a)の濾板濾枠加圧型濾過器は，両面に凹凸のある濾板と，外枠のみの濾枠を交互に並べ，その間に濾布を挟んだユニットを横方向に多数連結し，それらを装置の両端から締めつける構造になっている．濾板の凸部で濾布を支え，凹部が濾液の通路になる．操作は回分式である．

図10.6(b)は，オリバー型とよばれる真空回転円筒型濾過器である．水平中央軸で支えられた大型中空円筒の外周面に濾過面があり，軸に平行な仕切り板によって多数の小濾過室に分けられ，パイプによって中心軸とつながり空気式自動弁が作動する．円筒が1/3〜3 rpmの速度で回転して，小濾過室が液面下に位置する間は，真空が働くように自動制御され，濾過が進行する．濾過室が液面からでると，水を吹きつけて濾布上のケークを洗浄し，濾過室に圧搾空気を

作用させてケークを緩め，スクレイパーによって掻きとる．このような一連の操作が自動的に繰り返される．この濾過器は完全自動式であるために大量の，かつ固体含有量が多い原液の濾過用として，広く用いられている．

10.4.3 濾過理論

通常の濾過では，スラリー原液を流しはじめると，ただちに濾材表面にケーク層が形成される．したがって濾過に必要な圧力差 ΔP は，ケーク層の圧力損失 ΔP_c と濾材の圧力損失 ΔP_m の和に等しい．

$$\Delta P = \Delta P_c + \Delta P_m \tag{10.19}$$

一般に，ケーク層内の間隙を通過するスラリーの流れは層流であると考えられる．そのときの圧力損失は，7章の円管内を流体が層流で流れるときの式（7.23）と同様に，液体の通過速度 u，ケーク層の厚さ L_c，流体の粘度 μ に比例すると考えられ，つぎのように書ける．

$$\Delta P_c \propto uL_c\mu \tag{10.20}$$

また，流体の通過速度 u は，積算濾過液量を V，濾過面積を A，濾過経過時間を t とすると，つぎの式で与えられる．

$$u = \frac{\mathrm{d}V}{A\mathrm{d}t} = \frac{\mathrm{d}v_s}{\mathrm{d}t} \tag{10.21}$$

ただし

$$v_s = V/A \tag{10.22}$$

であり，v_s は単位濾過面積あたりの積算濾液量を表す．

いま，濾液が $1\,\mathrm{m}^3$ 得られる間に生成するケーク中の固体質量を $c\,[\mathrm{kg\text{-}固体\cdot(m^3\text{-}濾液)^{-1}}]$ とすると，濾材の単位面積あたりに生成するケークの質量は $cV/A = cv_s$ で与えられるから，ケークの厚さ L_c は cv_s に比例すると考えられる．

$$L_c \propto cv_s \tag{10.23}$$

式（10.21）と式（10.23）を式（10.20）に代入して比例係数を α とおくと，ケーク層での圧力差 ΔP_c は，つぎの式のように表せる．

$$\Delta P_c \propto uL_c\mu = \alpha\left(\frac{\mathrm{d}v_s}{\mathrm{d}t}\right)(cv_s)\mu \tag{10.24}$$

濾材での圧力差 ΔP_m に対しても式（10.24）と類似の式が適用できる．層の厚さ L_m は一定であり，比例定数を β とすると ΔP_m は

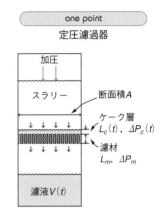

one point
定圧濾過器

加圧

スラリー

断面積 A

ケーク層
$L_c(t)$，$\Delta P_c(t)$

濾材
L_m，ΔP_m

濾液 $V(t)$

$$\Delta P_{\mathrm{m}} \propto u L_{\mathrm{m}} \mu = \beta (\mathrm{d}v_{\mathrm{s}} / \mathrm{d}t) L_{\mathrm{m}} \mu \tag{10.25}$$

式(10.24)と式(10.25)を式(10.19)に代入すると

$$\Delta P = \alpha \left(\frac{\mathrm{d}v_{\mathrm{s}}}{\mathrm{d}t} \right) (cv_{\mathrm{s}}) \mu + \beta \frac{\mathrm{d}v_{\mathrm{s}}}{\mathrm{d}t} L_{\mathrm{m}} \mu = (\alpha \mu cv_{\mathrm{s}} + \beta \mu L_{\mathrm{m}}) \frac{\mathrm{d}v_{\mathrm{s}}}{\mathrm{d}t}$$

となり，この式を$(\mathrm{d}v_{\mathrm{s}} / \mathrm{d}t)$について解くと，つぎの変数分離型の微分方程式が導ける．

$$\frac{\mathrm{d}v_{\mathrm{s}}}{\mathrm{d}t} = \frac{\Delta P}{\alpha \mu cv_{\mathrm{s}} + \beta \mu L_{\mathrm{m}}} = \frac{\Delta P}{\mu (R_{\mathrm{c}} + R_{\mathrm{m}})} \tag{10.26}$$

ただし

$$R_{\mathrm{c}} = \alpha cv_{\mathrm{s}} \qquad R_{\mathrm{m}} = \beta L_{\mathrm{m}} \tag{10.27}$$

である．R_{c}はケーク層の濾過抵抗，R_{m}は濾材の濾過抵抗をそれぞれ表している．R_{m}の値は一定であるが，R_{c}はケーク層の固体量cの増加に伴い大きくなる．その比例定数がαであり，質量基準のケーク比抵抗と呼ばれる．αはケークの性質と濾過圧力によって決まるパラメータで，定圧濾過では一定値であり，その単位は$[\mathrm{m \cdot kg^{-1}}]$である．一般に，$\alpha$の値が$1 \times 10^{11}\ \mathrm{m \cdot kg^{-1}}$以下であれば容易に濾過が進行するが，$1 \times 10^{13}\ \mathrm{m \cdot kg^{-1}}$以上になると抵抗が大きくなり，濾過が難しくなるといわれている．

式(10.26)の右辺の分母を左辺に，$\mathrm{d}t$を右辺に，それぞれ移動して積分し整理するとつぎの式が得られる．

$$v_{\mathrm{s}}^{2} + 2v_{\mathrm{s}0}v_{\mathrm{s}} = kt \tag{10.28}$$

ただし

$$v_{\mathrm{s}0} = \beta L_{\mathrm{m}} / \alpha c = R_{\mathrm{m}} / \alpha c \tag{10.29}$$

$$k = 2 \Delta P / \alpha c \mu \tag{10.30}$$

である．式(10.28)はルース（Ruth）の濾過方程式と呼ばれている．単位濾過面積あたりの積算濾液量$v_{\mathrm{s}} = V/A\,[\mathrm{m^3 \cdot m^{-2}}]$は，図10.7に示すような経過時間$t$に

one point

**濾液量 *V* で表した
ルースの式**

式(10.28)〜(10.31)では，単位濾過面積あたりの積算濾液量$v_{\mathrm{s}} = V/A$（V：濾液量，A：濾過面積）と濾過時間の関係が示されている．これらの式では濾過面積Aも必要であるが，濾液量と時間の関係を直接表したルースの式を用いることもある．その方法については章末問題の8と9を参照してほしい．

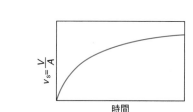

図10.7　定圧濾過の濾液量の経時変化

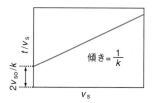

図10.8　濾過パラメータの推定法

関する上に凸の曲線で表されることがこの式からわかる．また，式(10.28)を変形すると，つぎの式が導ける．

$$\frac{t}{v_s} = \frac{2v_{s0}}{k} + \frac{1}{k} v_s \tag{10.31}$$

この式(10.31)に従い，縦軸に t/v_s，横軸に v_s をとって濾過実験の結果をプロットすると，図10.8 に示すような直線が得られ，その傾きから k の値が，切片から v_{s0} の値が求まる．それらのなかにはパラメータ c が含まれているが，その値は以下のようにして求められる．

濾液の密度を ρ [kg·m^{-3}]，原液中に含まれる固体の質量分率を s [kg-固体·(kg-原液)$^{-1}$]，乾燥ケークに対する湿潤ケークの質量比を m とする．いま，1 kg の原液を考えると，それは濾過によって湿潤ケークと濾液に分かれる．原液 1 kg 中には乾燥固体が s[kg]含まれており，それが濾材上に湿潤ケークとして捕捉される．その質量は ms[kg]である．したがって，濾液になった質量は，1 kg から湿潤ケークになった質量 ms を差し引いた $(1-ms)$ [kg]となる．それを濾液の密度 ρ で割った $(1-ms)/\rho$ が生成した濾液の体積となる．一方，ケーク中の乾燥固体の質量は s[kg]である．したがって，c はつぎのように書き表せる．

$$c = \frac{\text{ケーク中の固体質量}}{\text{生成した濾液体積}} = \frac{s}{(1-ms)/\rho} = \frac{s\rho}{1-ms} \tag{10.32}$$

この式から，濾材上に生成したケークを湿ったままで秤量し，さらに乾燥後に秤量してその比 m を求めると式(10.32)から c の値が求まることがわかる．ついで，式(10.32)に $k, c, \Delta P$ の値を代入すると α が求まり，それを式(10.29)に代入すると βL_m が決まる．このようにして，濾過の基礎的なパラメータの値が順次求まる．

例題 10.5

10 wt% の炭酸マグネシウムを懸濁するスラリーについて，小型定圧濾過器で濾過実験を行ったところ，ケーク比抵抗 α は 5×10^9 m·kg^{-1}，濾材抵抗 R_m は無視でき，生成した湿潤ケークと乾燥ケークとの質量比 m は 3 であることがわかった．このスラリーを濾過面積が 5 m^2 の濾過器を用いて，1 atm の圧力差で 30 min 間濾過したとき，得られる濾液量 V[m^3]を求めよ．ただし，濾液の密度 ρ は 1000 kg·m^{-3} とする．

解 答

濾材抵抗は無視できるから，$R_m = v_{s0} = 0$ とおけて，式(10.28)は

$$v_s^2 = kt \tag{①}$$

となる．ここで，$v_s = V/A$ であり，k に式(10.30)の関係を代入すると，式①から

$$v_s = \frac{V}{A} = \sqrt{\frac{2\Delta P \cdot t}{\alpha c \mu}} \qquad \therefore \quad V = A\sqrt{\frac{2\Delta P \cdot t}{\alpha c \mu}} \qquad ②$$

となる．また，ケーク固体質量 c は，式(10.32)からつぎのように算出できる．

$$c = \frac{s\rho}{1 - ms} = \frac{0.1 \times 1000}{1 - 3 \times 0.1} = 143 \text{ kg-固体} \cdot (\text{m}^3\text{-濾液})^{-1} \qquad ③$$

式②に，$A = 5 \text{ m}^2$，$\alpha = 5 \times 10^9 \text{ m} \cdot \text{kg}^{-1}$，$c = 143 \text{ kg-固体} \cdot (\text{m}^3\text{-濾液})^{-1}$，$\mu = 1 \times 10^{-3}$ Pa·s，$\Delta P = 1.013 \times 10^5$ Pa，$t = 30 \times 60 = 1800$ s を代入すると，得られる濾液量 V は

$$V = A\sqrt{\frac{2\Delta P \cdot t}{\alpha c \mu}} = 5\sqrt{\frac{2 \times (1.013 \times 10^5) \times 1800}{(5 \times 10^9) \times 143 \times (1 \times 10^{-3})}} = 3.57 \text{ m}^3$$

10.5 気体からの粒子の分離

　気体中に浮遊している固体の微粒子を分離する操作は集塵と呼ばれる．一般には粒径が数百 μm 以下の微粒子が対象になる．集塵は空気中から粉塵や有害微粒子を除去することによる空気浄化，公害の防止，有用成分の回収などの目的で使われている．集塵装置にはいろいろな種類があるが，ここではもっとも広く使用されているサイクロンについて少し詳しく説明し，それ以外の気固分離装置については簡単に触れる程度とする．

10.5.1 サイクロン

　サイクロンは遠心力を利用した代表的な分離装置である．図10.9に示すように，粉塵を含むガスを $10 \sim 20$ m·s^{-1} 程度の流速で円筒接線方向に流入させて旋回流をつくり，遠心力によって粒子を円筒内壁に衝突させて落下させ，装置下部から回収する．通常の気固系のサイクロンでは $10 \sim 200$ μm 程度の粒子の捕集に使われる．図10.9には，標準的なサイクロンの各部の寸法が円筒部の直径 D_c を基準に定められている．

　サイクロンで完全に捕集できる粒子は，矩形の入口(幅 $B \times$ 高さ h)から流速 u_{in} で吹き込まれた気流が，入口形状の断面形(幅 B)でサイクロンの円筒部(半径 R)に沿って N 回転する間に，管壁に向かって遠心力によって距離 B だけ移動するような粒子であると考える．このときの遠心力による移動速度 u_{tc} は，式(10.13)において $r\omega^2 = u^2/r = u_{in}^2/R$ とおいたつぎの式で与えられる．

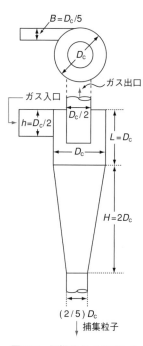

$B = D_c/5$

D_c

ガス出口

ガス入口

$h = D_c/2$

$D_c/2$

$L = D_c$

D_c

$H = 2D_c$

$(2/5)D_c$

↓捕集粒子

図10.9　標準的サイクロンの各部の寸法比

$$u_{tc} = \frac{(\rho_p - \rho) d_p^2 u_{in}^2}{18\,\mu R} \tag{10.33}$$

気流が N 回転する時間 t は $2\pi RN / u_{in}$ であり，粒子が距離 B だけ移動するのに要する時間は B / u_{tc} である．粒子を完全に分離するには，$t \geq B / u_{tc}$ となる必要があるから次式が得られる．

$$2\pi RN / u_{in} \geq B / u_{tc} \tag{10.34}$$

完全に分離される最小粒子径 $d_{p,min}$ は，式(10.34)で等号が成立する場合の粒径だから，式(10.34)に式(10.33)を代入して解くと，R が消えて，次式が導ける．この式から $d_{p,min}$ が計算できる．

$$d_{p,min} = \sqrt{\frac{9B\mu}{\pi N u_{in}(\rho_p - \rho)}} \tag{10.35}$$

$d_{p,min}$ の値より小さい粒径の粒子は，壁からの距離に応じてその一部が捕集されると考えることは，重力沈降装置の場合とまったく同じである．また，標準的なサイクロンとしては有効回転数 $N = 2 \sim 5$ ぐらいにとればよいとされている．

one point
サイクロンの有効回転数
有効回転数 N とは，含塵気体がサイクロン中で旋回する回数であり，通常は $N = 2 \sim 5$ 回程度にとられる．

例題 10.6

密度 $2500\ \mathrm{kg \cdot m^{-3}}$ の微粒子を含む空気を標準型サイクロンで処理する．分離限界粒子径を $7\ \mu\mathrm{m}$ とするとき，サイクロンの直径寸法 D_c をいくらにすればよいか．ただし，空気の流量 $v = 1.0\ \mathrm{m^3 \cdot s^{-1}}$，空気の密度 $\rho = 1.21\ \mathrm{kg \cdot m^{-3}}$，粘度 $\mu = 1.8 \times 10^{-5}\ \mathrm{Pa \cdot s}$，有効回転数 $N = 2$ とする．

解 答

標準サイクロンの各部の寸法比から，空気の供給口の断面積 $= Bh = (D_c / 5) \times (D_c / 2) = D_c^2 / 10$ となる．したがって，空気の吹き込み流速 u_{in} は

$$u_{in} = \frac{v}{D_c^2 / 10} = \frac{10v}{D_c^2} = \frac{10 \times 1.0}{D_c^2} = \frac{10}{D_c^2} \tag{①}$$

式(10.35)の両辺を 2 乗して，$u_{in} = 10 / D_c^2$，$B = D_c / 5$，有効回転数 $N = 2$，およびその他の物性値を代入すると

$$(7 \times 10^{-6})^2 = \frac{9 \times (D_c / 5) \times (1.8 \times 10^{-5})}{3.14 \times 2 \times (10 / D_c^2) \times (2500 - 1.21)} = 2.065 \times 10^{-10} D_c^3$$

$$\therefore\ \ D_c = 0.2373^{1/3} = 0.619\ \mathrm{m}$$

10.5.2 その他の集塵装置

　サイクロン以外にも，バグフィルター，電気集塵などの集塵装置が利用されている．バグフィルターは，図 10.10(a) に示すような，濾布を細長い円筒形の袋状にして装置内に複数個設置し，含塵空気をその内側あるいは外側から流して濾布の遮り効果によって粉塵を濾布上に捕集する集塵装置である．時間が経過すると堆積粉塵がたまるので，含塵空気とは逆方向に圧搾空気を吹き込んだり，機械的に振動させたりして粉塵を定期的に払い落とさなければならない．

　図 10.10(b) は電気集塵装置の原理である．平行平板あるいは円筒板を陽極にし，その中心部に針金を置いて陰極として，5 万〜 10 万ボルトの直流高電圧をかけコロナ放電を生じさせる．発生した正イオンは放電極により中和されるが，負イオンは陽極に向かって移動し，気流中の粒子と衝突して負の荷電を与える．荷電された粒子は静電気力により陽極へ移動してそこに捕集される．この電気集塵法はその発明者にちなんでコットレル集塵法とも呼ばれる．この方法では 1 μm 以下の微粒子でも捕集可能であるが，設備が複雑なため小規模の集塵には適さない．

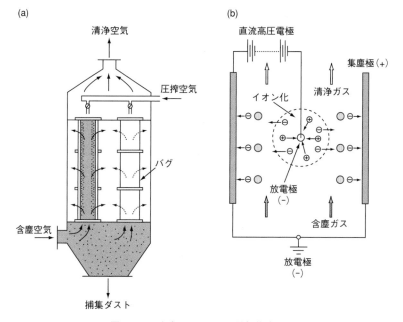

図10.10　バグフィルターと電気集塵の原理
(a) バグフィルター　(b) 電気集塵装置

章 末 問 題

① 平均粒径 0.12 mm，密度 1600 kg·m⁻³ の球形粒子が常温の水中を沈降するときの終端速度を求めよ．ただし，水の粘度を 1×10^{-3} Pa·s とする．

② 密度 1200 kg·m^{-3} の粒子が一定速度で 20℃ の水中を 4 min 間に 24 cm 沈降した．この粒子の粒子径を求めよ．水の粘度は，1×10^{-3} Pa·s とする．

③ ［例題 10.2］の沈降実験の続きが行われた．測定開始 20 min 後に深さ 20 cm の位置でピペットによって 10 cm^3 の液を吸い上げ，そのなかの固体質量を測定したところ 20.0 mg であった．例題の結果とあわせて考察したとき，粘度の粒度分布にどのようなことがいえるか．

④ 遠心効果 Z が 1500 の遠心分離器に入れられた，水中に分散している粒径 25 μm の固体粒子の沈降速度を求めよ．ただし，粒子の密度は 4300 kg·m^{-3} であり，水の粘度は 1×10^{-3} Pa·s とする．

⑤ 粒子密度 2400 kg·m^{-3}，粒径 1.2 μm の粒子が，水中で 5000 r.p.m. の遠心分離器の中心より 15 cm の点にあるときの沈降速度を求めよ．

⑥ 密度 ρ_p = 2200 kg·m^{-3} の粒子を含む空気を高さ H = 1 m, 幅 B = 2 m, 長さ L - 5 m の水平型重力沈降装置に供給して粒子を分離する．粒径 60 μm 以上の粒子を完全に分離するためには，空気の流量[m^3·s^{-1}]をいくらに設定すればよいか．ただし，空気の粘度 μ = 1.8 $\times 10^{-5}$ Pa·s，空気の密度 ρ = 1.19 kg·m^{-3} とする．

⑦ 密度 2600 kg·m^{-3}，最小粒径 120 μm の粒子を含む懸濁液を水平流速 0.1 m·s^{-1} で深さ 1 m の沈降槽内を水平に流すとき，粒子をすべて沈降させるのに必要な沈降室の長さを求めよ．水の粘度は 1×10^{-3} Pa·s とする．

⑧ 式(10.28)のルースの濾過方程式は単位濾過面積あたりの積算濾液量 $v_s = V/A$ と濾過時間 t の関係で表されている．それを積算濾液量 V と濾過時間 t との関係式として表したとき，式(10.28)〜(10.31)はつぎの式①〜④で表せることを示せ．ただし，A は濾過面積を表し，V_0 と K は，それぞれ v_{s0} と k に対応するパラメータであり，式②と式③によって与えられる．また，パラメータ V_0 と K の単位を示せ．

式(10.28) → $V^2 + 2V_0 V = Kt$ ①
式(10.29) → $V_0 = v_{s0} A$ ②
式(10.30) → $K = kA^2$ ③
式(10.31) → $t/V = 2V_0/K + (1/K)V$ ④

⑨ あるスラリーの定圧濾過実験を行ったところ，次表のような濾過時間 t と

積算濾液量 V の関係を得た. ⑧の関係式を利用して, 濾過定数 K と V_0 を求めよ.

$t\,/\,\mathrm{s}$	0	240	480	720	960	1200	1440
$V\,/\,\mathrm{cm}^3$	0	3780	6280	8085	9675	11065	12260

⑩ あるスラリー原液の定圧濾過実験によって, 濾過方程式のパラメータを求めたところ, $k = 6.0 \times 10^{-5}\,\mathrm{m}^2 \cdot \mathrm{s}^{-1}$, $v_{s0} = 1.8 \times 10^{-2}\,\mathrm{m}$ が得られた. この原液を濾過面積 $10\,\mathrm{m}^2$ の濾過器を用いて同じ条件で $30\,\mathrm{min}$ 間濾過すれば何 m^3 の濾液が得られるか.

⑪ 10 wt % の炭酸マグネシウムを懸濁するスラリーを小型定圧濾過器で濾過実験を行ったところ, 比抵抗 α は $5 \times 10^9\,\mathrm{m} \cdot \mathrm{kg}^{-1}$, 濾材の濾過抵抗 R_m は無視でき, 生成した湿潤ケークと乾燥ケークとの質量比 m は 3 であることがわかった. このスラリー 10 ton を 1 atm の圧力差で 120 min 間に濾過するときに, 必要な濾過面積 $A\,[\mathrm{m}^2]$ を求めよ. 水の粘度は, $1 \times 10^{-3}\,\mathrm{Pa \cdot s}$ とする.

⑫ あるスラリー原液を以下の条件で定圧濾過する. 濾過面積 $A = 0.15\,\mathrm{m}^2$, 濾過圧力 $\Delta P = 2 \times 10^5\,\mathrm{Pa}$, 原液の密度 $\rho = 1.10 \times 10^3\,\mathrm{kg \cdot m^{-3}}$, 粘度 $\mu = 0.001\,\mathrm{Pa \cdot s}$, 原液 1 kg の固形分 $s = 0.06\,\mathrm{kg}$, 濾材の濾過抵抗 $R_\mathrm{m} = 8.0 \times 10^{10}\,\mathrm{m}^{-1}$, ケークの比抵抗 $\alpha = 2.1 \times 10^{11}\,\mathrm{m \cdot kg^{-1}}$, 質量比 $m = 2.5$ の条件である. 積算濾液量 $V\,[\mathrm{m}^3]$ と濾過時間 $t\,[\mathrm{min}]$ との関係式を求めよ. 水の粘度は $1 \times 10^{-3}\,\mathrm{Pa \cdot s}$ とする.

⑬ 標準寸法のサイクロンを用いて集塵を行う. 円筒直径は $1\,\mathrm{m}$ で, 気流の入口速度は $15\,\mathrm{m \cdot s^{-1}}$ である. また, 粒子密度は $1800\,\mathrm{kg \cdot m^{-3}}$, 空気の粘度は $1.8 \times 10^{-5}\,\mathrm{Pa \cdot s}$, 空気の密度は $1.1\,\mathrm{kg \cdot m^{-3}}$ とする. 有効回転数を 3 とすると, 捕集できる粒子の最小径はいくらか.

⑭ 密度 $1350\,\mathrm{kg \cdot m^{-3}}$ の粉炭を含む空気を標準型サイクロンにより処理したところ, 集塵粒子の限界粒子径は $10\,\mu\mathrm{m}$ であった. 気流の入口速度は $20\,\mathrm{m \cdot s^{-1}}$, 空気の粘度は $1.8 \times 10^{-5}\,\mathrm{Pa \cdot s}$, 有効回転数は 2 として, サイクロンの入口幅 B, 円筒部直径 D_c を求めよ.

章末問題略解

第 2 章

1 (1) $1500 \text{ cm}^2 = 1500 \times (10^{-2} \text{ m})^2 = \underline{0.15 \text{ m}^2}$

(2) $1.25 \text{ g·cm}^{-3} = 1.25 \times \dfrac{10^{-3} \text{ kg}}{(10^{-2} \text{ m})^3} = \underline{1250 \text{ kg·m}^{-3}}$

(3) $800 \text{ } l \cdot \text{min}^{-1} = 800 \times \dfrac{10^{-3} \text{ m}^3}{60 \text{ s}} = \underline{0.0133 \text{ m}^3 \cdot \text{s}^{-1}}$

(4) $60 \text{ km·h}^{-1} = 60 \times \dfrac{1000 \text{ m}}{3600 \text{ s}} = \underline{16.7 \text{ m·s}^{-1}}$

(5) $7200 \text{ kcal·h}^{-1} = 7200 \times \dfrac{4.186 \text{ kJ}}{3600 \text{ s}} = \underline{8.37 \text{ kJ·s}^{-1}}$

(6) $5 \text{ atm} = 5 \times (1.013 \times 10^5 \text{ Pa}) = \underline{5.065 \times 10^5 \text{ Pa}}$

(7) $2000 \text{ mmHg} = 2000/760 = 2.632 \text{ atm}$
$= (2.632) \times (1.013 \times 10^5 \text{ Pa}) = \underline{2.67 \times 10^5 \text{ Pa}}$

(8) $12 \text{ kgf·cm}^{-2} = 12 \dfrac{9.807 \text{ N}}{(10^{-2})^2} = 118 \times 10^4 \text{ N·m}^{-2}$
$= \underline{1.18 \times 10^6 \text{ Pa}}$

(9) $100 \text{ lb·ft}^{-3} = 100 \dfrac{0.4536 \text{ kg}}{(0.3048 \text{ m})^3} = \underline{1.60 \times 10^3 \text{ kg·m}^{-3}}$

(10) $12.4 \text{ Btu·lb}^{-1} \cdot {}^0\text{F}^{-1} = 12.4 \dfrac{1055 \text{ J}}{(0.4536 \text{ kg})(1/1.8 \text{ K})}$
$= \underline{51.9 \times 10^3 \text{ J·kg}^{-1} \cdot \text{K}^{-1}}$

2 (1) 代数方程式の方法：蒸発水量 = W [kg]，濃縮液量 = D[kg]とすると，全物質と NaCl の物質収支式は
全物質：$100 = D + W$ … ①
NaCl：$100 \times 0.05 = D \times 0.2 + W \times 0$ … ②
式②から　濃縮液量 $D = 5/0.2 = \underline{25 \text{ kg}}$ … ③
式③を式①に代入→蒸発水量 $W = 100 - 25 = \underline{75 \text{ kg}}$

(2) 対応物質の方法：NaCl が対応物質．5.0 wt%の食塩水 100 kg 中には NaCl = 5 kg，水 = $100 - 5 = 95$ kg 含まれている．この 5 kg の NaCl が濃縮液では 20 wt%に，濃縮液全体の量 D は 100%に対応する．比例計算から

濃縮食塩水の量 $D = 5 \text{ kg} \times \dfrac{100 \%}{20 \%} = \underline{25 \text{ kg}}$

（濃縮液中の水の量）$= 25 - 5 = 20$ kg，当初 95 kg 水が 20 kg になったから，$95 - 20 = \underline{75 \text{ kg の水が蒸発}}$．

3 湿り材料 100 kg 中の水分量は 15 kg，無水材料 $= 100 - 15 = 85$ kg．無水材料が対応物質になり，それが乾燥終了時には $100 - 7 = 93$ %に対応し，水分量は 7 %に対応するから

乾燥終了時の水分量 $= 85 \text{ kg} \left(\dfrac{7 \%}{93 \%} \right) = 6.40 \text{ kg}$

$\therefore \underline{15 - 6.4 = 8.6 \text{ kg の水分を蒸発}}$

4 混合ガス 100 mol を基準にとる．空気が対応物質になり，その量は 25 mol．それが出口では $1 - 0.375 = 0.625$

に対応し，NH₃ 量は 0.375 に対応するから

吸収後の NH₃ 量 $= 25 \times \dfrac{0.375}{1 - 0.375} = 15$ mol

吸収率 $= \dfrac{\text{吸収された NH}_3 \text{ 量} : (75 - 15)}{\text{入口ガス中の NH}_3 \text{ 量} : 75} \times 100 \%$
$= \underline{80 \%}$

5 水の質量流量を w [kg·min⁻¹] とする．硫酸ナトリウム (T) の水溶液（濃度 = 10%）を，2.50 kg·min⁻¹ で流す．
→ T の質量流量 $= 2.5 \times 0.1 = 0.25 \text{ kg·min}^{-1}$ … ①
T を含む流量は $(w + 2.5)$ [kg·min⁻¹]で，T の質量流量は
$(w + 2.5)(0.35/100)$ … ②
① = ② → $0.25 = (w + 2.5)(0.35/100)$ … ③
$\therefore w = 68.93 \text{ kg·min}^{-1} = 4136 \text{ kg·h}^{-1}$
体積流量 $v = w/1000 \text{ kg·m}^{-3} = \underline{4.14 \text{ m}^3 \cdot \text{h}^{-1}}$

6 添加したアンモニアの体積流量 v_{NH_3} を求める．NH₃ の分子量は $17 \times 10^{-3} \text{ kg·mol}^{-1}$，流通系の気体の状態方程式は次式で与えられる．
$P v_{\text{NH}_3} = F_{\text{NH}_3} RT$ … ①
$P = 1.05 \times 10^5 \text{ Pa}$, $F_{\text{NH}_3} = 3.75/17 \times 10^{-3} = 220.2 \text{ mol·h}^{-1} = 0.06117 \text{ mol·s}^{-1}$, $T = 25 + 273.2 = 298.2 \text{ K}$ を式①に代入

$v_{\text{NH}_3} = \dfrac{F_{\text{NH}_3} RT}{P} = \dfrac{(0.06117)(8.314)(298.2)}{1.05 \times 10^5}$
$= 1.444 \times 10^{-3} \text{ m}^3 \cdot \text{s}^{-1} = 5.20 \text{ m}^3 \cdot \text{h}^{-1}$ … ②

上記の v_{NH_3} が 0.006%に対応し，空気の流量は $1 - 0.006 = 0.994$%に対応するから，空気の流量 v_{air} は

$v_{\text{air}} = 5.2 \times \dfrac{0.994}{0.006} = \underline{861.5 \text{ m}^3 \cdot \text{h}^{-1}}$

7 化学反応の物質収支の計算は，質量単位で考えるより，物質量単位にいったん換算するほうが簡単になる．化学量論式は $C + O_2 \rightarrow CO_2$ と書ける．炭素 C の分子量は $12 \times 10^{-3} \text{ kg·mol}^{-1}$，酸素の分子量は $16.0 \times 2 \text{ g·mol}^{-1} = 32 \times 10^{-3} \text{ kg·mol}^{-1}$，CO₂ の分子量は $44 \times 10^{-3} \text{ kg·mol}^{-1}$．与えられた各成分の質量を物質量 [mol] に換算すると，反応開始時の各成分の物質量は
炭素 $= 1.2/12 \times 10^{-3} = 100$ mol
酸素 $= 8/(32 \times 10^{-3}) = 250$ mol
C の反応量 $= 100$ mol

量論式から，反応終了時の各成分の物質量，質量[kg]，生成ガスの質量分率は次の表のように計算できる．

成分	分子量 [kg·mol⁻¹]	反応開始時 質量[kg]	反応開始時 物質量[mol]	変化量 [mol]	反応終了時 物質量[mol]	反応終了時 質量[kg]	質量分率 [−]
C	12×10^{-3}	1.2	100	−100	0	0	0
O₂	32×10^{-3}	8	250	−100	150	4.8	0.522
CO₂	44×10^{-3}	0	0	100	100	4.4	0.478
全成分					250	9.2	1.000

答えは <u>炭素 = 0, 酸素 = 4.8 kg, 二酸化炭酸 = 4.4 kg,
O_2 の質量分率 = 0.522, CO_2 の質量分率 = 0.478</u>

[8] $C_2H_6 + (7/2) O_2 \rightarrow 2CO_2 + 3H_2O$ ①

下表に示すように, 各成分の反応器入口での物質量流量, 反応による変化量, 出口からの物質量流量ならびに各成分のモル％が式①の量論関係から計算できる.

成分	反応器入口 [mol·h⁻¹]	変化量 [mol·h⁻¹]	反応器出口 [mol·h⁻¹]	モル％
C_2H_6	3	$-3 \times 0.8 = -2.4$	0.6	3.70
O_2	12	$-7/2 \times 2.4 = -8.4$	3.6	22.2
CO_2	0	$2 \times 2.4 = 4.8$	4.8	29.6
H_2O	0	$3 \times 2.4 = 7.2$	7.2	44.4
合計			16.2	100.0

供給 C_2H_6 が 3 mol·h⁻¹, 理論酸素量は $3 \times (7/2) = 10.5$ mol·h⁻¹ であるから

O_2 過剰量 = 12 − 10.5 = <u>1.5 mol·h⁻¹</u>

O_2 過剰率 = (過剰量)/(理論量) = 1.5 / 10.5 = 0.14
= <u>14.3％</u>

[9] (1) $C_p / \text{cal·mol}^{-1}\cdot\text{℃}^{-1} = 6.86 + 0.96 \times 10^{-3} T / ℃$ ①
$T / ℃ = T / K - 273.2$ ②

式②を式①に代入すると
$C_p / \text{cal·mol}^{-1}\cdot\text{℃}^{-1} = 6.86 + 0.96 \times 10^{-3}(T / K - 273.2)$
$= 6.60 + 0.96 \times 10^{-3} T / K$ ③

上式の右辺の各項は 1 cal = 4.189 J の関係を用いて
$6.60 \text{ cal·mol}^{-1}\cdot\text{K} = (6.60)(4.189) = 27.6 \text{ J·mol}^{-1}\cdot\text{K}^{-1}$
$0.96 \times 10^{-3} T \text{ cal·mol}^{-1}\cdot\text{K}^{-1} = (0.96 \times 10^{-3})(4.189)T$
$= 4.02 \times 10^{-3} T \text{ J·mol}^{-1}\cdot\text{K}^{-1}$
∴ <u>$C_p / \text{J·mol}^{-1}\cdot\text{K}^{-1} = 27.6 + 4.02 \times 10^{-3} T / K$</u> ④

(2) HCl の分子量は 36.5×10^{-3} kg·mol⁻¹ であるから
1 kg の HCl = $1 / 36.5 \times 10^{-3} = 27.4$ mol

27.4 mol の HCl (= 1 kg) を 300 K から 400 K まで加熱するのに必要な熱量 Q_m [kJ·(kg−HCl)⁻¹] は, 式④を積分した式から計算できて, 式⑤の結果が得られる.

$Q_m = 27.4 \int_{300}^{400} (27.62 + 4.02 \times 10^{-3} T) dT$
$= (27.4)[27.62 T + 2.01 \times 10^{-3} T^2]_{300}^{400}$
$= 79.5 \times 10^3 \cdot (\text{kg−HCl})^{-1} = $ <u>79.5 kJ·(kg−HCl)⁻¹</u> ⑤

[10] 水 1 kg について式(2.16a)を適用すると
温度変化：$\sum \bar{c}_p \Delta T = (2.09)(0-(-10)) + 4.19(100-0)$
$+ 1.89(120-100) = 477.7$ kJ·kg⁻¹

相転移：$\sum L = 335 + 2257 = 2592$ kJ·kg⁻¹

全熱量：$\Delta H_m = \sum \bar{c}_p \Delta T + \sum L = 477.7 + 2592$
$= 3069.7$ kJ·kg⁻¹

水 100 mol = $100 \times 18 \times 10^{-3} = 1.8$ kg であるから
必要な熱量 = 1.8 kg × 3069.7 kJ·kg⁻¹ = <u>5.53×10^3 kJ</u>

[11] 15 ℃の水 1000 mol を 90 ℃まで昇温するのに必要な熱量 Q は

$Q = (1 \times 10^3 \times 18 \times 10^{-3})(4.187)(90-15)$
$= 5.652 \times 10^3$ kJ ①

加熱用の水蒸気の量を S[kg]とおくと, 凝縮熱量は
$2257 \times S$[kJ] ②

①=②の関係が成立するから $2257 \times S = 5.653 \times 10^3$
∴ <u>$S = 2.50$kg−水蒸気</u> ③

[12] (1) $C_6H_6 + 3H_2 \rightarrow C_6H_{12}$ (A + 3B → C)
標準反応エンタルピー $\Delta H_R^0(298.2)$ は
$\Delta H_R^0(298.2) = \Delta H_{f,C}^0 - (\Delta H_{f,A}^0 + 3\Delta H_{f,B}^0)$
$= -123.13 - (82.93 + 3 \times 0) = -206.06$ kJ·mol⁻¹

(2) $\Delta H_R^0(298.2) < 0 \rightarrow$ <u>発熱反応</u>である.

(3) 量論式を $(1/3) C_6H_6 + H_2 \rightarrow (1/3) C_6H_{12}$ と書き換えたときの反応エンタルピー ΔH は
$\Delta H_R^0(298.2) = (1/3)\Delta H_{f,C}^0 - [(1/3)\Delta H_{f,A}^0 + \Delta H_{f,B}^0]$
$= (1/3) \times (-206.06 \text{kJ·mol}^{-1}) = $ <u>-68.69 kJ·mol⁻¹</u>

(4) 量論式①から, (限定反応成 A の反応量) = (C の生成量) の関係があり, $(-\Delta F_A) = 0.8$ mol であるから反応エンタルピーは
$\Delta H = \Delta H_R^0(298.2) \times (-\Delta F_A)$
$= (-206.06 \text{ kJ·mol}^{-1})(0.8 \text{ mol}) = $ <u>-164.8 kJ</u>

[13] 25 ℃の反応原料を基準にとる. 反応原料のエンタルピー H_{in} は本文の式②がそのまま使用できる.
$H_{in} = 1.193 \times 10^6$ J·h⁻¹ ⑤

反応器出口でのエンタルピー H_{out} は, 出口温度を T_{out} とすると, 本文の式③が適用できて
$H_{out} = \Delta H_R^0 \times (SO_2 \text{ の反応量})$
$+ \sum F_j \bar{C}_{pj}(T_{out} - 298.2)$ ⑥
$\Delta H_R^0 = -98.2 \times 10^3$ J·mol⁻¹
$(SO_2 \text{ の反応量}) = 8$ mol·h⁻¹
$H_{out} = (-98.2 \times 10^3)(8) + [(2)(46.4) + (14.9)$
$(31.3) + (8)(65) + (71.1)(29.9)](T_{out} - 298.2)$
$= (3.205T - 1741.3) \times 10^3$ J·h⁻¹ ⑦

反応器入口のエンタルピーと H_{in} と出口でのエンタルピー H_{out}, 断熱の条件 $Q = 0$ を式(2.21)に代入すると
$1.193 \times 10^6 - (3.205T - 1741.3) \times 10^3 + 0 = 0$
∴ $T = 915.5$ K = <u>642.3 ℃</u>

第 3 章

[1] $2A + 3B \rightarrow 4C$ $r = 2$mol·m⁻³·s⁻¹
式(3.3)から
$r_A = (-2)r = (-2) \times 2 = $ <u>-4 mol·m⁻³·s⁻¹</u>
$r_B = (-3)r = (-3) \times 2 = $ <u>-6 mol·m⁻³·s⁻¹</u>
$r_C = (4)r = (4) \times 2 = $ <u>8 mol·m⁻³·s⁻¹</u>

[2] $A + 4B \rightarrow 2C$
(1) 式(3.20)から
$C_A = C_{A0}(1 - x_A) = 20(1 - 0.6) = $ <u>8 mol·m⁻³</u>
$C_B = C_{A0}[\theta_B - (b/a)x_A] = (20)(120/20 - 4 \times 0.6)$

$$= 72 \text{ mol} \cdot \text{m}^{-3}$$
$$C_C = C_{A0}[\theta_C + (c/a)x_A] = (20)(0/20 + 2 \times 0.6)$$
$$= 24 \text{ mol} \cdot \text{m}^{-3}$$

(2) $C_C = C_{A0}[\theta_C + (c/a)x_A] = 20(0 + 2x_A)$
$$= 30 \text{ mol} \cdot \text{m}^{-3}$$
$$\therefore \quad \underline{x_A = 0.75}$$

③ 反応速度式　　$r = k_0 e^{-E/RT} C_A{}^m$

$E = 80 \times 10^3 \text{ J} \cdot \text{mol}^{-1}$, 温度 $T_1 = 400 \text{ K}$, $T_2 = 410 \text{ K}$ における反応速度式は

$T_1 = 400\text{K}$　$r_1 = k_0 \exp(-80 \times 10^3/400R) C_A{}^m$　①
$T_2 = 410\text{K}$　$r_2 = k_0 \exp(-80 \times 10^3/410R) C_A{}^m$　②

式②を式①で割ると, k_0 と $C_A{}^m$ が消去されて

$$\frac{r_2}{r_1} = \exp\left[-\frac{80 \times 10^3}{8.314}\left(\frac{1}{410} - \frac{1}{400}\right)\right] = \underline{1.80} \quad ③$$

温度が 10 ℃ 上がると, 反応速度が約 2 倍になるといわれる通説を裏づけている. ただし, 式③からわかるように, 反応速度の比は活性化エネルギー E の値によって異なってくるので, 10 ℃ の温度上昇によってつねに反応速度が 2 倍にはなるとはいえない.

④ 表の温度 [℃] を [K] に換算して, $\ln k$ 対 $1/T$ のプロットから, 次の相関式が得られた.

$$\ln k = 29.435 - 18405/T$$

上式と式(3.6)と比較すると

$$\ln k_0 = 29.435 \quad E/R = 18405$$
$$\therefore \quad k_0 = \exp(29.435) = \underline{6.07 \times 10^{12} \text{ s}^{-1}}$$
$$E = (18405)(8.314) = \underline{153.0 \times 10^3 \text{ J} \cdot \text{mol}^{-1}}$$

⑤ (1) 表 3.3 から一次反応に対して

$$-\ln(C_A/C_{A0}) = -\ln(1-x_A) = kt \quad ①$$

$t = 40 \text{ min}$ で $x_A = 0.8$ であるから

$$k = -\ln(1-x_A)/t = 0.04024 \text{ min}^{-1}$$
$$= \underline{6.71 \times 10^{-4} \text{ s}^{-1}} \quad ②$$

(2) 初濃度 $C_{A0} = 5000 \text{ mol} \cdot \text{m}^{-3}$, 反応時間 $t = 30 \text{ min}$ に対する反応率 x_A は式①から

$$-\ln(1-x_A) = kt = (0.04024 \text{ min}^{-1})(30 \text{ min})$$
$$= 1.207$$
$$1 - x_A = \exp(-1.207) = 0.2991$$
$$\therefore \quad x_A = 1 - 0.2991 = \underline{0.701}$$

生成物 C の濃度は, 式(3.20)から

$$C_C = C_{A0}(\theta_C + 2x_A) = 5000(2 \times 0.701)$$
$$= \underline{7010 \text{ mol} \cdot \text{m}^{-3}}$$

⑥ 表 3.3 から, 一次反応に対して

$$-\ln(C_A/C_{A0}) = kt \quad ①$$

表の濃度のデータから式①のプロットを行うと原点を通る直線が得られ, 勾配が 0.0798 min^{-1} となる. 式①との対応から

$$k = 0.0798 \text{ min}^{-1} = \underline{1.33 \times 10^{-3} \text{ s}^{-1}}$$

⑦ $C_5H_5N + C_2H_5I \rightarrow C_7H_{10}N^+ + I^-$

$$A + B \rightarrow C + D \qquad r = kC_A C_B$$

$$= kC_{A0}{}^2(1-x_A)(\theta_B - x_A)$$

反応率 x_A の値が次式から算出できる.

$$C_D = C_{A0}x_A = 100x_A \quad ①$$
$$\therefore \quad x_A = C_D/100$$

設計方程式は, 表 3.3 より

$$\ln\frac{\theta_B - bx_A}{\theta_B(1-x_A)} = C_{A0}(\theta_B - b)kt \quad ②$$

$\theta_B = C_{B0}/C_{A0} = 200/100 = 2$, $b = 1$, $C_{A0} = 200 \text{mol} \cdot \text{m}^{-3}$ を代入すると

$$\ln\frac{2-x_A}{2(1-x_A)} = 100kt \quad ③$$

式③の関係をプロットすると原点を通る直線が得られ, 二次反応と判明する.

$$勾配 = 7.78 \times 10^{-4} = 100k$$
$$\therefore \quad k = \underline{7.78 \times 10^{-6} \text{ m}^3 \cdot \text{mol}^{-1} \cdot \text{s}^{-1}}$$

⑧ $A + B \rightarrow C$　　$-r_A = kC_A C_B$, $C_{A0} = 80 \text{ mol} \cdot \text{m}^{-3}$,
$C_{B0} = 100 \text{ mol} \cdot \text{m}^{-3}$, $C_{C0} = 0$

表 3.3 より, 本反応に対する設計方程式は

$$\ln\frac{\theta_B - bx_A}{\theta_B(1-x_A)} = C_{A0}(\theta_B - b)kt \quad ①$$

$b = 1$, $\theta_B = 100/80 = 1.25$, $t = 1 \text{ h}$, $x_A = 0.75$ を上式に代入すると

$$\ln\frac{1.25 - 0.75}{1.25(1-0.75)} = (80)(1.25-1)(1)k \quad ②$$
$$0.4700 = 20k \quad \therefore \quad k = 0.0235 \text{ m}^3 \cdot \text{mol}^{-1} \cdot \text{h}^{-1} \quad ③$$

反応初期条件が $C_{A0} = C_{B0} = 100 \text{ mol} \cdot \text{m}^{-3}$ になると, 反応速度式は

$$-r_A = kC_A C_B = kC_{A0}{}^2(1-x_A)^2 \quad ④$$

となり, 設計方程式は表 3.3 の次式が適用できる.

$$C_{A0}{}^{1-2}[(1-x_A)^{1-2} - 1] = (2-1)kt \quad ⑤$$

上式を整理して $k = 0.0235 \text{ m}^3 \cdot \text{mol}^{-1} \cdot \text{h}^{-1}$, $t = 2h$ を代入すると

$$\frac{x_A}{1-x_A} = kC_{A0}t = (0.0235)(100)(2) = 4.7$$
$$\therefore \quad x_A = \underline{0.825}$$

⑨ $A \rightarrow 2C$　　$r = kC_A$　$k = 12 \text{ h}^{-1}$

連続槽型反応器の設計方程式は, 式(3.33)から

$$\tau_m = \frac{V_m}{v_0} = \frac{C_{A0}x_A}{-r_A} = \frac{C_{A0}x_A}{kC_{A0}(1-x_A)}$$
$$= \frac{0.85}{(12)(1-0.85)} = 0.472 \text{ h}$$
$$\therefore \quad V_m = 0.472 v_0 = (0.472 \text{ h})(10 \text{ m}^3 \cdot \text{h}^{-1})$$
$$= \underline{4.72 \text{ m}^3} \quad ①$$

管型反応器は, 例題 3.4 の次式⑦が適用できる.

$$\tau_p = \frac{V_p}{v_0} = \frac{1}{k}[-\ln(1-x_A)] = \frac{1}{12}[-\ln(1-0.85)]$$
$$= 0.1581$$
$$\therefore \quad V_p = 0.1581 v_0 = (0.1581 \text{ h})(10 \text{ m}^3 \cdot \text{h}^{-1})$$

$$= \underline{1.58 \text{ m}^3} \qquad ②$$

生成物 C の生成量 [mol·s^{-1}] は，$v_0 C_C$，$C_C = 2C_{A0}x_A$ で与えられるから，反応器単位体積あたりの C の生産速度 P_C[mol·m^{-3}·s^{-1}] は次式から計算できる．

$$P_C = \frac{v_0 C_C}{V} = \frac{v_0(2C_{A0}x_A)}{V} = \frac{(10)(2)(200)(0.85)}{V}$$
$$= \frac{3400}{V} \qquad ③$$

式③に反応器体積 V_m，V_p を代入すると

連続槽型反応器 $\quad P_{C,m} = 3400/4.72 = \underline{720.3 \text{ mol·m}^{-3}\text{·s}^{-1}}$

管型反応器 $\quad P_{C,p} = 3400/1.58 = \underline{2152 \text{ mol·m}^{-3}\text{·s}^{-1}}$

⑩ (1) 連続槽型反応器の設計方程式は式(3.33)から

$$\tau_m = \frac{V_m}{v_0} = \frac{C_{A0}x_A}{-r_A} = \frac{C_{A0}x_A}{kC_{A0}(1-x_A)} = \frac{0.8}{(0.25)(1-0.8)}$$
$$= 16 \text{h}$$
$$\therefore \quad V_m = 16 v_0 = 16 \times 0.5 = \underline{8 \text{ m}^3}$$

(2) 管型反応器の設計方程式は，例題 3.4 の式⑦から

$$\tau_p = \frac{V_p}{v_0} = \frac{1}{k}[-\ln(1-x_A)] = \frac{1}{0.25}[-\ln(1-0.8)]$$
$$= 6.44 \text{ h}$$
$$\therefore \quad V_p = 6.44 v_0 = 6.44 \times 0.5 = \underline{3.22 \text{ m}^3}$$

⑪ A → 2C $\quad r = kC_A$，$k = 0.04 \text{ s}^{-1}$

(1) 反応器入口での A の濃度は

$$C_{A0} = \frac{P_t y_{A0}}{RT} = \frac{(5 \times 1.013 \times 10^5)(0.8)}{(8.314)(150+273.2)} = 115.2 \text{ mol·m}^{-3}$$

(2) 管型反応器で一次気相反応を行う際の設計方程式

$$\tau_p = [-\varepsilon_A x_A - (1+\varepsilon_A)\ln(1-x_A)]/k \qquad ①$$
$$\delta_A = (-1+2)/1 = 1, \quad y_{A0} = 0.8$$
$$\varepsilon_A = \delta_A y_{A0} = (1)(0.8) = 0.8, \quad x_A = 0.7$$

諸数値を式①に代入すると

$$\tau_p = [-(0.8)(0.7) - (1+0.8)\ln(1-0.7)]/0.04$$
$$= \underline{40.2 \text{ s}}$$

(3) 空間時間 τ_p は次式のように書き換えられる．

$$\tau_p = \frac{V}{v_0} = \frac{V C_{A0}}{v_0 C_{A0}} = \frac{V C_{A0}}{F_{A0}} \qquad ②$$

供給原料中の成分 A の供給速度は，$F_{A0} = (3.6 \times 10^3)$ $(0.8)/3600 = 0.8 \text{ mol·s}^{-1}$ と換算でき，式②から反応器体積 V が算出できる．

$$\therefore \quad V = F_{A0}\tau_p/C_{A0} = (0.8)(40.2)/115.2 = \underline{0.279 \text{ m}^3}$$

⑫ A → 2C $\quad -r_A = kC_A$

設計方程式は，例題 3.5 の式③から

$$k\tau_p = k(V/v_0) = -\varepsilon_A x_A - (1+\varepsilon_A)\ln(1-x_A) \qquad ①$$

最初の操作条件では，$\varepsilon_{A,1} = \delta_A \cdot y_{A0,1} = [(-1+2)/1] \cdot$ $(0.8) = 0.8$，$x_{A,1} = 0.6$．これらの数値から

$$k\tau_{p,1} = k(V_1/v_{0,1})$$
$$= -(0.8)(0.6) - (1+0.8)\ln(1-0.6) = 1.170 \qquad ②$$

変更後の操作条件に対しては

$$\varepsilon_{A,2} = \delta_A \cdot y_{A0,2} = [(-1+2)/1] \cdot (0.6) = 0.6$$

$$x_{A,1} = 0.75$$

となり

$$k\tau_{p,2} = k(V_2/v_{0,2})$$
$$= -(0.6)(0.75) - (1+0.6)\ln(1-0.75)$$
$$= 1.768 \qquad ③$$

$V_1 = V_2$ が成立する．式②を式③で辺辺割ると

$$\frac{k\tau_{p,1}}{k\tau_{p,2}} = \frac{v_{0,2}}{v_{0,1}} = \frac{1.170}{1.768} = 0.662$$
$$\therefore \quad v_{0,2} = 0.662 v_{0,1} \qquad ④$$

原料の供給流量を元の流量の 66.2 % に落とせばよい．

⑬ A → R $\quad r_1 = 2C_A$[kmol·m^{-3}·h^{-1}]，

2A → S $\quad r_2 = 0.2C_A^2$[kmol·m^{-3}·h^{-1}]

(1) 各成分に対する反応速度は

$$r_A = -2C_A - 2(0.2C_A^2), \quad r_R = 2C_A, \quad r_S = 0.2C_A^2$$

成分 R と成分 S との反応速度の比をとると

$$r_R/r_S = 2C_A/0.2C_A^2 = 10/C_A$$

R の収率を高くするには，上式の値を大きくする必要があり，反応器内の成分 A の濃度を低く保てばよい．図 3.2 から CSTR 内では PFR に比較して反応原料の A の濃度 C_A が低くなるから CSTR の採用が望ましい．

(2) 各成分の物質収支式を式(3.34)に基づいて書くと

成分 A $\quad vC_{A0} - vC_A + r_A V = vC_{A0} - vC_A$
$$+ (-2C_A - 0.4C_A^2)V = 0 \qquad ⑤$$

成分 R $\quad vC_{R0} - vC_R + r_R V = 0 - vC_R + 2C_A V = 0$
$$⑥$$

成分 S $\quad vC_{S0} - vC_S + r_S V = 0 - vC_S + 0.2C_A^2 V = 0 \qquad ⑦$$

式⑤の両辺を v で割って，$V/v = \tau_m$ の関係を用いると

$$C_{A0} - C_A + r_A V/v = C_{A0} - C_A - (2C_A + 0.4C_A^2)\tau_m$$
$$= 0 \qquad ⑧$$

A の反応率が 80 %，反応器出口での A の濃度 C_A は

$$C_A = C_{A0}(1-x_A) = 10(1-0.8) = \underline{2 \text{ kmol·m}^{-3}} \qquad ⑨$$

この値を式⑧に代入すると空間時間 τ_m

$$\tau_m = \frac{C_{A0} - C_A}{2C_A + 0.4C_A^2} = \frac{10-2}{2(2)+0.4(2)^2} = \underline{1.429 \text{ h}}$$

次に，式⑥の両辺を v で割ると

$$-C_R + 2C_A \tau_m = 0$$

上式に，$C_A = 2$ kmol·m^{-3}，$\tau_m = 1.429$ h を代入すると

$$C_R = 2C_A \tau_m = (2)(2)(1.429) = \underline{5.72 \text{ kmol·m}^{-3}}$$

同様に，式⑦から

$$C_S = 0.2C_A^2 \tau_m = (0.2)(2)^2(1.429) = \underline{1.14 \text{ kmol·m}^{-3}}$$

量論式の第 1 式から，見掛けの量論係数 $\nu_R = 1$．式(3.44)の n を濃度 C に置き換えた次式から

$$Y_R = \frac{C_R - C_{R0}}{\nu_R C_{A0}} = \frac{5.72 - 0}{(1)(10)} = 0.572 = \underline{57.2 \text{ %}}$$

選択率 S_R は式(3.46)から

$$S_R = Y_R/x_A = 0.572/0.8 = 0.715 = \underline{71.5\%}$$

⑭ 式(3.59)に式(3.60)を代入した式から

$$25 - 15 = 10$$
$$= (310)(2.23 \times 10^5) x_A / (1020)(4.25 \times 10^3)$$
∴　反応率 $x_A = \underline{0.627}$

式(3.60)を用いると断熱温度上昇 ΔT_{ad} は

$$\Delta T_{ad} = (2.23 \times 10^5)(310)/(1020)(4.25 \times 10^3)$$
$$= 15.9 \text{ K}$$

反応率が100%のときの温度 T は式(3.59)から

$$T = (15 + 273.2) + 15.9 = 304.1 \text{K} = \underline{30.9 ℃}$$

第4章

[1] (1) 図aは沸点を縦軸にとり，対応するメタノールの液相組成 x(液相線；濃紺線)と気相組成 y(気相線－赤線)を示している．

図bは y 対 x の関係を示している．

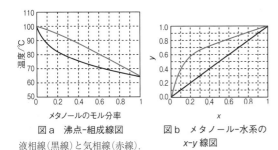

図a　沸点-組成線図
液相線(黒線)と気相線(赤線)．

図b　メタノール-水系の
x-y 線図

(2) 図aの横軸の $x = 0.25$ からの垂線と液相線との交点に対する縦軸の温度が沸点で，$\underline{79.7 ℃}$ である．次にその交点で水平線を引き，気相線との交点が蒸気組成で，その値は $y = \underline{0.627}$ である．

(3) 図aの縦軸 $T = 90$ ℃から水平線を引き，液相線と交わる点の横軸の値から $x = \underline{0.075}$，気相線と交わる点の横軸の値から $y = \underline{0.350}$ となる．

[2] 全圧 $P = 1$ atm $= 760$ mmHg，ベンゼン(低沸点成分)の蒸気圧 $P_A^0 = 1344$ mmHg，トルエンの蒸気圧 $P_B^0 = 559$ mmHg を式(4.3)の最右辺の式に代入すると

$$760 = 559 + (1344 - 559)x = 559 + 785 x \quad ①$$
$$∴ \quad x = 0.256 \quad ②$$

式(4.5)から，比揮発度 α は

$$\alpha = P_A^0 / P_B^0 = 1344 / 559 = 2.40 \quad ③$$

気相中のベンゼンのモル分率 y は，式(4.4)から

$$y = \frac{\alpha x}{1 + (\alpha-1)x} = \frac{(2.40)(0.256)}{1 + (2.40-1)(0.256)} = \underline{0.452}$$

[3] 式(4.3)で，$x = 0.20$ とおくと

$$P = P_A^0 x + P_B^0(1-x) = 0.2 P_A^0 + 0.8 P_B^0 \quad ①$$

上式で $P = 101.3$ kPa，P_A^0 と P_B^0 は温度 T[℃]の関数として与えられている．式①の両辺の差を表す式②を導き，$\Delta P = 0$ になる温度 T をトライアルで求める．

$$\Delta P = P - (0.2 P_A^0 + 0.8 P_B^0)$$
$$= 101.3 - (0.2 P_A^0 + 0.8 P_B^0) \quad ②$$

温度 T を98℃から104℃まで変えて，式②を計算し，$\Delta P = 0$ になる温度を探した．沸点 $T = \underline{102.1 ℃}$ が得られた．沸点でのベンゼンとトルエンの蒸気圧の計算値は

$$P_A^0 = 190.53 \text{ kPa} \quad P_B^0 = 79.02 \text{ kPa}$$

比揮発度 α は

$$\alpha = P_A^0 / P_B^0 = 190.53 / 79.02 = 2.411$$

蒸気相の組成は，式(4.4)から

$$y = \frac{\alpha x}{1 + (\alpha-1)x} = \frac{2.411(0.20)}{1 + (2.411-1)(0.20)} = \underline{0.376}$$

[4] 64.5℃と100℃における α は，問題の表からメタノール(低沸点成分)の蒸気圧を水の蒸気圧で割った値であり，二つの温度において

$$64.5 ℃：\alpha = 1 / 0.242 = \underline{4.13}$$
$$100 ℃：\alpha = 3.72 / 1 = \underline{3.72}$$

と計算でき，その幾何平均値は

$$\alpha_{av} = \sqrt{(4.13)(3.72)} = \underline{3.92}$$

次に，理想溶液を仮定して，この α_{av} を用いた次式から x-y 線図を計算し，それを下図の実線で示す．

$$y = \frac{\alpha x}{1 + (\alpha-1)x} = \frac{3.92 x}{1 + 2.92 x}$$

一方，下図の黒線は章末問題[1]の実測値である．計算値は実験値から偏倚しており，この系では式(4.4)が適用できないことを示している．

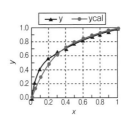

メタノール-水系の x-y 線図
x-y 線図(赤線)と実測値(黒線)との比較．

[5] 式(4.12)に，$\alpha = 2.48$，$x_0 = 0.40$，$x_1 = 0.25$，$L_0 = 100$ mol を代入すると

$$\ln \frac{100}{L_1} = \frac{1}{2.48-1} \Big[\ln \frac{0.40}{0.25} + 2.48 \ln \frac{1-0.25}{1-0.40} \Big]$$
$$= 0.6915$$
$$100 / L_1 = \exp(0.6915) = 1.997$$
$$∴ \quad L_1 = 100 / 1.997 = 50.1 \text{ mol} \quad ①$$

留出液の平均組成は式(4.8)から計算できて

$$\bar{x}_D = \frac{L_0 x_0 - L_1 x_1}{L_0 - L_1} = \frac{(100)(0.4) - (50.1)(0.25)}{100 - 50.1}$$
$$= 0.551 = \underline{55.1\%}$$

6 式(4.12)に，$\alpha = 2.48$, $x_0 = 0.50$, $L_1 = (2/3)L_0$ を代入すると

$$\ln \frac{L_0}{(2/3)L_0} = \frac{1}{2.48-1}[\ln \frac{0.50}{x_1} + 2.48 \ln \frac{1-x_1}{1-0.50}]$$

$$\ln \frac{3}{2} = \frac{1}{1.48}[\ln \frac{0.50}{x_1} + 2.48 \ln \frac{1-x_1}{0.5}]$$

上式を整理すると，次式が導ける．

$$F(x_1) = [\ln \frac{0.50}{x_1} + 2.48 \ln \frac{1-x_1}{0.50}] - 0.6001 = 0 \quad ①$$

式①を満足する x_1 の値を求める．x_1 の値は $0 < x_1 < 0.5$ の範囲にある．そこで，x_1 の値を 0.38 から 0.45 まで変化させて $F(x_1)$ の値を計算し，$F(x_1) = 0$ になる横軸の値を求めたところ $x_1 = 0.411$ を得た．

留出液の平均組成は，式 (4.8) の分母と分子をそれぞれ L_0 で割って，$L_1/L_0 = 2/3$ を代入すると

$$\bar{x}_D = \frac{L_0 x_0 - L_1 x_1}{L_0 - L_1} = \frac{x_0 - (L_1/L_0)x_1}{1 - L_1/L_0}$$

$$= \frac{0.5 - (2/3)(0.411)}{1 - 2/3}$$

$$= \underline{0.678}$$

7 式(4.13a)と式(4.13b)を適用すると

全物質収支：$200 = D + W$ ①

低沸点成分物質収支；$(200)(0.2) = 0.6 D + 0.05 W$ ②

両式を解くと

$$D = \underline{54.5 \text{ kmol·h}^{-1}} \qquad W = \underline{145.5 \text{ kmol·h}^{-1}}$$

8 式(4.13a)と式(4.13b)を適用すると

全物質収支；$200 = 65 + W$ ①

低沸点成分物質収支；$(200)(0.3) = (65)(0.8) + Wx_w$ ②

両式を解くと　$W = \underline{135 \text{ kmol}}$ $x_w = = \underline{5.93\%}$

低沸点成分の回収率 Y は，式(4.15)から計算できる．

$$Y = Dx_D / Fx_F = 65 \times 0.8 / 200(0.3) = 0.867 = \underline{86.7 \%}$$

9 式(4.14)から，留出液量 D と缶出液量 W は

$$D = \frac{x_F - x_W}{x_D - x_W} F = \frac{0.4 - 0.05}{0.95 - 0.05} \times 90 = \underline{35 \text{ kmol·h}^{-1}}$$

①

$$W = \frac{x_D - x_F}{x_D - x_W} F = \frac{0.95 - 0.40}{0.95 - 0.05} \times 90 = \underline{55 \text{ kmol·h}^{-1}}$$

②

濃縮部での操作線の方程式は，式(4.19)で $r = 1.5$, $x_D = 0.95$ とおき

$$y_n + 1 = \frac{r}{r+1} x_n + \frac{1}{r+1} x_D = \frac{1.5}{2.5} x_n + \frac{0.95}{2.5}$$

$$= 0.6 x_n + 0.38 \quad ③$$

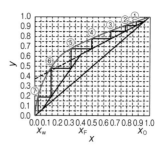

(1) MeOH－水系の $x-y$ 線図の横軸上に，$x_F = 0.40$, $x_D = 0.95$, および $x_W = 0.05$ を選ぶ．

(2) 操作線は留出液組成の対角線上の点 D $(x_D = 0.95)$ と操作線を表す式③の切片 $(y = 0.38)$ を結ぶ直線になる．原料組成 $x_F = 0.40$ に対する操作線上の点 Q (y_Q) は式③から

$$y_Q = 0.6 x_n + 0.38 = 0.6(0.4) + 0.38 = 0.62$$

原料は沸点の液として供給されるので，$q = 1$ となるので，点 Q と缶出液組成 $x_W = 0.05$ と対角線との交点 W を結ぶと回収部の操作線となる．

(3) 階段作図は点 A から出発する．段数は 6 段と 7 段の間にくるが，線図上の両段間の水平距離を 1 段として内分すると $0.76 \fallingdotseq 0.8$ 段になり，全段数は $6 + 0.8 = 6.8$ 段，リボイラーの 1 段を差し引き理論段数は <u>5.8 段</u>．原料供給段は両操作線の交点 Q を越えたところであって，塔頂から 5 段目になる．

10 式(4.14)から，留出液量 D と缶出液量 W は

$$D = \frac{x_F - x_W}{x_D - x_W} F = \frac{0.5 - 0.10}{0.9 - 0.10} \times 100 = \underline{50.0 \text{ kmol·h}^{-1}}$$

①

$$W = \frac{x_D - x_F}{x_D - x_W} F = \frac{0.90 - 0.50}{0.90 - 0.10} \times 100 = \underline{50 \text{ kmol·h}^{-1}}$$

②

最小還流比 r_{min} は式(4.27)より求められるが，$x_F = 0.5$ から垂直線を立ち上げ，$x-y$ 曲線との交点の縦軸座標から，$y_C = 0.713$ が得られる．したがって

$$r_{min} = \frac{x_D - y_C}{y_C - x_C} = \frac{0.9 - 0.713}{0.713 - 0.5} = \underline{0.878} \quad ③$$

実際の還流比 r は r_{min} の 1.5 倍に設定するから

$$r = 0.878 \times 1.5 = 1.32 \quad ④$$

濃縮部の操作線の方程式は，式 (4.19) で $r = 1.32$, $x_D = 0.90$ とおいた次式で与えられる．

$$y_{n+1} = \frac{r}{r+1} x_n + \frac{1}{r+1} x_D = \frac{1.32}{2.32} x_n + \frac{0.90}{2.32}$$

$$= 0.569 x_D + 0.388 \quad ⑤$$

階段作図法によって，段数を次の順序で計算する．

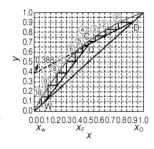

(1) $x-y$ 線図の横軸上に，$x_F = 0.50$，$x_D = 0.90$，および $x_W = 0.10$ を選ぶ．

(2) 操作線は留出液組成の対角線上の点 D ($x_D = 0.90$) と操作線を表す式③の切片 ($y = 0.388$) を結ぶ直線になる．原料組成 $x_F = 0.50$ に対する操作線上の点 Q (y_Q) は式③から

$$y_Q = 0.569\,x_n + 0.388 = 0.569(0.5) + 0.388 = 0.673$$

原料は沸点の液として供給されるので，$q = 1$ となるので，点 Q と缶出液組成 $x_W = 0.10$ と対角線との交点 W を結ぶと回収部の操作線となる．

(3) 階段作図は点 A から出発する．段数は 9 段と 10 段の間にくるが，線図上の両段間の水平距離を 1 段として内分すると 0.6 段になる．したがって，全段数は $9 + 0.6 = 9.6$ 段になる．リボイラーは 1 段とみなされるので差し引くと，理論段数は 8.6 段．原料供給段は両操作線の交点 Q を越えたところであり，塔頂から 4 段目．

(4) 塔効率 $\eta = 0.7$ であるから，実段数は $8.6 / 0.7 = 12.2 \doteqdot$ 13 段となる．

第 5 章

① 水 $1\,\mathrm{m}^3$ の質量は $1000\,\mathrm{kg}$ であり物質量は

$$1000 / 18 \times 10^{-3} = 55.56 \times 10^3\,\mathrm{mol \cdot m^{-3}}$$

水素が $0.815\,\mathrm{mol \cdot m^{-3}}$ 溶解している．全物質量濃度 C_t は

$$C_t = 55.56 \times 10^3 + 0.815 = 55.561 \times 10^3\,\mathrm{mol \cdot m^{-3}} \qquad ①$$

$p = 1.013 \times 10^5\,\mathrm{Pa}$，$C_A = 0.815\,\mathrm{mol \cdot m^{-3}}$，式(5.1)から

$$H = p / C_A = 1.013 \times 10^5 / 0.815$$
$$= 124.3 \times 10^3\,\mathrm{Pa \cdot m^3 \cdot mol^{-1}} \qquad ②$$

式(5.5)の右辺第 1 式と第 2 式を変形することにより

$$m = H C_t / P$$
$$= (124.3 \times 10^3)(55.561 \times 10^3)/1.013 \times 10^5$$
$$= 68.2 \times 10^3\,[-] \qquad ③$$

② 水 $1000\,\mathrm{cm}^3 = 1000\,\mathrm{g} = 1\,\mathrm{kg}$ について考える．溶解している酸素の濃度 C_A は

$$C_A = \frac{0.0444 / 32\,\mathrm{mol}}{1000 \times (10^{-2}\mathrm{m})^3} = 1.388\,\mathrm{mol \cdot m^{-3}} \qquad ①$$

水のモル濃度は

$$C_w = \frac{1 / (18 \times 10^{-3})}{1000 \times 10^{-6}} = 55.56 \times 10^3\,\mathrm{mol \cdot m^{-3}} \qquad ②$$

ヘンリー定数 H は，式(5.1)から

$$H = p / C_A = 1.013 \times 10^5\,\mathrm{Pa} / 1.388\,\mathrm{mol \cdot m^{-3}}$$
$$= 72.98 \times 10^3\quad \mathrm{Pa \cdot m^3 \cdot mol^{-1}} \qquad ③$$

全物質量濃度は，水と溶解水素の濃度の和であるが，溶解水素濃度の濃度は低いから

$$C_t \doteqdot C_w = 55.56 \times 10^3\,\mathrm{mol \cdot m^{-3}} \qquad ④$$

以上の数値を式(5.5)に順次代入すると

$$K = m P = H C_t = (1 / H') C_t$$
$$K = H C_t = (72.98 \times 10^3)(55.56 \times 10^3)$$
$$= 4.055 \times 10^9\,\mathrm{Pa \cdot (モル分率)^{-1}}$$
$$m = K / P = 4.055 \times 10^9 / 1.013 \times 10^5 = 40.03 \times 10^3$$
$$H' = 1 / H = 1/72.98 \times 10^3 = 1.37 \times 10^{-5}\,\mathrm{mol \cdot Pa^{-1} \cdot m^{-3}}$$

③ 5.3.1 項の諸量の単位 $[\mathrm{mol \cdot m^{-2} \cdot s^{-1}}]$ を $[\mathrm{mol}]$ と読み替えると，式(5.18)から，式(5.21)が適用できる．

空気中の NH_3 のモル分率を y_1 とすると，同伴の空気の量 $G_M{'}\,[\mathrm{mol}]$ は，式(5.18a)から

$$G_M{'} = 40(1 - y_1) = 40(1 - 0.015) = 39.4\,\mathrm{mol}$$

吸収液である水の量 $L_M{'}$ は $15\,\mathrm{mol}$ である．吸収の前後に対して式(5.19)が適用できる．

$$G_M{'}\left(\frac{y_1}{1-y_1} - \frac{y_2}{1-y_2}\right) = L_M{'}\left(\frac{x_2}{1-x_2} - \frac{x_1}{1-x_1}\right) \qquad ①$$

上式で，$G_M{'} = 39.4\,\mathrm{mol}$，$L_M{'} = 15\,\mathrm{mol}$，$y_1 = 0.015$，$x_1 = 0$ とおけば，平衡状態では次式が成立する．

$$y_2 = 0.76\,x_2 \qquad ②$$

これらの関係を式①に代入すると

$$39.4\left(\frac{0.015}{1-0.015} - \frac{y_2}{1-y_2}\right) = 15\left(\frac{x_2}{1-x_2}\right) \qquad ③$$

式③と式②を連立方程式としてトライアル計算で解く．y_2，x_2 は 1 に比較して小さいから式③は次式のように近似できる．

$$39.4(0.01523 - y_2) = 15\,x_2 \qquad ④$$

この式に式②を代入すると

$$0.0152 - 0.76\,x_2 = (15 / 39.4)x_2 = 0.381\,x_2$$
$$\therefore\ x_2 = 0.0133$$
$$y_2 = 0.76\,x_2 = (0.76)(0.0133) = 0.0101$$

トライアル計算の結果は，$x_2 = 0.0132$，$y_2 = 0.010$，両者に大差はない．

④ 式(5.12)より

$$\frac{1}{K_G} = \frac{1}{k_G} + \frac{H_A}{k_L} = \frac{1}{3.33 \times 10^{-6}} + \frac{1.37}{1.06 \times 10^{-4}}$$
$$= 3.132 \times 10^5$$
$$\therefore\ K_G = 3.19 \times 10^{-6}\,\mathrm{mol \cdot m^{-3} \cdot Pa^{-1} \cdot s^{-1}}$$

⑤ (1) 水中のアンモニア濃度 $C_A = 700\,\mathrm{mol \cdot m^{-3}}$ に平衡な気相アンモニア分圧 $p_A{}^*$ は

$$p_A{}^* = 1.76\,\mathrm{Pa \cdot m^3 \cdot mol^{-1}} \times 700\,\mathrm{mol \cdot m^{-3}} = 1.23 \times 10^3\,\mathrm{Pa}$$
$$< 2 \times 10^3\,\mathrm{Pa}$$

空気中のアンモニア分圧は平衡線より上側にあるから、下線_吸収が進行する.

(2)式(5.12)より

$$\frac{1}{K_G} = \frac{1}{k_G} + \frac{H_A}{k_L} = \frac{1}{5.0 \times 10^{-6}} + \frac{1.76}{7.0 \times 10^{-5}}$$
$$= 200 \times 10^3 + 25.14 \times 10^3 = 225.1 \times 10^3$$
$$\therefore \quad K_G = 4.44 \times 10^{-6} \text{ mol·m}^{-3}\text{·Pa}^{-1}\text{·s}^{-1}$$

気相抵抗 $= 1 / k_G = 200 \times 10^3$,

全抵抗 $= 1 / K_G = 225.1 \times 10^3$

気相抵抗の割合 $= 200 \times 10^3 / 225.1 \times 10^3 = 0.888$
$= \underline{88.9\%}$;気相抵抗が支配的である.

(3)式(5.11)から

$$N_A = K_G(p_A - H_A C_A)$$
$$= 4.44 \times 10^{-6}(2 \times 10^3 - 1.76 \times 700)$$
$$= \underline{3.41 \times 10^{-3} \text{ mol·m}^{-2}\text{·s}^{-1}}$$

6 アンモニアのモル分率 $y_1 = 50 / 760 = 0.06579$

アンモニアの分圧 $= Py_1 = (1.013 \times 10^5)(0.06579)$
$= 6.66 \times 10^3$ Pa

空気の体積流量 $v = 200 \text{ m}^3\text{·h}^{-1}$ をモル流量に直すと

$$F_t = \frac{Pv}{RT} = \frac{(1.013 \times 10^5)(200/3600)}{(8.314)(27+273.2)} = 2.255 \text{ mol·s}^{-1}$$

アンモニアのモル流量 F_A は

$$F_A = Fy_1 = (2.255)(0.06579) = 0.1484 \text{ mol·s}^{-1}$$

吸収されるアンモニア量は入口流量の90%であるから

アンモニアの吸収量 $= (0.1484)(0.90) = 0.1336 \text{ mol·s}^{-1}$

吸収液の水のモル流量 $L_M'[\text{mol·s}^{-1}]$ は

$$L_M' = (1000/3600) / 18 \times 10^{-3} = 15.43 \text{ mol·s}^{-1}$$

塔底から排出される吸収液中のアンモニアのモル分率を x_1 とおくと、式(5.19)右辺の $x_2 = 0$ とおいた次式を用いて

$$\text{吸収量} = L_M'\left(\frac{x_1}{1-x_1} - 0\right) \fallingdotseq L_M' x_1$$

$$0.1336 = 15.43 \frac{x_1}{1-x_1} \fallingdotseq 15.43 x_1$$

$$\therefore \quad x_1 = \underline{8.66 \times 10^{-3}}$$

7 吸収アンモニアのモル流量 F_A は

$$F_A = (30 \times 10^3 \text{ mol·h}^{-1})(0.15)(0.95) = 4275 \text{ mol·h}^{-1}$$

アンモニアの分子量は $17 \times 10^{-3} \text{ kg·mol}^{-1}$ であるから、アンモニアの質量流 $w_A[\text{kg·h}^{-1}]$ は

$$w_A = 4275 \times 17 \times 10^{-3} = 72.68 \text{ kg·h}^{-1}$$

水の最小流量を $L[\text{kg·h}^{-1}]$ とすると、アンモニアの水への溶解度が $5\text{g·}(100\text{g} - \text{水})^{-1} = 5 \text{ kg·}(100 \text{ kg} - \text{水})$ であるから、アンモニアに対して次の物質収支式が成立する.

$$w_A = 72.68 = (L / 100) \times 5 = 0.05 L$$
$$\therefore \quad L = 72.68 / 0.05 = \underline{1453.6 \text{ kg·h}^{-1}}$$

8 希薄系として計算する. 下図にモル分率で表した平衡式、ならびに塔底と塔頂の座標を示す.

(1)吸収塔の塔頂でのメタノールのモル分率 y_2 は

$$y_2 = y_1(1-0.95) = (0.02)(1-0.95) = \underline{0.001}$$

(2) 溶質ガスの濃度が希薄なときの最小液ガス比 $(L_M/G_M)_{\min}$ は、式(5.22)から計算できる. x_1^* は $y_1 = 0.02$ に対する平衡な液組成であり、平衡式から

$$x_1^* = y_1 / 0.25 = 0.02 / 0.25 = 0.08$$

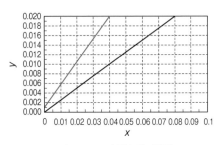

メタノール-水系のガス吸収

塔頂での水中のメタノールのモル分率 $x_2 = 0$ であるから、式(5.22)から

$$(L_M / G_M)_{\min} = \frac{y_1 - y_2}{x_1^* - x_2} = \frac{0.02 - 0.001}{0.08 - 0} = \underline{0.2375}$$

(3)実際の液ガス比は $(L_M / G_M)_{\min}$ の2倍で操作するから

$$(L_M / G_M) = 0.2375 \times 2 = \underline{0.475}$$

操作線は式(5.21-b)で与えられ、$x_2 = 0$、$y_2 = 0.001$

$$y = (L_M / G_M)(x - x_2) + y_2 = 0.475x + 0.001 \quad ①$$

(4)平衡線と操作線がともに直線であるから、式(5.32)と式(5.33)を用いて N_{OG} の値を計算する. 塔底では $y_1 = 0.02$ であり、それに対する液組成 x_1 は式①から

$$x_1 = (0.02 - 0.001) / 0.475 = 0.04$$

となり、それに対する平衡気相組成 y_1^* は

$$y_1^* = (0.25)(0.04) = 0.01$$

となり、塔底での物質移動の推進力 δ_1 は

$$\delta_1 = y_1 - y_1^* = 0.02 - 0.01 = 0.01$$

同様に塔頂では、$y_2 = 0.001$、$x_2 = 0$、$y_2^* = 0$ であるから

$$\delta_2 = 0.001 - 0 = 0.001$$

これらの数値を式(5.35)に代入すると、推進力の対数平均値は

$$\delta_{lm} = (y-y^*)_{lm} = \frac{0.01-0.001}{\ln(0.01/0.001)} = \frac{9 \times 10^{-3}}{2.303} = 3.91 \times 10^{-3}$$

この数値を式(5.35)に代入すると、移動単位数 N_{OG} は

$$N_{OG} = \frac{0.02 - 0.001}{3.91 \times 10^{-3}} = \underline{4.86}$$

(5) $H_{OG} = 0.8$ m,塔高 Z は式(5.30)から

$$Z = H_{OG} N_{OG} = (0.8)(4.86) = \underline{3.89 \text{ m}}$$

9 希薄系として計算する. 下図にモル分率で表した平衡式、ならびに塔底と塔頂の座標を示す.

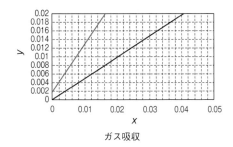

ガス吸収

吸収塔の塔底と塔頂での可溶性ガスのモル分率は

$$y_1 = 0.02, \quad y_2 = 0.002$$

可溶性ガスの濃度が希薄なときの最小液ガス比 $(L_M / G_M)_{min}$ は，式 (5.22) から計算できる．式中の x_1^* は $y_1 = 0.02$ に対する平衡な液組成であり，平衡式から

$$x_1^* = y_1 / 0.5 = 0.02 / 0.5 = 0.04$$

塔頂での水中のガスのモル分率 $x_2 = 0$ であるから

$$(L_M / G_M)_{min} = \frac{y_1 - y_2}{x_1^* - x_2} = \frac{0.02 - 0.002}{0.04 - 0} = 0.45$$

実際の液ガス比は $(L_M / G_M)_{min}$ の 2.5 倍で操作するから

$$(L_M / G_M) = 0.45 \times 2.5 = 1.125$$

操作線は式 (5.21-b) で，$x_2 = 0$，$y_2 = 0.002$ であるから

$$y = (L_M / G_M)(x - x_2) + y_2 = 1.125x + 0.002 \quad ①$$

(4) 平衡線と操作線がともに直線であるから，式 (5.34) と式 (5.35) を用いて N_{OG} の値を計算する．塔底では $y_1 = 0.02$ であり，それに対する液組成 x_1 は式①から

$$x_1 = (0.02 - 0.002) / 1.125 = 0.016$$

平衡気相組成 y_1^* と塔底での物質移動の推進力 δ_1 は

$$y_1^* = (0.5)(0.016) = 0.008$$

$$\delta_1 = y_1 - y_1^* = 0.02 - 0.008 = 0.012$$

同様に塔頂では，$y_2 = 0.002$，$x_2 = 0$，$y_2^* = 0$ であるから

$$\delta_2 = 0.002 - 0 = 0.002$$

式 (5.34) から，推進力の対数平均値は

$$\delta_{lm} = \frac{\delta_1 - \delta_2}{\ln[\delta_1 / \delta_2]} = \frac{0.012 - 0.002}{\ln[0.012 / 0.002]} = 5.581 \times 10^{-3}$$

この数値を式 (5.35) に代入すると，移動単位数 N_{OG} は

$$N_{OG} = \frac{y_1 - y_2}{\delta_{lm}} = \frac{0.02 - 0.002}{5.581 \times 10^{-3}} = 3.225$$

式 (5.31) で，$G_M / L_M = 1 / (L_M / G_M) = 1 / 1.125 = 0.8889$

$$H_{OG} = H_G + H_L \left(\frac{mG_M}{L_M}\right) = 0.7 + (0.5)(0.5)(0.8889)$$

$$= 0.9222$$

(5) $H_{OG} = 0.8$ m であるから，塔高 Z は式 (5.30) から

$$Z = H_{OG} N_{OG} = (0.9222)(3.225) = \underline{2.97 \text{ m}}$$

10 流通系に対する理想気体法則，$Pv = F_RT$ [式 (3.21b)] を利用すると，25 ℃，1.2 atm における供給ガス流量 700 m^3·h^{-1} は

$$G_M S_t = \frac{Pv_G}{RT} = \frac{(1.2)(1.013 \times 10^5)(700 / 3600)}{(8.314)(25 + 273.2)}$$

$$= 9.534 \text{ mol·s}^{-1}$$

その分子量は空気の値 = 29×10^{-3} kg·mol^{-1} に近似できるとすると，質量速度 w [kg·s^{-1}] は

$$w = (9.534 \text{ mol·s}^{-1})(29 \times 10^{-3} \text{ kg·mol}^{-1})$$

$$= 0.2765 \text{ kg·s}^{-1}$$

許容されるガスの質量速度 G_a はフラッディング質量速度 2480 kg·m^{-2}·h^{-1} の 50 % であるから

$$G_a = (2480 \text{ kg·m}^{-2}·\text{h}^{-1}) / 3600 \times 0.5 = 0.345 \text{ kg·m}^{-2}·\text{s}^{-1}$$

これらの数値を式 (5.36) に代入すると

$$(\pi / 4) d^2 G_a = w \rightarrow (3.14 / 4) d^2 \times 0.345 = 0.2765$$

$$\therefore \quad d = \underline{1.01 \text{ m}}$$

第 6 章

1 三角線図の頂点に溶質の酢酸 A，底辺左端に原溶媒の水 B，底辺右端に溶剤のクロロホルム C をとる．抽残相のデータの x_{CR} を横軸に，x_{AR} を縦軸にとってプロットすると，図 a の左側に抽残相の溶解度曲線が描ける．抽出相のデータから右側に抽出相の溶解度曲線が描ける．データ番号が同じ点を結ぶ直線が対応線を表す．図 b は同一データ番号の x_{AR} を横軸に，x_{AE} を縦軸にとった平衡曲線である．

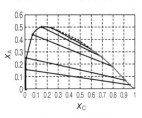

図 a 溶解度曲線　　図 b 平衡曲線

2

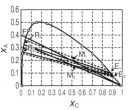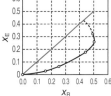

図 a 溶解度曲線　　図 b 平衡曲線

(1) 原料 F と溶剤 S の混合液 M_1 の組成は，原料点 F と溶剤点 C を結ぶ直線上にあり，その縦軸座標 x_{M1} は式 (6.12) より

$$x_{M1} = \frac{Fx_F}{F + S_1} = \frac{(100)(0.40)}{100 + 100} = 0.2$$

となるから，点 M_1 の位置が図上に定まる．

点 M_1 の近傍を通る対応線（2本の点線）を図 b を用いて引き，それらを参考に点 M_1 を通る対応線 $R_1M_1E_1$ が引ける．点 R_1，E_1 点の縦座標の値が，抽出液と抽出液の溶質組成 x_{R1} と x_{E1} をそれぞれ与える．図より

$$x_{R1} = 0.325, \quad x_{E1} = 0.100$$

これらの値を式(6.15)，(6.20)に代入すると，1回目の抽出液 E_1 と抽残液 R_1 の量は，次のように計算できる．

$$E_1 = M_1 \cdot \frac{x_{M1} - x_{R1}}{x_{E1} - x_{R1}} = (200) \cdot \frac{0.2 - 0.325}{0.10 - 0.325} = \underline{111.1 \text{kg}}$$

$$R_1 = M_1 - E_1 = 200 - 111.1 = \underline{88.9 \text{ kg}}$$

溶質の回収率 Y_1 は式(6.16)から

$$Y_1 = \frac{E_1 x_{E1}}{F x_F} = \frac{(111.1)(0.10)}{(100)(0.4)} = 0.278 = \underline{27.8\%}$$

(2) 2回目の抽出では，$R_1 = 88.9$ kg を原料にし，それに溶剤 $S_2 = 100$ kg を混合して抽出する．抽残液混合液 M_2 の質量は

$$M_2 = R_1 + S_2 = 88.9 + 100 = 188.9 \text{ kg}$$

式(6.19)から，混合液の組成 x_{M2} は

$$x_{M2} = \frac{R_1 x_{R1}}{M_2} = \frac{(88.9)(0.325)}{188.9} = 0.153$$

抽残液 R_1 と溶剤 S を結ぶ直線上で縦軸座標が 0.153 の点が混合液 M_2 の組成を表す．その点 M_2 を通る対応線 R_2E_2 を図 b の平衡線を利用して引き，溶解度曲線との交点の縦座標の値から，2回目の抽出によって得られた抽残液 R_2 と抽出液 E_2 の組成が以下のように求まった．

$$x_{R2} = 0.270, \quad x_{E2} = \underline{0.070}$$

これらの値を式(6.20)に代入すると，2回目の抽出液 E_2 と抽残液 R_2 の量は

$$E_2 = M_2 \cdot \frac{x_{M2} - x_{R2}}{x_{E2} - x_{R2}} = (188.9) \cdot \frac{0.153 - 0.270}{0.070 - 0.270} = \underline{110.5 \text{kg}}$$

$$R_2 = M_2 - E_2 = 188.9 - 110.5 = \underline{78.4 \text{ kg}}$$

(3) 2回にわたる多回抽出での総括回収率は式(6.21)から

$$Y = \frac{E_1 x_{E1} + E_2 x_{E2}}{F x_F} = \frac{(111.1)(0.10) + (110.5)(0.070)}{(100)(0.4)}$$

$$= 0.471 = \underline{47.1 \%}$$

多回抽出操作によって溶質 A の回収率は単抽出での回収率の 27.8 % から 42.2 % に向上した．

③ 酢酸－水－クロロホルム系の溶解度曲線を図 a，平衡曲線を図 b に示す．以下の順序で作図する．

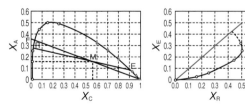

図 a　溶解度曲線　　　図 b　平衡曲線

(1) 縦軸上に原料組成の $x_F = 0.36$（点 F）をとり，線図の底辺の右端 C を結ぶ直線 FC を引く．（2 図 b の平衡曲線で抽残液の組成 $x_R = 0.28$ に対応する抽出液の組成が $x_E = 0.08$ であるから，それぞれの値を図 a の溶解度曲線上に R と E で表すと，直線 RE が対応線となる．（3）対応線 RE と直線 FC との交点を M とする．その縦座標の値は，$x_M = 0.155$ となった．（4）原料 F と溶剤 S の混合液の溶質組成が点 M の $x_M = 0.155$ になるようにすれば，その混合液は抽残液 R と抽出液 E の 2 相に分離できて，抽出液中の溶質（酢酸）組成が所望の 0.28 になる．

溶剤の量を S[kg] とすると次の物質収支式が成立する．

$$F + S = M \qquad\qquad ①$$

$$F x_F = M x_M \qquad\qquad ②$$

式②に $F = 100$ kg，$x_F = 0.36$，$x_M = 0.155$ を代入すると

$$M = 232.3 \text{kg} \qquad\qquad ③$$

式③を式①に代入すると，加えるべき溶剤の量 S は

$$S = M - F = 232.3 - 100 = \underline{132.3 \text{ kg}}$$

さらに，抽出液の量 E と抽残液の量 R_1 は式(6.20)より

$$E_1 = M_1 \cdot \frac{x_{M1} - x_{R1}}{x_{E1} - x_{R1}} = (232.3) \cdot \frac{0.155 - 0.280}{0.08 - 0.280} = \underline{145.2 \text{kg}}$$

$$R_1 = M_1 - E_1 = 232.3 - 145.2 = \underline{87.1 \text{ kg}}$$

④

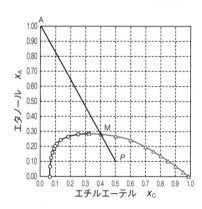

溶解度曲線

黒線は抽残相（水相），赤線は抽出相（エーテル相）．

エタノール－水－エチルエーテルの溶解度平衡を上図に示す．点 P は，エタノール 10 %，水 40 %，エチルエーテル 50 % の溶液を表す．溶質 A（エタノール）と溶液 P の混合液 M の組成は，直線 AP 上にある．混合液が 2 相に分離しないためには，混合点 M は溶解度曲線の外側にこなければならない．その境界点は混合点 M が直線 AP と溶解度曲線と交わるときである．

交点 M の縦座標の値 x_M は図より 0.273 であり，点 P の縦座標 x_P は 0.1 であるから，次の物質収支式が書ける．

全物質：$P+A = 100+A = M$ ①
溶質：$Mx_M = Px_P + A \times 1.0$ ②
式②は次式のように書き換えられる.
$(100+A)(0.273) = (100)(0.1) + A$ ③
∴ $A = \underline{23.8 \text{ kg}}$

⑤

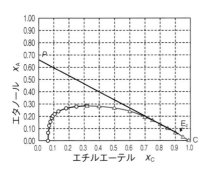

溶解度曲線
黒線は抽残相（水相），赤線は抽出相（エーテル相）.

　例題6.1で得られた抽出液 E_2 の組成は上記の三角線図の点 E_2 で表される. その縦座標の値は $x_{E2} = 0.053$ である.

　点 E_2 と溶剤100％の点Cとを結ぶ直線を上方に延長して縦軸との交点をPとする. 抽出液 E_2 はPで表されるエタノール水溶液と溶剤エチルエーテルCの混合物と考えられる. 抽出液から溶剤Cを除去していくと，抽出濃度は直線 CE_2P 上を上昇していき，完全に溶剤が除去されると点Pのエタノール水溶液になる. そのときの組成は，図から
エタノールの分率 $= \underline{0.66}$，水の分率 $= 1-0.66 = \underline{0.34}$

第7章

① $v = (\pi/4)d_2^2 \bar{u} = (3.14/4)(50 \times 10^{-3})^2(2.5)$
$= \underline{4.91 \times 10^{-3} \text{ m}^3 \cdot \text{s}^{-1}}$
$w = \bar{u}\rho = 4.91 \times 10^{-3})(900) = \underline{4.42 \text{ kg} \cdot \text{s}^{-1}}$

② 体積流量を s 単位で表すと
$v = 30 \text{ m}^3 \cdot \text{h}^{-1} = 30/3600 = 8.33 \times 10^{-3} \text{ m}^3 \cdot \text{s}^{-1}$
管の断面積 S は
$S = (\pi/4)d^2 = (3.14/4)(70 \times 10^{-3})^2$
$= 3.847 \times 10^{-3} \text{ m}^2$
平均流速 $\bar{u}$ は v/S で与えられるから
$\bar{u} = v/S = 8.33 \times 10^{-3}/3.847 \times 10^{-3} = \underline{2.17 \text{ m} \cdot \text{s}^{-1}}$

③ 水槽の水面を①，水槽底部の孔の位置を②とおき，ベルヌーイの定理の式(7.13)を適用する. 水槽が大きく，水の流出が続いても水面の位置は変化しないと近似できるので，$\bar{u}_1 = 0$. 水面と管出口での圧力はともに大気圧である. 式(7.13)から
$Z_1 = Z_2 + \bar{u}_2^2/2g$ ∴ $\bar{u}_2 = \sqrt{2g(Z_1 - Z_2)}$

水槽底面を基点にとる. $Z_1 = 5$ m, $Z_2 = 1$ m とおけるから
$\bar{u}_2 = \sqrt{2(9.8)(5-1)} = \underline{8.85 \text{ m} \cdot \text{s}^{-1}}$

④ 式(7.15b)から，流体1 kg を輸送するために必要な仕事 $W_m[\text{J} \cdot \text{kg}^{-1}]$ が計算できる.
$W_m = (Z_2 - Z_1)g + (1/2)(\bar{u}_2^2 - \bar{u}_1^2) + (P_2 - P_1)/\rho + F_m$
地下タンクの水面を①，管出口を②とおく. 地下タンクは大きいので，水の流出速度 $\bar{u}_1 = 0$ とみなせる. 一方，管出口での水の流速 $\bar{u}_2$ は
$\bar{u}_2 = \dfrac{(35/3600) \text{ m}^3 \cdot \text{s}^{-1}}{(\pi/4)(80.7 \times 10^{-3} \text{ m})^2} = 1.902 \text{ m} \cdot \text{s}^{-1}$
$Z_2 - Z_1 = 30$ m, $P_1 = P_2$, $F_m = 16 \text{ J} \cdot \text{kg}^{-1}$ を式(7.15b)に代入すると
$W_m = 30 \times 9.8 + (1/2)(1.902^2 - 0) + 0 + 16$
$= \underline{312 \text{ J} \cdot \text{kg}^{-1}}$

⑤ 式(7.15b)が適用できて，管入口を①，出口を②とする.
$W_m = (Z_2 - Z_1)g + (1/2)(\bar{u}_2^2 - \bar{u}_1^2) + (P_2 - P_1)/\rho + F_m$
ここで，$Z_2 - Z_1 = 5$ m, $\bar{u}_1 = \bar{u}_2$, $P_1 = 1$ atm, $P_2 = 1.5$ atm, $\rho = 1000 \text{ kg} \cdot \text{m}^{-3}$, $W_m = 150 \text{ J} \cdot \text{kg}^{-1}$ である. これらの数値を式(7.15b)に代入すると F_m の値が求まる.
$150 = (5)(9.8) + 0 + (1.5-1)(1.013 \times 10^5)/1000 + F_m$
∴ $F_m = \underline{50.4 \text{ J} \cdot \text{kg}^{-1}}$

⑥ 流速 $\bar{u}$ は
$\bar{u}_2 = \dfrac{(4/3600) \text{ m}^3 \cdot \text{s}^{-1}}{(\pi/4)(25 \times 10^{-3} \text{ m})^2} = 2.26 \text{ m} \cdot \text{s}^{-1}$
レイノルズ数 Re は
$Re = \dfrac{d\bar{u}\rho}{\mu} = \dfrac{(0.025)(2.26)(850)}{0.85 \times 10^{-3}} = 5.65 \times 10^4 > 4000$
したがって，<u>乱流である</u>.

⑦ 流速 $\bar{u}$ は
$\bar{u}_2 = \dfrac{(12/3600) \text{ m}^3 \cdot \text{s}^{-1}}{(\pi/4)(52.9 \times 10^{-3} \text{ m})^2} = 1.52 \text{ m} \cdot \text{s}^{-1}$
レイノルズ数 Re は
$Re = \dfrac{d\bar{u}\rho}{\mu} = \dfrac{(52.9 \times 10^{-3})(1.52)(900)}{0.08} = 904.6 < 2100$
したがって，層流である.
層流の場合の管摩擦係数 f は，式(7.22)から
$f = 16/Re = 16/904.6 = 0.0177$
摩擦損失は，式(7.21)のファニングの式から
$F_m = 4f \dfrac{\bar{u}_2}{2} \cdot \dfrac{L}{d} = (4)(0.0177)\dfrac{(1.52)^2(1.5 \times 10^3)}{(2)(52.9 \times 10^{-3})}$
$= \underline{2319 \text{ J} \cdot \text{kg}^{-1}}$
この摩擦損失に相当する圧力降下 ΔP は，ハーゲン・ポアズイユの式(7.23)から
$\Delta P = \dfrac{32\mu L \bar{u}}{d^2} = \dfrac{(32)(0.08)(1.5 \times 10^3)(1.52)}{(52.9 \times 10^{-3})^2}$
$= \underline{2.09 \times 10^6 \text{ Pa}}$

⑧ 流速 $\bar{u}$ は

$$\bar{u}_2 = \frac{(27/3600)\ \mathrm{m^3 \cdot s^{-1}}}{(\pi/4)(67.9 \times 10^{-3}\mathrm{m})^2} = 2.07\ \mathrm{m \cdot s^{-1}}$$

レイノルズ数 Re は

$$Re = \frac{d\bar{u}\rho}{\mu} = \frac{(67.9 \times 10^{-3})(2.07)(1000)}{1 \times 10^{-3}}$$
$$= 1.41 \times 10^5\ (乱流)$$

図7.6の粗面管の曲線より，管摩擦係数 f の値は $f = 0.005$.

管路の挿入物の相当長さの合計 L_e は，$d = 67.9 \times 10^{-3}$ より

$$Le = (32 \times 4 + 300 + 170)d = (598)(67.9 \times 10^{-3}) = 40.6\ \mathrm{m}$$

管路の長さ $L = 125 + 40.6 = 165.6\ \mathrm{m}$ になる．式(7.21)のファニング式からエネルギー損失を計算すると

$$\sum F_m = 4f \frac{\bar{u}_2}{2} \cdot \frac{L}{d} = (4)(0.005)\frac{(2.07)^2(165.6)}{(2)(67.9 \times 10^{-3})}$$
$$= 104.5\ \mathrm{J \cdot kg^{-1}}$$

$\sum F_m$ に相当する圧力損失 ΔP は，式(7.20)から

$$\Delta P = \rho F_m = (1000)(104.5) = 1.045 \times 10^5\ \mathrm{Pa}$$

⑨ ④から $W_m = 312\ \mathrm{J \cdot kg^{-1}}$

水の体積流量 $v = 35\ \mathrm{m^3 \cdot h^{-1}}$ なので質量流量 $w[\mathrm{kg \cdot s^{-1}}]$ は

$$w = (35)(1000)/3600 = 9.72\ \mathrm{kg \cdot s^{-1}}$$

これらの数値を式(7.30)に代入すると

$$L_S = \frac{W_m \cdot w}{\eta} = \frac{(312)(9.72)}{0.6} = 5.05 \times 10^3\ \mathrm{W} = \underline{5.05\ \mathrm{kW}}$$

⑩ 流速 $\bar{u}_2$ は

$$\bar{u}_2 = \frac{(14/3600)\ \mathrm{m^3 \cdot s^{-1}}}{(\pi/4)(80.7 \times 10^{-3}\ \mathrm{m})^2} = 0.761\ \mathrm{m \cdot s^{-1}}$$

レイノルズ数 Re は

$$Re = \frac{d\bar{u}\rho}{\mu} = \frac{(80.7 \times 10^{-3})(0.761)(850)}{65 \times 10^{-3}} = 803.1\ (層流)$$

層流の管摩擦係数 f は，式(7.22)から計算できて

$$f = 16/Re = 16/803.1 = 0.0199$$

摩擦損失は式(7.21)のファニングの式から計算できる．

$$F_m = 4f \frac{\bar{u}_2}{2} \cdot \frac{L}{d} = (4)(0.0199)\frac{(0.761)^2(700)}{(2)(80.7 \times 10^{-3})}$$
$$= 200.0\ \mathrm{J \cdot kg^{-1}}$$

流体1kgを輸送するときに必要な仕事 W_m は式(7.15b)から計算できる．貯槽の水面を①，管出口を②で表す．

$$W_m = (Z_2 - Z_1)g + (1/2)(\bar{u}_2{}^2 - \bar{u}_1{}^2) + (P_2 - P_1)/\rho + F_m \tag{7.15b}$$

水平管路であるから，$Z_2 - Z_1 = 0$，大きな貯槽であるから，$\bar{u}_1 = 0$，面①と面②はともに大気圧に等しく $P_2 - P_1 = 0$，また，$F_m = 200.0\ \mathrm{J \cdot kg^{-1}}$ である．これらの数値を式(7.15b)に代入すると，仕事 $W_m[\mathrm{J \cdot kg^{-1}}]$ は

$$W_m = (1/2)\bar{u}_2{}^2 + F_m$$
$$= (0.761)^2/2 + 200 = 200.3\ \mathrm{J \cdot kg^{-1}}$$

流体輸送の動力（軸動力）L_S は，式(7.30)から

$$L_S = W_m w / \eta\ [\mathrm{W}] \tag{7.30}$$

w は流体の質量流量＝体積流量 v と流体密度 ρ から次式によって算出できる．η は流体輸送機の効率である．

$$w = (14)(850)/3600 = 3.306\ \mathrm{kg \cdot s^{-1}}$$
$$L_S = (200.3)(3.306)/0.6 = 1.10 \times 10^3 = \underline{1.10\ \mathrm{kW}}$$

第8章

① 式(8.2)で，$A = 1\ \mathrm{m^2}$ とおいて

$$q = \frac{T_1 - T_2}{x/kA} = \frac{230 - 80}{100 \times 10^{-3}/(0.75)(1)}$$
$$= 1.125 \times 10^3\ \mathrm{J \cdot m^{-2} \cdot s^{-1}}$$
$$= 1.125 \times 10^3 \times 3600\ \mathrm{J \cdot m^{-2} \cdot h^{-1}} = \underline{4.05 \times 10^6\ \mathrm{J \cdot m^{-2} \cdot h^{-1}}}$$

② 式(8.2)から，耐火レンガ層と断熱レンガ層の熱伝導抵抗 R_1, $R_2[\mathrm{s \cdot K \cdot J^{-1}}]$ は

$$R_1 = \frac{x_1}{k_1 A_1} = \frac{110 \times 10^{-3}}{(1.2)(1)} = 0.09167$$
$$R_2 = \frac{x_2}{k_2 A_2} = \frac{230 \times 10^{-3}}{(0.85)(1)} = 0.2706$$

これらの数値を式(8.3)に代入すると，熱伝導による伝熱速度 q が計算できる．

$$q = \frac{\Delta T_1}{R_1} = \frac{\Delta T_2}{R_2} = \frac{\Delta T}{\sum R} = \frac{860 - 145}{0.09167 + 0.2706}$$
$$= 1.974 \times 10^3\ \mathrm{J \cdot m^{-2} \cdot s^{-1}}$$
$$= (1.974 \times 10^3)(3600)\ \mathrm{J \cdot m^{-2} \cdot h^{-1}}$$
$$= 7.11 \times 10^6\ \mathrm{J \cdot m^{-2} \cdot h^{-1}} = \underline{7.11 \times 10^3\ \mathrm{kJ \cdot m^{-2} \cdot h^{-1}}}$$

次に，式①の右辺第1項の $\Delta T_1/R_1$ に着目すると

$$\Delta T_1 = 860 - T_2 = qR_1 = (1.974 \times 10^3)(0.09167)$$
$$= 181.0\ \mathrm{℃}$$
$$\therefore\ T_2 = 860 - 181 = \underline{679\ \mathrm{℃}}$$

両方のレンガが接している面の温度 T_2 が求まった．

③ 円筒状固体内の熱伝導における伝熱速度 q は式(8.8)から，伝熱面積の対数平均値 A_{lm} は式(8.7)から，それぞれ計算できる．

$$A_{lm} = \frac{(A_2 - A_1)}{\ln(A_2/A_1)} = \frac{2\pi L(r_2 - r_1)}{\ln(r_2/r_1)}$$
$$= \frac{2\pi(1)(125 - 50) \times 10^{-3}}{\ln(125/50)}$$
$$= 0.514\ \mathrm{m^2}$$

この値を式(8.8)に代入すると

$$q = \frac{k A_{lm}(T_1 - T_2)}{(r_2 - r_1)} = \frac{(0.15)(0.514)(100 - 15)}{(125 - 50) \times 10^{-3}}$$
$$= 87.38\ \mathrm{J \cdot s^{-1}}$$
$$= 315 \times 10^3\ \mathrm{J \cdot h^{-1}} = \underline{315\ \mathrm{kJ \cdot h^{-1}}}$$

④ 多層円筒の各層の内表面積と外表面積，ならびに各層における対数平均値は以下のように計算できる．

$$A_1 = 2\pi r_1 L = 2\pi \times 60 \times 10^{-3}(1) = 2\pi \times 60 \times 10^{-3}$$
$$A_2 = 2\pi r_2 L = 2\pi \times (60 + 60) \times 10^{-3}(1)$$
$$= 2\pi \times 120 \times 10^{-3}$$

$$A_3 = 2\pi r_3 L = 2\pi \times (60 + 60 + 30) \times 10^{-3} (1)$$
$$= 2\pi \times 150 \times 10^{-3}$$

$$A_{\mathrm{lm},1} = \frac{A_2 - A_1}{\ln(A_2 / A_1)} = \frac{2\pi(120 - 60) \times 10^{-3}(1)}{\ln(120 / 60)}$$
$$= 0.5436 \ \mathrm{m}^2$$

$$A_{\mathrm{lm},2} = \frac{A_3 - A_2}{\ln(A_3 / A_2)} = \frac{2\pi(150 - 120) \times 10^{-3}(1)}{\ln(150 / 120)}$$
$$= 0.8443 \ \mathrm{m}^2$$

円筒の各層の熱伝導抵抗は式 (8.8) の分母の式から以下のように計算できる.

$$R_1 = \frac{x_1}{k_1 A_{\mathrm{lm},1}} = \frac{60 \times 10^{-3}}{(0.072)(0.5436)} = 1.533$$

$$R_2 = \frac{x_2}{k_2 A_{\mathrm{lm}}} = \frac{30 \times 10^{-3}}{(0.087)(0.8443)} = 0.4084$$

多層円筒状固体に対しても式 (8.3) が適用できて, 伝熱速度が上記の諸数値を用いて計算できる.

$$q = \frac{160 - T_2}{R_1} = \frac{T_2 - 38}{R_2} = \frac{\Delta T}{\sum R} = \frac{160 - 38}{1.533 + 0.4084}$$
$$= 62.84 \ \mathrm{J \cdot s^{-1}} \tag{①}$$
$$= 226.2 \times 10^3 \ \mathrm{J \cdot h^{-1}} = \underline{226.2 \ \mathrm{kJ \cdot h^{-1}}}$$

両保温材境界面での温度 T_2 は, 式①から

$$T_2 - 38 = (62.84) R_2 = (62.84)(0.4084) = 25.7 \ ℃$$
$$\therefore \quad T_2 = 25.7 + 38 = \underline{63.7 \ ℃}$$

[5] 球の温度 $T_1 = 600 ℃ = 873.2 \mathrm{K}$, 半径 $= r_1 = 50 \ \mathrm{mm} = 50 \times 10^{-3} \ \mathrm{m}$, 黒度 $\varepsilon = 0.7$, 壁面温度 $T_1 = 20 ℃ = 293.2 \ \mathrm{K}$

球からの放射伝熱速度 q は式(8.25)から計算できる.
放射面積 : $A_1 = 4\pi r_1^2 = (4)(3.14)(50 \times 10^{-3} \ \mathrm{m})^2$
$$= 0.0314 \ \mathrm{m}^2$$

総括吸収率 ϕ_{12} は, 表 8.2 の面 1 (球) が面 2 (室内面) に囲まれている場合の式が適用でき, さらに面 2 の面積が面 1 の面積に比べて大きい場合は $A_1 / A_2 \fallingdotseq 0$ だから

$$\frac{1}{\phi_{12}} = \frac{1}{\varepsilon_1} + \frac{A_1}{A_2}\left(\frac{1}{\varepsilon_2} - 1\right) \fallingdotseq \frac{1}{\varepsilon_1}$$
$$\therefore \quad \phi_{12} = \varepsilon_1 = 0.7$$

式(8.25)に諸数値を代入すると

$$q_{12} = 5.67 A_1 \phi_{12}\left[\left(\frac{T_1}{100}\right)^4 - \left(\frac{T_2}{100}\right)^4\right]$$
$$= (5.67)(0.0314)(0.7)[(873.2 / 100)^4 - (293.2 / 100)^4]$$
$$= \underline{715.3 \ \mathrm{J \cdot s^{-1}}}$$

[6] 鋼球表面を面 1, 電気炉内面を面 2 とする.
$$T_1 = 500 ℃ = 773.2 \ \mathrm{K}, \quad T_2 = 1000 ℃ = 1273.2 \ \mathrm{K}$$
$$A_1 (鋼球の面積) = \pi d_1^2 = (3.14)(30 \times 10^{-2})^2$$
$$= 0.2826 \ \mathrm{m}^2$$
$$A_2 (電気炉の内面積) = (50 \times 10^{-2})^2 \times 6 = 1.5 \ \mathrm{m}^2$$

総括吸収率 ϕ_{12} は, 表 8.2 の面 1 (球) が面 2 (室内面) に囲まれている場合の式が適用できて

$$\frac{1}{\phi_{12}} = \frac{1}{\varepsilon_1} + \frac{A_1}{A_2}\left(\frac{1}{\varepsilon_2} - 1\right) = \frac{1}{0.79} + \frac{0.2826}{1.5}\left(\frac{1}{0.38} - 1\right)$$
$$= 1.573$$
$$\therefore \quad \phi_{12} = 1 / 1.573 = 0.6357$$

式(8.25)に諸数値を代入すると

$$q_{12} = 5.67 A_1 \phi_{12}\left[\left(\frac{T_1}{100}\right)^4 - \left(\frac{T_2}{100}\right)^4\right]$$
$$= (5.67)(0.2826)(0.6357)[(1273.2 / 100)^4 - (773.2/100)^4]$$
$$= 23.1 \times 10^3 \ \mathrm{J \cdot s^{-1}} = \underline{23.1 \ \mathrm{kJ \cdot s^{-1}}}$$

[7] Re 数と Pr 数を計算すると

$$Re = \frac{du\rho}{\mu} = \frac{(27.6 \times 10^{-3})(10)(1.06)}{2 \times 10^{-5}} = 14.63 \times 10^3 > 10^4$$

$$Pr = \frac{c_p \mu}{k} = \frac{(0.95 \times 10^3)(2 \times 10^{-5})}{0.03} = 0.633$$

これらの数値を式(8.18)に代入すると, 伝熱係数 h は
$$hd / k = 0.023 Re^{0.8} Pr^{0.4} = (0.023)(14.63 \times 10^3)^{0.8}(0.633)^{0.4}$$
$$= 41.16$$
$$\therefore \quad h = 41.16 \ k / d = (41.16)(0.03) / (27.6 \times 10^{-3})$$
$$= \underline{44.7 \ \mathrm{J \cdot m^{-2} \cdot s^{-1} \cdot K^{-1}}}$$

[8] 図 8.6 において高温流体がベンゼン, 低温流体が冷却水に相当する. 密度 $\rho = 880 \ \mathrm{kg \cdot m^{-3}}$ のベンゼンが内径 $d = 35.7 \ \mathrm{mm}$ の管内を流速 $u = 1.5 \ \mathrm{m \cdot s^{-1}}$ で流れるから, その質量流量 $w_\mathrm{h} [\mathrm{kg \cdot h^{-1}}]$ は

$$w_\mathrm{h} = (\pi / 4) d^2 u \rho = (\pi / 4)(35.7 \times 10^{-3})^2(1.5)(880)$$
$$= 1.321 \ \mathrm{kg \cdot s^{-1}} = 4.754 \times 10^3 \ \mathrm{kg \cdot h^{-1}}$$

このベンゼンを 70 ℃ から 40 ℃ までに冷却するのに除去すべき熱量 $q [\mathrm{J \cdot h^{-1}}]$ は, 式(8.26)の左辺で与えられ

$$q = w_\mathrm{h} c_\mathrm{ph} (T_{\mathrm{h}1} - T_{\mathrm{h}2}) = (4.754 \times 10^3)(1760)(70 - 40)$$
$$= 251.0 \times 10^6 \ \mathrm{J \cdot h^{-1}} \tag{①}$$

一方, 管外側を流れる冷却水が高温のベンゼンから得る熱量 q は, 式(8.26)の右辺から

$$q = w_\mathrm{c} c_\mathrm{pc} (T_{\mathrm{c}1} - T_{\mathrm{c}2}) = w_\mathrm{c}(4.2 \times 10^3)(40 - 20)$$
$$= 84 \times 10^3 \ w_\mathrm{c} [\mathrm{J \cdot h^{-1}}] \tag{②}$$

式①と式②は等しいから

$$251.0 \times 10^6 = 84 \times 10^3 \ w_\mathrm{c} \quad \therefore \quad w_\mathrm{c} = \underline{2990 \ \mathrm{kg \cdot h^{-1}}}$$

[9] 並流熱交換器の温度分布は下図のように表せる.

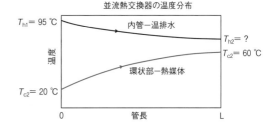

向流操作の場合の熱収支式(8.26)は

$$q = w_\mathrm{h} c_\mathrm{ph} (T_{\mathrm{h}1} - T_{\mathrm{h}2}) = w_\mathrm{c} c_\mathrm{pc} (T_{\mathrm{c}2} - T_{\mathrm{c}1}) \tag{①}$$

上式で $w_h = 2.28$ kg·s^{-1}, $c_{ph} = 4.20 \times 10^3$ J·kg^{-1}·K^{-1}, $w_c = 3$ kg·s^{-1}, $c_{pc} = 1.60 \times 10^3$ J·kg^{-1}·K^{-1} →, 式①は

$$q = (2.28)(4.20 \times 10^3)(95 - T_{h2})$$
$$= (3)(1.60 \times 10^3)(60 - 20)$$
$$\therefore \quad T_{h2} = 75 \text{ ℃} \qquad\qquad ②$$

このように, 各流体の入口温度と出口温度は, 並流と向流は同一になる. しかし, 熱交換器の両端での温度差 θ は次のように変わる.

$$\theta_1 = T_{h1} - T_{c1} = 95 - 20 = 75 \text{ ℃}$$
$$\theta_2 = T_{h2} - T_{c2} = 75 - 60 = 15 \text{ ℃}$$

したがって, 温度差の対数平均値も次のようになる.

$$(T_h - T_c)_{lm} = \theta_{lm} = \frac{\theta_1 - \theta_2}{\ln(\theta_1 / \theta_2)} = \frac{75 - 15}{\ln(75/15)} = 37.3 \text{ ℃}$$

向流の場合の対数平均温度差である 44.2 ℃ より低い.

伝熱面積 A は, 式 (8.35) に $q = 192 \times 10^3$ J·s^{-1}, $U = 1940$ J·m^{-2}·s^{-1}·K^{-1}, $(T_h - T_c)_{lm} = 37.3$ ℃ を代入して

$$A_1 = \frac{q}{U(T_h - T_c)_{lm}} = \frac{192 \times 10^3}{(1940)(37.3)} = 2.653 \text{ m}^2$$

伝熱管の全管長を L とおくと, 次式が成立する.

$$A_1 = \pi d L = (3.14)(36 \times 10^{-3})L = 0.113L$$
$$\therefore \quad L = 2.653 / 0.113 = \underline{23.5 \text{ m}}$$

この値は, 向流の場合の 19.8 m よりも長くなる. 流体を並流に流すよりは向流に流すほうが有利である.

[10] 水を $T_{c1} = 20$ ℃ から $T_{c2} = 50$ ℃ まで加熱するのに必要な熱量 q [J·s^{-1}] は, v_c を体積流量 [m^3·s^{-1}], 水の密度 $\rho = 1000$ kg·m^{-3} とすると

$$q = w_c c_{pc}(T_{c2} - T_{c1}) = (v_c \rho) c_{pc}(T_{c2} - T_{c1})$$
$$= (5.0 / 3600)(1000)(4.187 \times 10^3)(50 - 20)$$
$$= 175 \times 10^3 \text{ J·s}^{-1}$$

高温側の温度 T_h は 110 ℃ で一定であるから, 入口と出口での温度差 θ は

$$\theta_1 = T_{h1} - T_{c1} = 110 - 20 = 90 \text{ ℃}$$
$$\theta_2 = T_{h2} - T_{c2} = 110 - 0 = 60 \text{ ℃}$$

対数温度差 θ_{lm} は

$$\theta_{lm} = \frac{90 - 60}{\ln(90/60)} = 74.0 \text{ ℃}$$

伝熱面積；$A = \pi d L = (3.14)(52.9 \times 10^{-3})(8) = 1.33$ m^2
q, θ_{lm}, A の値を式 (8.35) に代入すると

$$174.5 \times 10^3 = U(1.33)(74.0)$$
$$\therefore \quad U = 1773 \text{ J·m}^{-2}·\text{s}^{-1}·\text{K}^{-1}$$

内管壁と蒸気側の伝熱抵抗が無視できるから, 総括伝熱係数 U と管内境膜伝熱係数 h は近似的に等しくなる.

$$h = \underline{1773 \text{ J·m}^{-2}·\text{s}^{-1}·\text{K}^{-1}}$$

[11] トルエン 150 kg·h^{-1} を 60 ℃ から 30 ℃ に冷却するとき除去すべき熱量 q [J·h^{-1}] は, 式 (8.26) から

$$q = w_h c_{ph}(T_{h1} - T_{h2}) = (150)(1.78 \times 10^3)(60 - 30)$$
$$= 80.1 \times 10^5 \text{ J·h}^{-1} \qquad\qquad ①$$

冷却水がトルエンから得る熱量 q は, 式 (8.26) から

$$q = w_c c_{pc}(T_{c1} - T_{c2}) = (130)(4.2 \times 10^3)(T_{c1} - 20)$$
$$= 5.46 \times 10^5 (T_{c1} - 20) \text{ J·h}^{-1} \qquad\qquad ②$$

式①と式②は等しいから

$$80.1 \times 10^5 = 5.46 \times 10^5 (T_{c1} - 20) \quad \therefore \quad T_{c1} = 34.7 \text{ ℃}$$

熱交換器の両端での温度差 θ は

$$\theta_1 = T_{h1} - T_{c1} = 60 - 34.7 = 25.3 \text{ ℃}$$
$$\theta_2 = T_h - T_{c2} = 30 - 20 = 10 \text{ ℃}$$

温度差の対数平均値は

$$(T_h - T_c)_{lm} = \theta_{lm} = \frac{\theta_1 - \theta_2}{\ln(\theta_1 / \theta_2)} = \frac{25.3 - 10}{\ln(25.3 / 10)} = 16.5 \text{ ℃}$$

2 重管熱交換器の内管の内面基準の総括伝熱係数を U_1 とおくと, 式 (8.17) で $1 / h_{s1} = 0$, $1 / k_s = 0$, とおけて

$$\frac{1}{U_1} = \frac{1}{h_1} + \frac{1}{h_2}\left(\frac{d_1}{d_2}\right) + \frac{1}{h_{s2}}\left(\frac{d_1}{d_2}\right) \qquad (8.17)$$

$d_1 = 50 - 2 \times 3 = 44$ mm, $d_2 = 50$ mm, $h_1 = 540$, $h_2 = 400$, $h_{s2} = 2100$ J·m^{-2}·s^{-1}·K^{-1} なので

$$\frac{1}{U_1} = \frac{1}{540} + \frac{1}{400}\left(\frac{44}{50}\right) + \frac{1}{2000}\left(\frac{44}{50}\right)$$
$$= (1.85 + 2.20 + 0.44) \times 10^{-3} = 4.49 \times 10^{-3} \text{ m}^2·\text{s·K·J}^{-1}$$
$$\therefore \quad U_1 = 223 \text{ J·m}^{-2}·\text{s}^{-1}·\text{K}^{-1}$$

式 (8.35) に, $q = 80.1 \times 10^5$ J·h^{-1} / (3600s·h^{-1}) $= 2.225 \times 10^3$ J·s^{-1}, $U_1 = 223$ J·m^{-2}·s^{-1}·K^{-1}, $(T_h - T_c)_{lm} = 16.5$ ℃ を代入すると

$$A_1 = \frac{q}{U(T_h - T_c)_{lm}} = \frac{2.225 \times 10^3}{(223)(16.5)} = 0.605 \text{ m}^2$$

伝熱管の全管長を L とおくと, 次式が成立する.

$$A_1 = \pi d_1 L = (3.14)(44 \times 10^{-3})L = 0.138 L$$
$$\therefore \quad L = 0.605 / 0.138 = \underline{4.38 \text{ m}}$$

第 9 章

[1] 図 9.2 で横軸温度 $T = 30$ ℃ からの垂直線と関係湿度 $\phi = 70$ % の右上がりの曲線との交点に対する右側縦軸上の値, $H = \underline{0.02 \text{ kg} - \text{水蒸気} \cdot (\text{kg} - \text{乾燥空気})^{-1}}$ を得る.

[2] (1) 図 9.2 で, 湿球温度 $T_w = 26$ ℃ からの垂直線と飽和湿度曲線 (関係湿度 100 %) との交点に対する右側縦軸の値が飽和湿度 $H_w = \underline{0.022}$ となる.

(2) $T_w = 26$ ℃ での飽和曲線からの断熱冷却線と乾球温度 $T = 35$ ℃ からの垂直線との交点に対する右側縦軸の読みが空気の湿度 $H = \underline{0.018}$ となる.

(3) (2) の空気の状態 ($T = 35$ ℃, $H = 0.018$) を表す点を通る乾球湿度 ϕ の曲線を探すと, $\phi = 50$ % である. よって空気の関係湿度 $\phi = \underline{50 \text{ %}}$ となる.

(4) 比較湿度 Ψ は式 (9.5) で与えられる. H_s は乾球温度 $T = 35$ ℃ における飽和湿度であって, $T = 35$ ℃ からの垂直線と飽和湿度曲線との交点の湿度であり, $H_s = 0.038$ だから

$$\Psi = H / H_s = 0.018 / 0.0380 = 0.474 = \underline{47.4 \text{ %}}$$

(5) 湿り比容対温度を表す右上がりの直線群で $H = 0$ と $H = 0.02$ の直線から $H = 0.018$ の線を内挿し，その直線と $T = 35$ ℃ からの垂直線との交点に対する左側縦軸 (湿り比容) の読みから

$$v_H = 0.90 \text{ m}^3 \cdot (\text{kg} - 乾燥空気)^{-1}$$

式 (9.7) から計算することもできる．

$$\begin{aligned}v_H &= (2.83 + 4.56\,H)\,T \times 10^{-3}\\&= (2.83 + 4.56 \times 0.0180)(35 + 273.2) \times 10^{-3}\\&= 0.898 \text{ m}^3 \cdot (\text{kg} - 乾燥空気)^{-1}\end{aligned}$$

(6) 湿り空気の密度 ρ [kg – 湿り空気・$(\text{m}^3 – 湿り空気)^{-1}$] は

$$\begin{aligned}\rho &= \frac{湿り空気の質量}{湿り空気の体積} = \frac{1 + H}{v_H} = \frac{1 + 0.0180}{0.900}\\&= 1.13 \text{ kg} – 湿り空気 \cdot (\text{m}^3 – 湿り空気)^{-1}\end{aligned}$$

(7) 湿り比熱容量 c_H は式 (9.6) から

$$\begin{aligned}c_H &= 1.00 + 1.93\,H = 1.00 + (1.93)(0.0180)\\&= 1.03 \text{ kJ} \cdot \text{kg}^{-1} \cdot \text{K}^{-1}\end{aligned}$$

(8) 露点 T_d は $H = 0.0180$ の水平線が飽和湿度曲線との交点に対する温度であり，$T_d = 23$ ℃ となる．

(9) エンタルピー i [kJ·kg^{-1}] は式 (9.8) から

$$\begin{aligned}i &= c_H(T - 273.2) + 2500\,H\\&= (1.04)(35) + (2500)(0.0180) = 81.4 \text{kJ} \cdot \text{kg}^{-1}\end{aligned}$$

③ 容器中の乾燥空気の量を求める．式 (9.7) から，湿り比容 v_H [(m^3 – 湿り空気)·(kg – 乾燥空気)$^{-1}$] は

$$\begin{aligned}v_H &= (2.83 + 4.56\,H)\,T \times 10^{-3}\\&= (2.83 + 4.56 \times 0.040)(40 + 273.2) \times 10^{-3}\\&= 0.9435 \text{ m}^3 \cdot (\text{kg} - 乾燥空気)^{-1}\end{aligned}$$

1 m^3 の湿り空気が入っている容器中の乾燥空気質量は $1 / v_H = 1 / 0.9435 = 1.06$ kg – 乾燥空気
空気からの吸湿された水分の質量は

$$1.06(H_1 - H_2) = 1.06(0.04 - H_2) \text{ [kg]} \qquad ①$$

H_1 は最初の湿度 = 0.04，H_2 は吸湿終了時の湿度である．
シリカゲルに吸湿された水蒸気の質量は 0.0212 kg
$\qquad\qquad\qquad\qquad\qquad\qquad\qquad ②$
物質収支から，式① = 式②の関係が成立して

$$1.06(0.04 - H_2) = 0.021 \qquad ③$$

$$\begin{aligned}\therefore\ H_2 &= 0.04 - 0.0212 / 1.06\\&= 0.02 \text{ kg} – 水蒸気 \cdot (\text{kg} – 乾燥空気)^{-1}\end{aligned}$$

④ 増湿効率 η は

$$増湿効率\ \eta = \frac{H_2 - H_1}{H_w{}' - H_1} = \frac{0.03 - 0.01}{H_w{}' - 0.01} = 0.8$$

$$\therefore\ H_w{}' = 0.035$$

飽和湿度曲線上の $H_w{}' = 0.035$ から引かれた断熱冷却線と $H_1 = 0.01$ からの水平線との交点を求めると，温度 $T = 92$ ℃．30 ℃ から 92 ℃ まで加熱し，その点から断熱冷却線に沿って冷却し，温度が 44 ℃ に達すると停止させ，その点から 80 ℃ まで再加熱する．

⑤ 図 9.4 を参照する．点 a の $H_1 = 0.01$，温度 $T_1 = 30$

℃ の空気を 80 ℃ まで加熱すると点 b に達する．点 b から断熱冷却線に従い断熱冷却し，湿度が $H_2 = 0.028$ に達すると冷却を中止して再加熱する操作法を採用する．そのとき断熱冷却線が飽和湿度曲線 ($\phi = 100\%$) との交点の湿度から $H_w{}' = 0.030$ となる．

$$増湿効率\ \eta = \frac{H_2 - H_1}{H_w{}' - H_1} = \frac{0.028 - 0.01}{0.03 - 0.01} = 0.90 = 90\%$$

⑥ (1) 図 9.6 の冷却減湿法により，点 a ($T_1 = 60$ ℃，$H_1 = 0.04$) から点 d ($T_2 = 30$ ℃，$H_2 = 0.02$) まで減湿する．点 a から冷却して点 b (露点 $T_{d1} = 36$ ℃) に達すると水蒸気の凝縮が始まり，飽和曲線に沿って温度が低下するが，$H_2 = 0.02$ に対応する露点 $T_{d2} = 25$ ℃ に達すると凝縮水を分離し，湿り空気を $T_2 = 30$ ℃ まで再加熱する．

(2) 点 a ($T_1 = 60$ ℃，$H_1 = 0.04$) の湿り比容 v_H は式 (9.7) から

$$\begin{aligned}v_H &= (2.83 + 4.56\,H)\,T \times 10^{-3}\\&= (2.83 + 4.56 \times 0.04)(60 + 273.2) \times 10^{-3}\\&= 1.004 \text{ (}\text{m}^3 – 湿り空気) \cdot (\text{kg} – 乾燥空気)^{-1}\end{aligned}$$

120 $\text{m}^3 \cdot \text{h}^{-1}$ の湿り空気中の乾燥空気量は

$$\begin{aligned}w_{dry} &= 120 / v_H = 120 / 1.004\\&= 119.5 \text{ kg} – 乾燥空気 \cdot \text{h}^{-1}\end{aligned}$$

$H_1 = 0.04$ から $H_2 = 0.02$ まで減湿するときの (除去する水分量) = (乾燥空気量) $(H_1 - H_2)$ = 119.5 (0.04 − 0.02) = 2.39 kg 水蒸気 $\cdot \text{h}^{-1}$ となる．

点 a と点 b での湿り比熱容量 c_H [kJ·(kg – 乾燥空気)$^{-1}$·K^{-1}] は式 (9.6) から計算できて，それぞれ 1.077 と 1.039 kJ·kg^{-1}·K^{-1} となり，湿り空気のエンタルピー i_a と i_d は

$$\begin{aligned}i_a &= c_H(T_1 - 273.2) + 2500\,H_1\\&= (1.077)(60) + (2500)(0.04)\\&= 164.6 \text{ kJ} \cdot (\text{kg} – 乾燥空気)^{-1}\end{aligned}$$

$$\begin{aligned}i_d &= c_H(T_2 - 273.2) + 2500\,H_2\\&= (1.039)(30) + (2500)(0.02)\\&= 81.17 \text{ kJ} \cdot (\text{kg} – 乾燥空気)^{-1}\end{aligned}$$

除去熱量 Q はエンタルピーの差から計算できて

$$\begin{aligned}Q &= w_{dry}(i_a - i_d) = (119.5)(164.6 - 81.17)\\&= 9970 \text{ kJ} \cdot \text{h}^{-1} = 9.97 \times 10^3 \text{ kJ} \cdot \text{h}^{-1}\end{aligned}$$

⑦ 湿り材料の質量 $W = 150$ kg である．無水材料を W_0 [kg]，湿量含水率を w' とすると
無水材料の質量 $W_0 = W(1 - w') = 150(1 - 0.4) = 90$ kg
水分量 = $W\,w' = (150)(0.4) = 60$ kg
乾量基準の含水率 w は式 (9.18) より

$$w = w' / (1 - w') = 0.4 / (1 - 0.4) = 0.667$$

⑧ 無水材料を W_0 [kg] とすると，$W = 200$ kg，$w_1' = 0.5$，$w_2' = 0.08$ であるから

$$W_0 = W(1 - w_1') = 200(1 - 0.5) = 100 \text{ kg}$$

式 (9.18) を用い湿量基準の含水率 w' を乾量基準の含

水率に換算すると

$$w_1 = w_1'/(1-w_1') = 0.5/(1-0.5) = 1.0$$

$$w_2 = w_2'/(1-w_2') = 0.08/(1-0.08) = 0.087$$

(蒸発水分量) $= W_0(w_1 - w_2) = 100(1.0 - 0.087) = \underline{91.3\ \text{kg}}$

9 乾燥開始時の乾量基準含水率 w_1 は式(9.17)から

$$w_1 = (W - W_0)/W_0 = (180 - 100)/100 = 0.8$$

乾燥終了時の含水率 $w_2 = 0.2$ は，限界含水率 $w_c = 0.1$ より大きいから，乾燥は恒率乾燥期間で進行する．そのときの乾燥時間 t は式(9.28)の右辺第1式で $w_c = w_2$ とおき，さらに式(9.21)の関係を代入した次式から計算できる．

$$t = \frac{w_1 - w_c}{aR_{s,c}} = \frac{w_1 - w_2}{R_m} = \frac{0.8 - 0.2}{0.25} = \underline{2.4\ \text{h}}$$

10 $W_0 = 300\ \text{kg}$，$W_1 = 800\ \text{kg}$，$W_2 = 450\ \text{kg}$ である．式(9.17)から，乾量基準の含水率を算出する．

$$w_1 = (W_1 - W_0)/W_0 = (800 - 300)/300 = 1.667$$

$$w_2 = (W_2 - W_0)/W_0 = (450 - 300)/300 = 0.5$$

恒率乾燥期間内での乾燥時間 t は，式(9.28)の右辺第1式で $w_c = w_2$ とおき，式(9.21)を代入した次式から計算する．

$$t = \frac{w_1 - w_2}{aR_{s,c}} = \frac{w_1 - w_2}{R_m} = \frac{1.667 - 0.5}{0.20} = \underline{5.84\ \text{h}}$$

11 乾燥器入口での湿り材料の供給速度は $W = 100\ \text{kg·h}^{-1}$ で，その15%が水分であるから，無水材料 W_0 は

$$W_0 = 100(1 - 0.15) = 85\ \text{kg·h}^{-1}$$

式(9.18)を用い湿量含水率 w' を乾量含水率に換算すると

$$w_1 = w_1'/(1-w_1') = 0.15/(1-0.15) = 0.1765$$

$$w_2 = w_2'/(1-w_2') = 0.02/(1-0.02) = 0.02041$$

乾燥による蒸発水分量は

(蒸発水分量) $= W_0(w_1 - w_2) = (85)(0.1765 - 0.02041)$
$= 13.27\ \text{kg·h}^{-1}$ ①

乾燥器に供給される空気中の乾燥空気量を $G_0[\text{kg·h}^{-1}]$，入口での湿度を $H_1 = 0.02$，出口での湿度を $H_2 = 0.075$ とすると，乾燥空気中での水分増加量は

$$G_0(H_2 - H_1) = G_0(0.075 - 0.020) = 0.055\ G_0 \quad ②$$

物質収支から，①＝②の関係が成立するから

$$0.055\ G_0 = 13.27 \qquad \therefore\ G_0 = 241.3\ \text{kg·h}^{-1}$$

湿り空気の供給速度 $G[\text{kg·h}^{-1}]$ は $G_0(1+H_1)$ であるから

$$G = G_0(1+H_1) = (241.3)(1+0.02) = \underline{246.1\ \text{kg·h}^{-1}}$$

12 金網内の材料の体積は $1\ \text{m}^2 \times 0.01\ \text{m} = 0.01\ \text{m}^3$，材料の無水時の見かけ密度は $850\ (\text{kg}-無水材料)\cdot\text{m}^{-3}$ であるから，湿り材料の無水時の質量 W_0 は

$$W_0 = (0.01)(850) = 8.5\ \text{kg}-無水材料$$

乾燥は直方体の上下両面から行われるから乾燥面積 A は

$$A = 1\ \text{m}^2 \times 2 = 2\ \text{m}^2$$

無水材料の単位質量あたりの乾燥面積 a は

$$a = A/W_0 = 2/8.5 = 0.2353\ \text{m}^2\cdot(\text{kg}-無水材料)^{-1}$$

式(9.21)から，面積基準の乾燥速度 R_s は

$$R_s = R_m/a = 0.06/0.2353 = \underline{0.255\ \text{kg·m}^{-2}\cdot\text{h}^{-1}}$$

13 図9.2から70℃，関係湿度 $\phi = 10$% の空気の湿度は $H = 0.02$，断熱飽和温度 $T_w = 34$℃，T_w での蒸発潜熱 $r_w = 2420\ \text{kJ·kg}^{-1}$ である．この湿り空気の見かけ密度 $\rho[\text{kg·m}^{-3}]$ は，次式から計算できる．

$$\rho = (1+H)/v_H \qquad ①$$

v_H は湿り比容であり式(9.7)から算出できる．

$$v_H = (2.83 + 4.56\ H)\ T \times 10^{-3}$$
$$= (2.83 + 4.56 \times 0.02)(70 + 273.2) \times 10^{-3}$$
$$= 1.003\ \text{m}^3\cdot(\text{kg}-乾燥空気)^{-1} \qquad ②$$

これを式①に代入すると

$$\rho = (1+H)/v_H = (1+0.02)/1.003 = 1.017\ \text{kg·m}^{-3}$$

空気の質量速度 $G[\text{kg·m}^{-2}\cdot\text{h}^{-1}]$ は線速度 u と密度 ρ から

$$G = u\rho = (2.5) \times 3600 \times 1.017 = 9153\ \text{kg·m}^{-2}\cdot\text{h}^{-1}$$

伝熱係数 h は

$$h = 0.054\ G^{0.8} = (0.054)(9153)^{0.8} = 79.7\ \text{kJ·m}^{-2}\cdot\text{h}^{-1}\cdot\text{K}^{-1}$$

諸数値を式(9.25)に代入すると，面積基準の乾燥速度 $R_{s,c}$ は

$$R_{s,c} = \frac{h(T - T_w)}{r_w} = \frac{(79.7)(70 - 25)}{2440} = \underline{1.47\ \text{kg·m}^{-2}\cdot\text{h}^{-1}}$$

14 底面積が $1\ \text{m}^2$，厚さ $2\ \text{cm}$ の直方体の板状材料の上面と下面から乾燥が行われる乾燥面積 A と体積 V は

乾燥面積 $A = 1\ \text{m}^2 \times 2 = 2\ \text{m}^2$

材料の体積 $V = 1\ \text{m}^2 \times (2 \times 10^{-2}\ \text{m}) = 2 \times 10^{-2}\ \text{m}^3$

無水時の質量 W_0 は

$$W_0 = V\rho = (2 \times 10^{-2}\ \text{m}^3)(1200\ \text{kg·m}^{-3})$$
$$= 24\ \text{kg}-無水材料$$

単位質量あたりの乾燥面積 a は

$$a = A/W_0 = 2/24 = 0.0833\ \text{m}^2\cdot(\text{kg}-無水材料)^{-1}$$

無水材料の質量基準の恒率乾燥期間の乾燥速度 $R_{m,c}$ は，式(9.21)から

$$R_{m,c} = aR_{s,c} = (0.0833)(2.5) = 0.2083\ \text{kg·kg}^{-1}\cdot\text{h}^{-1}$$

恒率乾燥期間の必要時間 t_I は式(9.28)の右辺第1式から

$$t_I = \frac{w_1 - w_c}{aR_{s,c}} = \frac{0.7 - 0.3}{0.2083} = 1.92\ \text{h}$$

次に，減率乾燥期間での必要時間 t_{II} は式(9.30)より

$$t_{II} = \left(\frac{F_c}{R_{m,c}}\right)\ln\left(\frac{F_c}{F_2}\right) = \frac{w_c - 0}{0.2083}\ln\frac{w_c - 0}{w_2 - 0} = \frac{0.3}{0.2083}\ln\frac{0.3}{0.1}$$
$$= 1.58\ \text{h}$$

合計の乾燥時間 t は

$$t = t_I + t_{II} = 1.92 + 1.58 = \underline{3.5\ \text{h}}$$

第10章

1 ストークスの法則を仮定すると，式(10.10)から

$$u_t = \frac{(\rho_p - \rho)\ g\ d_p^2}{18\ \mu} = \frac{(1600 - 1000)(9.8)(0.12 \times 10^{-3})^2}{(18)(0.001)}$$
$$= \underline{4.70 \times 10^{-3}\ \text{m·s}^{-1}}$$

$$Re_p = \frac{d_p \rho u_t}{\mu} = \frac{(0.12 \times 10^{-3})(1000)(4.70 \times 10^{-3})}{0.001}$$
$$= \underline{0.564 < 2}$$

ストークスの式が適用できる.

② $h = 24 \times 10^{-2}$ m, $t = 4 \times 60$ s $= 240$ s であるから

沈降速度 $u_t = h/t = 24 \times 10^{-2}$ m$/240$ s $= 1 \times 10^{-3}$ m·s⁻¹

$\mu = 1 \times 10^{-3}$ Pa·s, $g = 9.8$ m·s⁻² であるから，ストークスの法則が適用できると仮定して，これらを式(10.12)に代入すると，粒径 d_p は

$$d_p = \sqrt{\frac{18 \mu u_t}{(\rho_p - \rho)g}} = \sqrt{\frac{(18)(1 \times 10^{-3})(1 \times 10^{-3})}{(1200 - 1000)(9.8)}}$$
$$= \sqrt{9.184 \times 10^{-9}}$$
$$= \underline{9.58 \times 10^{-5}} \text{ m} = 95.8 \ \mu\text{m} (1 \ \mu\text{m} = 1 \times 10^{-6} \text{ m})$$
$$Re_p = \frac{d_p \rho u_t}{\mu} = \frac{(9.58 \times 10^{-5})(1000)(4.70 \times 10^{-3})}{0.001}$$
$$= \underline{0.450 < 2}$$

ストークスの法則が適用できる.

③ $t = 20 \times 60 = 1200$ s 間に $h = 20$ cm $= 20 \times 10^{-2}$ m 沈降するから，沈降速度 u_t は

$$u_t = 20 \times 10^{-2} \text{ m} / 1200 \text{ s} = 1.667 \times 10^{-4} \text{ m·s}^{-1}$$

沈降速度に対応するストークス径 d_p は式(10.12)から

$$d_p = \sqrt{\frac{18 \mu u_t}{(\rho_p - \rho)g}} = \sqrt{\frac{(18)(0.001)(1.667 \times 10^{-4})}{(2650 - 1000)(9.8)}}$$
$$= 1.36 \times 10^{-5} \text{ m} = 13.6 \ \mu\text{m}$$
$$Re_p = \frac{d_p \rho u_t}{\mu} = \frac{(13.6 \times 10^{-6})(1000)(1.667 \times 10^{-4})}{0.001}$$
$$= 2.27 \times 10^{-3} < 2$$

ストークスの法則が適用できる. 測定開始 20 min 後には液面より 20 cm の深さの点には 13.6 μm より大きい粒子は存在せず，それより小さい粒子は最初と同じ状態で存在する. しかし，測定開始時の試料の粒子濃度 C_0 は 2 g / 500 cm³ $= 4 \times 10^{-3}$ g·cm⁻³ であるが，20 min 後に測定されたピペット先端での濃度 C_h (t) は 20 mg / 10 cm³ $= 2.0 \times 10^{-3}$ g·cm⁻³ になる.

式(10.11)より，積算通過率（ふるい下分率）$P(d_p)$ は

$$P(d_p) = \frac{C_h(t)}{C_0} = \frac{2.0 \times 10^{-3}}{4 \times 10^{-3}} = 0.5 = 50.0 \ \%$$

13.6 μm より小さい粒子の割合は 50.0 %，13.6 μm より大きい粒子の割合は 100 − 50 = 50 % になる. 粒径が 13.6 μm から 27.3 μm の間に 62.5 − 50 = 12.5 % の粒子が存在することがわかる.

④ 重力場での沈降速度 u_t は，式(10.10)より

$$u_t = \frac{(\rho_p - \rho)g d_p^2}{18 \mu} = \frac{(4300 - 1000)(9.8)(25 \times 10^{-6})^2}{(18)(1 \times 10^{-3})}$$
$$= 1.12 \times 10^{-3} \text{ m·s}^{-1}$$
$$Re_p = \frac{d_p \rho u_t}{\mu} = \frac{(25 \times 10^{-6})(1000)(1.12 \times 10^{-3})}{1 \times 10^{-3}}$$
$$= 0.028 < 2$$

ストークスの式が成立し上記の u_t の値が採用できる. 遠心場での終端速度 u_{tc} は，式(10.13)より

$$u_{tc} = u_t Z_c = (1.12 \times 10^{-3} \text{ m·s}^{-1})(1500) = \underline{1.68 \text{ m·s}^{-1}}$$

⑤ 重力場における沈降速度 u_t は式(10.10)より

$$u_t = \frac{(\rho_p - \rho)g d_p^2}{18 \mu} = \frac{(2400 - 1000)(9.8)(1.2 \times 10^{-6})^2}{(18)(1 \times 10^{-3})}$$
$$= 1.098 \times 10^{-6} \text{ m·s}^{-1} \qquad \qquad ①$$
$$Re_p = \frac{d_p \rho u_t}{\mu} = \frac{(1.2 \times 10^{-6})(1000)(1.098 \times 10^{-6})}{1 \times 10^{-3}}$$
$$= 1.32 \times 10^{-6} < 2$$

ストークスの式が使用可能であり式①が利用できる. 遠心効果 Z_c は式(10.15)から

$$Z_c = \frac{4\pi^2 n^2 r}{3600 \ g} = \frac{(4)(3.14)^2(5000)^2(15 \times 10^{-2})}{(3600)(9.8)} = 4192$$

したがって，遠心力場での沈降速度 u_{tc} は

$$u_{tc} = u_t Z_c = (1.098 \times 10^{-6})(4192) = \underline{4.60 \times 10^{-3} \text{ m·s}^{-1}}$$

⑥ 直径 $d_{p,min}$ の粒子を沈降分離するために，許容される空気の最大流量 v[m³·s⁻¹]は式(10.17)から

$$d_{p,min} = \sqrt{\frac{18 \mu}{(\rho_p - \rho)g} \cdot \frac{v}{S}} \qquad (10.17)$$

上式の $S = BL = (2)(5) = 10$ m²

式(10.17)の両辺を 2 乗して数値を上式に代入すると

$$(60 \times 10^{-6})^2 = \frac{(18)(1.8 \times 10^{-5})v}{(2200 - 1.19)(9.8)(10)}$$
$$\therefore \quad v = \underline{2.40 \text{ m³·s}^{-1}}$$

沈降速度 u_t は，式(10.17)から

$$u_t = v / S = 2.40 / 10 = 0.24 \text{ m·s}^{-1}$$
$$Re_p = \frac{d_p u_t \rho}{\mu} = \frac{(60 \times 10^{-6})(0.24)(1.19)}{1.8 \times 10^{-5}} = 0.952 < 2$$

ストークスの式が適用できることが確認できた.

⑦ 式(10.17)の右辺の第 1 式を用いると

$$d_{p,min} = \sqrt{\frac{18 \mu u_x H}{(\rho_p - \rho)g L}} \qquad ①$$

式①の両辺をそれぞれ 2 乗して数値を代入すると

$$(120 \times 10^{-6})^2 = \frac{(18)(1 \times 10^{-3})(0.1)(1)}{(2600 - 1000)(9.8)L}$$
$$1.44 \times 10^{-8} = 1.148 \times 10^{-7} / L \quad \therefore \quad L = \underline{7.97 \text{ m}}$$

懸濁液の線速度 $u_x = v / B·H$，沈降速度 $u_t = v / B·L$ の関係が成立するから

$$u_t / u_x = H / L = 1 / 7.97 = 0.126$$

となり，$u_x = 0.1$ m·s⁻¹ の関係を用いると

$$u_t = (0.126)(0.1) = 0.0126 \text{ m·s}^{-1}$$

が得られる. これより

$$Re_p = \frac{d_p u_t \rho}{\mu} = \frac{(120 \times 10^{-6})(0.0126)(1000)}{1 \times 10^{-3}} = 1.51 < 2$$

ストークス域にあることが確認できた.

⑧ ルースの濾過方程式(10.28)の変数 v_s は式(10.22)で定義されている.

$v_s{}^2 + 2v_{s0}v_s = kt$　(10.28),　$v_s = V/A$　(10.22)

式(10.22)を式(10.28)に代入して整理すると

$V^2 + (2v_{s0}A)V = kA^2t$　　　　　　①

ここで，$V_0 = v_{s0}A$，$K = kA$　　　　②

とおくと，式①は

$V^2 + 2V_0V = Kt$　　　　　　　　③

式③は積算濾液 $V[\mathrm{m^3}]$ と操作時間 t との関係を表している．式③の両辺を KV で割って両辺を入れ替えると

$t/V = V/K + (2V_0/K) = 2V_0/K + (1/K)V$　④

が得られる．t/V 対 V のプロットを行うと，傾きが $(1/K)$ 縦軸切片が $2V_0/K$ の直線になる．

式①の各項は濾液量の 2 乗，すなわち体積の 2 乗の単位である $(\mathrm{m^3})^2 = \mathrm{m^6}$ の単位をもつ．

したがって　　$\underline{V_0 : [\mathrm{m^3}]，K : [\mathrm{m^6 \cdot s^{-1}}]}$

⑨　実験データから，$(t/V)/\mathrm{s \cdot cm^{-3}}$ 対 $V/\mathrm{m^3}$ のプロットを行うと直線が得られ，⑧のルースの濾過式が成立し，その相関式は

$t/V = 6.401 \times 10^{-6}V + 3.779 \times 10^{-2}$

で表され，式①と比較すると

$1/K = 6.401 \times 10^{-6}$，　$2V_0/K = 3.779 \times 10^{-2}$

濾過パラメータ K と V_0 が次のように定まる．

$\underline{K = 1.56 \times 10^5\ \mathrm{cm^6 \cdot s^{-1}}，V_0 = 2.95 \times 10^3\ \mathrm{cm^3}}$

⑩　ルースの濾過方程式は式(10.28)で与えられる v_s に対する二次方程式であり，その解は式①で表せる．

$v_s{}^2 + 2v_{s0}v_s = kt$　　　　　　　(10.28)

$v_s = -v_{s0} + \sqrt{v_{s0}{}^2 + kt}$　　　　　①

$v_s = V/A$　　　　　　　　　　　②

式①に $k = 6.0 \times 10^{-5}\ \mathrm{m^2 \cdot s^{-1}}$，$v_{s0} = 1.8 \times 10^{-2}\ \mathrm{m}$ を代入すると

$v_s = -v_{s0} + \sqrt{v_{s0}{}^2 + kt} = -1.8 \times 10^{-2} + \sqrt{(1.8 \times 10^{-2})^2}$

$+ (6.0 \times 10^{-5})(30 \times 60) = 0.3111\ \mathrm{m^3 \cdot m^{-2}}$

濾過面 $A = 10\ \mathrm{m^2}$ に対しては，式②から積算濾液量 V は

$V = v_sA = 0.3111 \times 10 = \underline{3.11\ \mathrm{m^3}}$

⑪　濾材抵抗が無視できるから，$R_m = v_{s0} = 0$ とおけて，式(10.28)は次式①になる．

$v_s{}^2 = kt$　　　　　　　　　　①

$k = 2\Delta P/\alpha c\mu$　　　　　　　　(10.30)

$c = \dfrac{s\rho}{1 - ms}[\mathrm{kg-固体 \cdot (m^3 - 濾液)^{-1}}]$　(10.32)

式(10.32)で $s = 0.1$，$\rho = 1000\ \mathrm{kg \cdot m^{-3}}$，$m = 3.0$ とおくと

$c = \dfrac{s\rho}{1 - ms} = \dfrac{(0.1)(1000)}{1 - (3.0)(0.1)}$

$= 143[\mathrm{kg-固体 \cdot (m^3 - 濾液)^{-1}}]$　②

式(10.30)から，パラメータ k の値は

$k = \dfrac{2\Delta P}{\alpha c\mu} = \dfrac{(2)(1.013 \times 10^5)}{(5 \times 10^9)(143)(1 \times 10^{-3})}$

$= 2.83 \times 10^{-4}\ \mathrm{m^2 \cdot s^{-1}}$　　③

式①において $t = 120\ \mathrm{min} = 120 \times 60 = 7200\ \mathrm{s}$

$v_s = \sqrt{kt} = \sqrt{(2.83 \times 10^{-4})(7200)} = 1.427\ \mathrm{m}$　④

ただし　　$v_s = V/A$　　　　　　⑤

原液スラリー中の固形物の割合は $10\% \to 10 \times 0.1 = 1\ \mathrm{t}$ の固形物が水を含んだ湿潤ケークの状態で捕集されて，その質量は $1\ \mathrm{t} \times m = (1\mathrm{t})(3) = 3\mathrm{t}$ であり，残りは濾液 $7\ \mathrm{t}$ となる．濾液量 V は

$V = 7 \times 10^3 / 1000 = 7\ \mathrm{m^3}$　　⑥

式⑥を式④と式⑤に代入すると

$A = V/v_s = 7/1.427 = \underline{4.91\ \mathrm{m^2}}$

⑫　⑧で証明したように，定圧濾過における積算濾液量 V と時間 t との関係は次式のように書ける．

$V^2 + 2V_0V = Kt$　　　　　　　　①

ここで　　$V_0 = v_{s0}A = R_mA/\alpha c$　　　②

$K = kA^2 = 2\Delta PA^2/\alpha c\mu$　　　　③

$c = s\rho/(1 - ms)$　　　　　　④

式④から c の値を計算すると

$c = (0.06)(1100)/[1 - (2.5)(0.06)]$

$= 77.65\ \mathrm{kg-固体 \cdot (m^3 - 濾液)^{-1}}$

$V_0 = \dfrac{R_mA}{\alpha c} = \dfrac{(8.0 \times 10^{10})(0.15)}{(2.1 \times 10^{11})(77.65)}$

$= 7.36 \times 10^{-4}\ \mathrm{m^3}$

$K = \dfrac{2\Delta PA^2}{\alpha c\mu} = \dfrac{(2)(2.0 \times 10^5)(0.15)^2}{(2.1 \times 10^{11})(77.65)(1 \times 10^{-3})}$

$= 5.52 \times 10^{-7}\ \mathrm{m^6 \cdot s^{-1}} = 3.31 \times 10^{-5}\ \mathrm{m^6 \cdot min^{-1}}$

これらの数値を式①に代入すると，次式が得られる．

$V^2 + 2V_0V - Kt = 0$　　　　　　⑤

$V^2 + 1.47 \times 10^{-3} \cdot V - 3.31 \times 10^{-5} \cdot t = 0$　⑥

式⑤は二次方程式で，その解は式⑦のように書ける．

$V = -V_0 + \sqrt{V_0{}^2 + Kt}$　　　　　⑦

$V = -7.36 \times 10^{-4} + \sqrt{5.42 \times 10^{-7} + 3.31 \times 10^{-5}\ t}$　⑧

ただし，式⑥および式⑧の変数の単位は，$V[\mathrm{m^3}]$，t [min]である．

⑬　標準サイクロンでは，矩形の入口の幅 B は円筒部直径 D_c の $1/5$ に設定されるから

$B = D_c/5 = 1\ \mathrm{m}/5 = 0.2\mathrm{m}$

捕集粒子の最小径 $d_{p,min}$ は式(10.35)から

$d_{p,min} = \sqrt{\dfrac{9B\mu}{\pi Nu_{in}(\rho_p - \rho)}} = \sqrt{\dfrac{(9)(0.2)(1.8 \times 10^{-5})}{(3.14)(3)(15)(1800 - 1.1)}}$

$= 11.3 \times 10^{-6}\ \mathrm{m} = \underline{11.3\ \mu\mathrm{m}}$

⑭　捕集される粒子の最小径 $d_{p,min}$ は式(10.35)から計算できる．粉炭に比較して空気の密度が無視小とし，与えられた数値を代入して，B について解くと

$10 \times 10^{-6} = \sqrt{\dfrac{9B\mu}{\pi Nu_{in}(\rho_p - \rho)}} = \sqrt{\dfrac{(9)B(1.8 \times 10^{-5})}{(3.14)(2)(20)(1350)}}$

$= 3.091 \times 10^{-5}\sqrt{B}$　　$\therefore$　$B = \underline{0.105\ \mathrm{m}}$

標準サイクロンの円筒部直径 D_c と B との間には $B = D_c/5$ の関係が成立するから

$D_c = 5B = (5)(0.105) = \underline{0.525\ \mathrm{m}}$

索　引

【著者紹介】

橋本　健治 (はしもと　けんじ)

1935年　大阪府生まれ.
1963年　京都大学大学院博士課程修了.
その後，京都大学工学部化学工学科教授，福井工業大学環境・生命未来工学科
教授を歴任．京都大学名誉教授．工学博士．
専門は反応工学・反応装置・クロマト分離工学．

ベーシック化学工学　増補版

第1版第1刷	2006年9月30日		著　　者	橋本　健治
増補版第1刷	2020年9月30日		発 行 者	曽根　良介
第6刷	2024年9月10日		発 行 所	(株)化学同人

検印廃止

JCOPY 〈出版者著作権管理機構委託出版物〉

本書の無断複写は著作権法上での例外を除き禁じられて
います．複写される場合は，そのつど事前に，出版者著作
権管理機構（電話 03-5244-5088，FAX 03-5244-5089,
e-mail: info@jcopy.or.jp）の許諾を得てください．

本書のコピー，スキャン，デジタル化などの無断複製は著
作権法上での例外を除き禁じられています．本書を代行
業者などの第三者に依頼してスキャンやデジタル化するこ
とは，たとえ個人や家庭内の利用でも著作権法違反です．

〒600−8074　京都市下京区仏光寺通柳馬場西入ル
編 集 部　TEL075-352-3711　FAX075-352-0371
企画販売部　TEL075-352-3373　FAX075-351-8301
振替　01010-7-5702
e-mail webmaster@kagakudojin.co.jp
URL　https://www.kagakudojin.co.jp
印刷・製本　西濃印刷㈱

ISBN978-4-7598-2047-8

単位の換算表

(1) 長 さ

m	cm	in	ft
1	100	39.37	3.281
0.01	1	0.3937	0.03281
0.02540	2.540	1	0.08333
0.3048	30.48	12	1

(2) 質 量

kg	g	t	lb
1	1000	0.001	2.205
0.001	1	1×10^{-6}	0.002205
1000	1×10^{6}	1	2205
0.4536	453.6	4.536×10^{-4}	1

(3) 力

$N = kg \cdot m \cdot s^{-2}$	kgf
1	0.1020
9.807	1

(4) 密 度

$kg \cdot m^{-3}$	$g \cdot cm^{-3}$	$lb \cdot ft^{-3}$
1	0.001	0.06243
1000	1	62.43
16.02	0.01602	1

(5) 圧 力

Pa	$kgf \cdot cm^{-2}$	atm	$lbf \cdot in^{-2} (= psi)$
1	1.0197×10^{-5}	9.869×10^{-6}	1.450×10^{-4}
9.807×10^{4}	1	0.9678	14.22
1.013×10^{5}	1.033	1	14.67
6.895×10^{3}	0.07031	0.06805	1

※ 1 atm = 760 mmHg